Sven Rogalski

Entwicklung einer Methodik zur Flexibilitätsbewertung von Produktionssystemen

Messung von Mengen-, Mix- und Erweiterungsflexibilität zur Bewältigung von Planungsunsicherheiten in der Produktion

**Reihe Informationsmanagement im Engineering Karlsruhe
Band 2 – 2009**

Herausgeber

Universität Karlsruhe (TH)

Institut für Informationsmanagement im Ingenieurwesen (IMI)

o. Prof. Dr. Dr.-Ing. Jivka Ovtcharova

Entwicklung einer Methodik zur Flexibilitätsbewertung von Produktionssystemen

Messung von Mengen-, Mix- und
Erweiterungsflexibilität zur Bewältigung
von Planungsunsicherheiten in der Produktion

von
Sven Rogalski

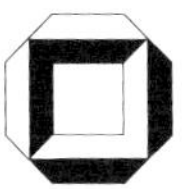

universitätsverlag karlsruhe

Dissertation, Universität Karlsruhe (TH), Fakultät für Maschinenbau, 2009

Impressum

Universitätsverlag Karlsruhe
c/o Universitätsbibliothek
Straße am Forum 2
D-76131 Karlsruhe
www.uvka.de

Universitätsverlag Karlsruhe 2009
Print on Demand

ISSN: 1860-5990
ISBN: 978-3-86644-383-9

Entwicklung einer Methodik zur Flexibilitätsbewertung von Produktionssystemen

Messung von Mengen-, Mix- und Erweiterungsflexibilität zur Bewältigung von
Planungsunsicherheiten in der Produktion

Zur Erlangung des akademischen Grades eines

Doktors der Ingenieurwissenschaften

Fakultät für Maschinenbau der
Universität Karlsruhe
genehmigte

DISSERTATION

von

Dipl. Wirtsch.-Inf. Sven Rogalski

aus:	Klötze
Tag der mündlichen Prüfung:	29.05.2009
1. Gutachter:	Prof. Dr. Dr.-Ing. Jivka Ovtcharova
2. Gutachter:	Prof. Dr.-Ing. habil. Georg Paul

Geleitwort der Herausgeberin

In einer Welt des permanenten Wandels kann nur derjenige bestehen, dem die erfolgreiche Anpassung an neue Anforderungen rechtzeitig gelingt. Beherrschten einst riesige Dinosaurier für lange Zeit die Erde, so unterlagen sie gerade wegen ihrer Schwerfälligkeit, sich auf neue klimatische Bedingungen einzustellen und starben aus. Andere Lebewesen verstanden es dagegen besser und entwickelten sich im Laufe der Evolution immer weiter. Letztendlich war es der Mensch, der sich gegenüber allen anderen Lebensformen durch seine kognitiven, affektiven wie auch gesellschaftsbezogenen Fähigkeiten behauptete, was ihn bis heute zum Herrscher über die Erde machte. Gleiches lässt sich symbolisch auf die Geschäftswelt übertragen, in der Unternehmen auf lange Sicht nur dann Bestand haben, wenn sie sich einer permanenten Weiterentwicklung nicht entgegenstellen und flexibel auf geänderte Umwelteinflüsse reagieren. Speziell für Produktionsunternehmen bedeutet das, ihre Ressourcen so zu planen, dass sie nachhaltig für eine kosten- und bedarfseffiziente Produkterstellung einsetzbar sind. In Zeiten einer überaus hohen Kundenindividualisierung, mit einer schwer überschaubaren Produkt- und Variantenvielfalt, immer kürzer werdende Produktlebenszyklen und ständig neuen technologischen Innovationen können nur die Unternehmen im internationalen Wettbewerb bestehen, die die richtigen Antworten auf folgende produktionsbezogene Kernfragen finden:

- Wie lassen sich stetig ändernde Kundenanforderungen erkennen und umsetzen?

- Wie können Produktionssysteme am effektivsten entwickelt und nachhaltig erneuert werden?

- Wie sind hochwertige, kundenindividuelle Produkte zu fertigen, die den Rahmenbedingungen knapper Budgets und zeitlicher Einschränkungen unterliegen?

Rechnerintegrierte Fertigung, virtuelle Unternehmen und holistische Fertigungskonzepte reichen hierbei allein nicht mehr aus, um die akuten, durch die aktuelle Finanzkrise zusätzlich verschärften Herausforderungen zur Verbesserung der Fertigungsflexibilität erfolgreich zu meistern. Vielmehr bedarf es einer ganzheitlichen Betrachtungsweise technischer und organisatorischer Freiheitsgrade in der Produktion. Vor diesem Hintergrund sind Produktionsmanager um neue Methoden und Werkzeuge für die Unterstützung von Planung, Überwachung und Änderung ihrer Produktionssysteme bemüht, bei denen system- und produktlebenszyklusbezogene Aspekte in das Ziel der Wirtschaftlichkeit mit einfließen.

Jivka Ovtcharova

Vorwort des Autors

Die vorliegende Dissertation entstand während meiner Tätigkeit als wissenschaftlicher Mitarbeiter und später als Abteilungsleiter des Forschungsbereichs Prozess- und Datenmanagement im Engineering (PDE) des FZI Forschungszentrum Informatik an der Universität Karlsruhe (TH).

Frau Professorin Jivka Ovtcharova, Leiterin des Instituts „Informationsmanagement im Ingenieurwesen (IMI)" an der Universität Karlsruhe (TH), danke ich herzlich für das mir entgegengebrachte Vertrauen in meine Arbeit und die Möglichkeit zur Promotion.

Herrn Professor Georg Paul, Inhaber des Lehrstuhls Rechnerunterstützte Ingenieursysteme an der Universität Magdeburg gilt mein Dank für das der Arbeit entgegengebrachte Interesse und die Übernahme des Zweitgutachtens.

Ferner möchte ich mich bei meinem ehemaligen Abteilungsleiter und Freund Konstantin Krahtov für die enge und erfolgreiche Zusammenarbeit am FZI sowie seine vielfältige Unterstützung und Hilfsbereitschaft bedanken. Unsere zahlreichen beruflichen Aktivitäten, der gemeinsame Gedankenaustausch sowie die Vielzahl an initiierten und bearbeiteten Projekten stellten einen wertvollen Beitrag zum Gelingen dieser Arbeit dar. Auch meinen studentischen Hilfskräften Jan Siebel und Kiril Aleksandrov möchte ich für ihre langjährige engagierte Mitarbeit in unseren Projekten und ihre stetige Einsatzbereitschaft meinen Dank aussprechen.

Bei meiner Mutter Waltraud Rogalski bedanke ich mich ganz besonders für die Einflussnahme und Unterstützung meiner beruflichen und akademischen Entwicklung. Nicht vergessen möchte ich meinen Freundes- und Familienkreis, durch den ich den nötigen Abstand zu meinen wissenschaftlichen Gedankengängen fand.

Der größte Dank gilt jedoch meiner Verlobten Sophia Grahn, die mir durch ihren Zuspruch und unter Zurückstellung eigener Interessen sowie dem Verzicht vieler gemeinsamer Stunden, den dringend benötigten Rückhalt für das Erstellen meiner Dissertation gab.

Karlsruhe, im März 2009

Sven Rogalski

Inhaltsverzeichnis

Abbildungsverzeichnis

Tabellenverzeichnis

Formelverzeichnis

Verzeichnis der Abkürzungen und Akronyme

BDE .... Betriebsdatenerfassung

CAD .... Computer Aided Design

Contol. ...... Controlling

DB .... Deckungsbeitrag

DCF .... Discounted Cash Flow

ERP........... Enterprise Resource Planning

GE............. Geldeinheiten

GUI........... Graphical User Interface

JDK........... Java Development Toolkit

KLR.......... Kosten- und Leistungsrechnung

OEM .... Original Equipment Manufacturer

POC .... Penalty of Change

PPS .... Produktionsplanung und –steuerung

PSM.......... Produktionssystemmodell

SCM .... Supply Chain Management

VT............. Verbauteil

XML......... Extensible Markup Language

1 Einleitung

„Wenn der Wind des Wandels weht, bauen die einen Mauern und die anderen Windmühlen"

(chinesisches Sprichwort)

1.1 Bedeutung der Flexibilität für die Produktion

Der „Wind des Wandels" zeigt sich produzierenden Unternehmen nunmehr seit Jahren in Form einer zunehmend komplexeren und sich immer schneller ändernden Umwelt. Als Reaktion auf eine fortschreitende Dynamik der Märkte und die damit einhergehende Veränderung der Erfolgsbedingungen erfordert es keine „Mauern" in Form starrer Strukturen, sondern die Aktivierung aller unternehmerischen Leistungspotenziale als flexible Wettbewerbskräfte, um die daraus resultierenden Chancen erfolgreich zu verwerten.

Auch die Produktion, als Ort der Transformation von Ressourcen und Fähigkeiten in Produkte, muss hierzu einen aktiven Beitrag leisten und als strategisches Instrument den langfristigen Unternehmenserfolg sichern [HaWh-88] [Schm-96] [AKN-06]. Wurde in der Vergangenheit der Produktion eher eine neutrale Rolle in Bezug auf die Wettbewerbsfähigkeit beigemessen und vor allem auf Produktentwicklung, Marketingstrategien und Finanzkraft vertraut, so begann zu Beginn der 90er Jahre ein Umdenken. Auslöser dafür war die Nutzung von Produktionspotenzialen durch die japanische Industrie, welche hierdurch zunehmend Wettbewerbsvorteile gegenüber Konkurrenten erzielte. Dies führte zu einer neuen Wahrnehmung der Produktion vom operativen Erfüllungsgehilfen zum strategischen Akteur und hat in der heutigen Zeit der Globalisierung mehr Bestand als je zuvor [ZaDi-94] [AKN-06].

Mit der sich wechselnden Bedeutung der Produktion ging ebenfalls ein Wandel der Produktionssysteme einher, die sich seither als Reaktion auf den Markt umgestalten [Chry-05] [AKN-06]. Dabei gab es unterschiedliche Ansätze um die Flexibilität produzierender Unternehmen zu verbessern und der sog. wandlungsträgen Fabrikstruktur entgegenzutreten [KRS-06]. Als traditionell gelten hierbei eine schrittweise Produktverbesserung, die maximale Planung aller Abläufe bei starker Arbeitsteilung, die Betonung der Kernkompetenzen, die Reduktion von Lohn- und Lohnnebenkosten durch arbeitssparende Investitionen sowie die Verlagerung von Kosten der Umweltbelastung. Der Erfolg dieser Grundsätze war jedoch an bestimmte, relativ stabile Umfeldbedingungen geknüpft, die in der heutigen Zeit nur noch eingeschränkt Gültigkeit besitzen [Lutz-96] [LWW-00]. In wenigen Jahren haben sich diese Bedingungen mit einer nie da gewesenen Geschwindigkeit verändert. Die Globalisierung der Absatzmärkte und Produktionsstandorte, welche durch die Entwicklungen in der Logistik und des Internets vorangetrieben wurde sowie die Kundenindividualisierung, gelten hierbei als bedeutendste Herausforderungen. In diesem Zusammenhang hat sich der Begriff des *turbulenten Handlungsumfeldes* etabliert, in dessen Folge Produktionsbedarfe immer schwerer planbar werden. Dem entsprechend können sich alle für die Produktion relevanten Parameter wie Produktaufbau, Wettbewerber, Absatzzahlen und verfügbare Technologien kurzfristig und sprunghaft ändern. In der Konsequenz nimmt einerseits die Vorhersehbarkeit von Veränderungen des industriellen Umfeldes stark ab, wie es die zunehmende Sortimentausweitung der Produkte mit immer mehr Varianten und das rasche Vordringen neuer technologischer Entwicklungen in Form neuer Materialien, Fertigungsverfahren oder Informations- und Kommunikationstechniken belegen [Warn-93] [LWW-00] [WHG-02] [EBGK-02] [AKN-06]. Andererseits erhöht sich die von den Unternehmen benötige Zeitdauer zur Reaktion auf Umfeldveränderungen. Deutlich wird dies in den Entscheidungs- und Ausführungsprozessen der Produktion [WJR-92] [Rein-02]. So haben sich bspw. laut LINDEMANN in den Jahren von 1994 bis 2005 die Zeiten vom Erkennen des Bedarfs einer Änderung bis zu deren Realisierung nahezu verdreifacht [Lind-05].

BLEICHER veranschaulicht dieses sich hieraus ergebende Problem in der von ihm definierten Zeitschere, wonach, infolge der beständig wachsenden Komplexität, zunehmend mehr Entscheidungs- und Handlungszeit benötigt wird, gleichzeitig aber, aufgrund des Bedarfs an steigender Dynamik, die Reaktionszeit sinken muss (vgl. Abbildung 1-1) [Blei-04].

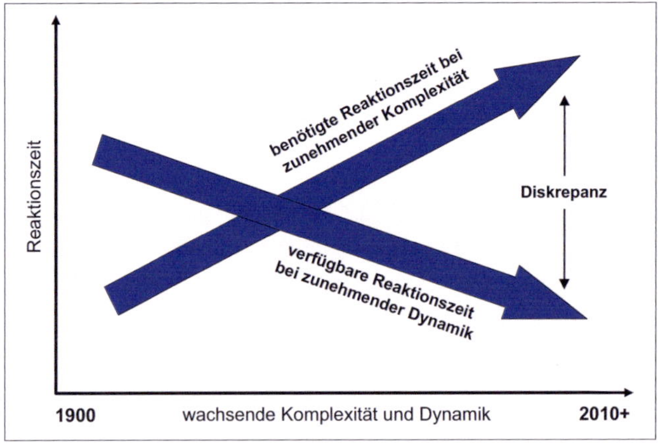

Abbildung 1-1: Zeitschere nach [Blei-04]

Einbezogen in diesen permanenten Änderungsfluss sind produzierende Unternehmen mehr denn je gezwungen, neue Wege zu suchen, um rechtzeitig und zielgerichtet auf die verschiedenartigen Einflussfaktoren zu reagieren. Im Hinblick auf die Konkurrenzfähigkeit ist hierbei allerdings nicht allein die Reaktionsdauer entscheidend, sondern gleichermaßen die korrespondierenden Kosten und Qualitätsmerkmale [RoKr-06a]. Somit gilt es Kernfragen nach der Anpassungsfähigkeit der Produktionssysteme, dem bestmöglichen Umgang mit wechselnden Kundenanforderungen und der optimalen Fertigung von Produkten zu beantworten [ARKO-07].

Vor diesem Hintergrund nehmen verlässliche Flexibilitätsaussagen einen bedeutenden Stellenwert ein, denn die Flexibilität stellt einen wichtigen strategischen Erfolgsfaktor dar. Sie steht für die bedeutende Eigenschaft von Produktionsunternehmen komplexe Umweltsituationen zu bewältigen, wodurch sie die Wettbewerbskraft steigert und den langfristigen Unternehmenserfolg sichert [KaBl-05a] [RoKr-06b] [ARKO-07]. Das Wissen um die Flexibilität ihrer Produktionssysteme ermöglicht es Produktionsplanern, deren Fähigkeit zu bewerten, sich hinsichtlich äußerer Einflüsse, z.B. Nachfragemengen oder Varianten, als auch interner Veränderungen, wie Kapazitätserweiterungen oder Personaleinsatz, anzupassen. Die Einbeziehung aussagekräftiger Flexibilitätsbewertungen in Planungs- und Entscheidungsprozesse des Produktionsmanagements verspricht daher eine signifikante Erhöhung der Wahrscheinlichkeit eines erfolgreichen Bestehens von Produktionsunternehmen in einer sich stetig verändernden Konkurrenzsituation [RoKr-06b] [KRS-06].

1.2 Aktuelle Entwicklungen und Herausforderungen zur Flexibilitätsbeherrschung in der Praxis

Im Zeichen des zuvor skizzierten turbulenten Handlungsumfeldes haben sich demnach die Rahmenbedingungen einer wirtschaftlichen Produkterstellung und die Bedeutung einer flexiblen Produktion stark verändert. Als ein entscheidender Wettbewerbsfaktor stellt sich in diesem Zusammenhang die Bewältigung der stetig steigenden Planungsunsicherheit, hinsichtlich Art (Produkt-/Variantenmix) und Umfang (Menge) der zu fertigenden Produkte, heraus [KaBl-05b] [Niem-07] [ORK-07]. Als Reaktion hierauf sind Produktionsplaner ständig darum bemüht ihre Systeme, Strategien und Konzepte entsprechend anzupassen, um einen ausreichenden Handlungsspielraum zur Beherrschung derartiger Unsicherheiten zu erzielen [KaBl-05b] [Bart-05] [KRS-06]. Dies verdeutlicht ein Blick in die letzten drei Jahrzehnte.

War in den 80iger Jahren die Marktsituation noch herstellergeprägt, so entwickelte sich diese Anfang der 90iger verstärkt in Richtung Kundenorientiertheit, was einen erheblichen Zuwachs des Produktsortiments wie auch der Variantenvielfalt auslöste, der gegenwärtig immer noch anhält [DoQu-04] [West-04] [Bart-05]. In der Folge entstanden neue Unternehmensstrategien, die ausgehend von der Diversifizierung sich auf die

Kernkompetenzen ausrichtete und anschließend zum Netzwerkmanagement als aktuelle Grundausrichtung der Produktion führte. Parallel hierzu unterlagen auch die Produktionsstrategien einem massiven Wandel. Dem Computer Integrated Manufacturing (CIM) und Total Quality Management (TQM) folgten Business Reengineering- und Lean Management-Strategien, die immer noch Gültigkeit haben, aber über Jahre hinweg weiterentwickelt wurden [Bart-05] [KRS-06]. Derzeit intensiv verfolgte Strategien, welche die Flexibilität sowie weitere, verwandte Eigenschaften zur Anpassung und Veränderung von Produktionssystemen als bedeutende Zielgröße betrachten, sind das Agile Manufacturing, die Wandlungsfähigkeit und Ganzheitliche Produktionssysteme[1]. Sie tragen zur Flexibilisierung der Produktion bei, indem sie darauf ausgerichtete Konzepte bei der Produktionssystemgestaltung und -organisation beeinflussen [Bart-05] [KaBl-05b].

Als aktuell vorherrschende Konzepte zur Realisierung einer flexibleren Produktion, sollen nachfolgend das Outsourcing, das Räumliche Insourcing, die Anschaffung von hoch automatisierten, re-konfigurierbaren Fertigungssystemen, die Bestandserhöhung und die Arbeitszeitflexibilisierung vorgestellt werden:

- Als eine nützliche und in der Praxis weit verbreitete Form der Produktionsflexibilisierung lässt sich das *Outsourcing* von Fertigungsfunktionen betrachten. Hierbei kommt es zu einer dauerhaften Auslagerung von bisher selber erbrachten Fertigungsschritten und kompletten Fertigungsketten an externe, selbständige Unternehmen. Die Substitution der Eigenfertigung und der damit verbundene Fremdbezug von Baugruppen, Modulen und Systemen ermöglichen dem betreffenden Unternehmen eine flexiblere Produktion und vermeiden hohe Wertschöpfungskosten durch die Fokussierung auf die eigentlichen Kernkompetenzen [Wild-05] [Bell-05].

- Das *Räumliche Insourcing* gilt als eine bedeutsame Methode zur Flexibilisierung der Produktion, der sich verschiedene Unternehmen bedienen. Hierbei kommt es zu einer engen, räumlichen Integration wichtiger Lieferanten für Beschaffungsobjekte, deren Leistungen im Zuge der Konzentration auf Kernkompetenzen zum Kerngeschäft des Unternehmens gehören. Die Lieferanten übernehmen hier die Verantwortung für die Funktionsfähigkeit von maschinellen Anlagen und/oder betrieblichen Prozessen, was das Abnehmerunternehmen in diesen Aufgaben entlastet. Auf diese Weise lässt sich die Flexibilität der Produktion bei gleichzeitiger Senkung der Produktionskosten erhöhen [Beye-04] [Bell-05] [Wild-05].

---

[1] Ganzheitliche Produktionssysteme führen bisherige Ansätze von Produktionsstrategien zu einem neuen Organisationsmodell zusammen und sind daher als methodische Regelwerke (Handlungsanleitungen) zur Herstellung von Produkten zu verstehen. Sie sind nicht mit den technischen Systemen zur Produktion, wie Transferstraßen oder Arbeitsstationen zu verwechseln (vgl. [Bart-05]).

- Eine andere zu beobachtende Form der Flexibilisierung, der diverse Unternehmen nachgehen, ist die Anschaffung von hoch *automatisierten, rekonfigurierbaren Fertigungssystemen*, um dadurch die Produktivität der eigenen Produktionsanlage infolge eines höheren Funktionsspektrums sowie verbesserter Kapazitäts- und Durchlaufzeiten zu steigern. Obwohl oder gerade weil diese Art der Flexibilitätserhöhung besonders hohe Investitionskosten voraussetzt, wird ein positiver Nebeneffekt dadurch erzielt, dass aufgrund der hohen fixen Fertigungskosten (zum Teil über 90 Prozent) steigende Personalkosten kaum noch ins Gewicht fallen [Bell-05] [DHJM-06].

- Zu den wohl umstrittensten, aber trotzdem sehr oft angewendeten Methoden der Produktionsflexibilisierung kann die *Erhöhung von Beständen* angesehen werden. Damit sie ausreichend flexibel auf unsichere Entwicklungen des Umfeldes reagieren können, nehmen viele Unternehmen hohe Bestandskosten von Rohstoffen, Halb- und Fertigwaren als sog. „rettende Reserve" in Kauf, um schwankende Nachfragen zu bedienen oder aber um Auftragswechselkosten und -zeiten zu senken. Strittig ist, inwieweit es zu einer Wertebindung und Verschwendung von Kostensenkungspotentialen kommt [ZBM-06].

- Um flexibel auf zeitliche, intensitäts- und kapazitätsbezogene Anpassungen reagieren zu können, nutzen Unternehmen häufig unterschiedliche Formen der *Arbeitszeit-flexibilisierung*. Auch wenn es sich hierbei um kein neuartiges Phänomen handelt, so eignen sich verschiedene Varianten und mögliche Freiheitsgrade des Personaleinsatzes zur Erfüllung unterschiedlicher Flexibilitätsanforderungen. Davon betroffen sind unter anderem die Aufhebung der bislang üblichen Trennung von Betriebs- und Arbeitszeiten, die stärkere Verbindung der Arbeit- und Nicht-Arbeitszeit oder auch die steigende Autonomie und Souveränität der Mitarbeiter [KaBl-05a].

Es zeigt sich in der unternehmerischen Praxis, dass sich infolge der Anwendung dieser Konzepte die Produktion innerhalb eines planbaren Rahmens flexibler gestalten lässt [Wien-02] [KaBl-05a] [Bell-05] [WHK-06]. Zu bemängeln ist jedoch, dass bis heute keine zufriedenstellenden Instrumente zur Verfügung stehen, mittels derer sich Flexibilitätsdefizite an Produktionssystemen einschätzen lassen [KaBl-05a] [RoKr-06b] [KRS-06] [ZBM-06]. Als besonders schwierig erweist sich hier der Rückgriff auf flexibilitätsbezogene Kennzahlen. Ursachen dafür liegen zum einen in dem bislang ungelösten Problem einer allgemeingültigen Messung und Bewertung der Flexibilität von Produktionssystemen, das auf den multidimensionalen Charakter der Flexibilität zurückgeht [RoKr-06b] [DeTo-98] [KaBl-05a]. Zum anderen können Flexibilitätsanforderungen in verschiedenen Bereichen eines Produktionssystems variieren, was widerspruchsfreie, fokussierte Betrachtungsmöglichkeiten verlangt, an denen es bislang mangelt [RoKr-06b] [GPMC-07]. Darüber hinaus werden im produzierenden Umfeld mit dem Begriff „Flexibilität" oftmals rekonfigurierbare Fertigungssysteme in Verbindung gebracht, womit sich eine Vielzahl von wissenschaftlichen

Ansätzen beschäftigt, um zur Flexibilisierung der Produktion beizutragen. Hieraus resultiert sehr schnell der Eindruck, dass ein Bereithalten derartiger Systeme ein ausreichendes Maß an Handlungsfähigkeit bietet. Die Betrachtung des Gesamtzusammenhangs in dem sie zur Anwendung kommen, bleibt jedoch unberücksichtigt.

Aus diesen benannten Gründen finden Flexibilitätsbewertungen an Produktionssystemen, trotz ihrer großen Bedeutung für die betriebliche Praxis, kaum Anwendung und beziehen sich bestenfalls auf eingeschränkte branchenspezifische Problemstellungen, die im Rahmen von prototypischen Forschungs-/Projektvorhaben behandelt werden. [KaBl-05a] [RoKr-06b]. Gerade aber die stetig steigende Planungsunsicherheit in Verbindung mit der von starkem Wettbewerb und wachsenden Kostendruck geprägten Situation, stellt Unternehmen immer mehr vor die Herausforderung nach neuen Wegen einer ganzheitlichen Erfassung ökonomischer Freiheitsgrade in der Produktion zu suchen. Dabei beziehen sich die Kernfragen auf die Reaktionsfähigkeit hinsichtlich kapazitiver Nachfrageschwankungen und damit einhergehend, inwieweit Veränderungen der Nachfrage nach einzelnen Produkttypen oder Varianten Einfluss auf eine wirtschaftliche Produktion nehmen. Ferner muss Klarheit über die Möglichkeiten kapazitiver Erweiterungen von Systemen bestehen, da Angebots- und Nachfrageänderungen nicht nur aus operativer Sicht bedeutsam sind, sondern auch strategische Relevanz haben [ZBM-06] [RoKr-06b] [Niem-07]. Weil jedoch geeignete Bewertungsgrundlagen fehlen, ist es gerade vor dem Hintergrund der zuvor beschriebenen Konzepte schwierig und zugleich riskant, ein möglichst optimales Maß an Flexibilität zu finden, welches eine konkurrenzfähige Produkterstellung gewährleistet [SWF-05] [ZBM-06]. Würde beispielsweise ein Unternehmen, aus Sorge vor Image- und Umsatzverlusten, resultierend aus nicht erfüllbaren Nachfrageschwankungen, zu große Flexibilitätspotentiale aufbauen, diese jedoch ungenutzt bleiben, so führt das zu unnötigen und hohen Mehrkosten, die eine profitable Produktion gefährden können. Gleiches gilt auch für den umgekehrten Fall, ein bestehendes unzureichendes Flexibilitätspotential, was kurzfristige, wiederholte, unkoordinierte und kostspielige Systemanpassungen nach sich zieht und ggf. die befürchteten Image- und Umsatzverluste auslöst.

Das sich hieraus ergebende Problem des Findens eines ökonomischen Gleichgewichts zwischen den vorherrschenden Unsicherheiten und dem benötigten Grad an Flexibilität für Produktionssysteme verdeutlicht nachstehende Abbildung 1-2.

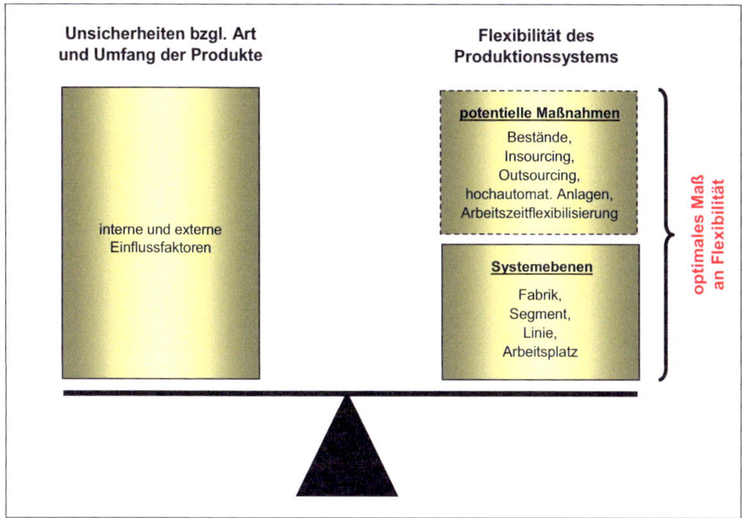

Abbildung 1-2: Ökonomisches Gleichgewicht zwischen bestehenden Unsicherheiten und der Flexibilität des Produktionssystems in Anlehnung an ZÄH, BREDOW, MÖLLER [ZBM-06]

Zusammenfassend betrachtet besteht gegenwärtig in der industriellen Praxis ein akuter Bedarf zur Flexibilitätsmessung im Interesse der Bewältigung nachstehender produktionsbezogener Unsicherheiten:

- kapazitive Nachfrageschwankungen

- Veränderungen des Produkt-/Variantenmixes

- kapazitive Erweiterungserfordernisse

Hierfür werden praxisorientierte Bewertungsmethoden benötigt, die der Mehrdimensionalität der Flexibilität gerecht werden, auf einer gemeinsamen Bewertungsgrundlage basieren und außerdem branchenübergreifend anwendbar sind.

1.3   Zielsetzung und Nutzen

Ausgehend von der geschilderten Problemstellung bedarf es eines umfassenden Flexibilitätsbewertungskonzepts, welches es produzierenden Unternehmen erlaubt, ein ökonomischen Gleichgewichts zwischen den vorherrschenden Unsicherheiten und dem benötigten Grad an Flexibilität ihrer Produktionssysteme bestimmen zu können. Gegenstand dieser Arbeit ist deshalb die Entwicklung einer innovativen Bewertungsmethodik, die auf Basis branchenübergreifend anwendbarer Kennzahlenberechnungen wirtschaftlich sinnvolle Rückschlüsse über die technischen und organisatorischen Handlungsspielräume von Produktionssystemen erlaubt. Dafür sind folgende Auswertungen zur:

- Mengenflexibilität,

- Mixflexibilität,

- und Erweiterungsflexibilität

vorzusehen. Die Bewertung dieser drei unterschiedlichen Arten von Flexibilität setzt verschiedene Berechnungsmethoden voraus, nachfolgend auch Flexibilitätsmetriken genannt. Diese müssen der Mehrdimensionalität der Flexibilität Rechnung tragen und einem gemeinsamen Daten- und Bewertungskonzept folgen. Hierdurch ist sichergestellt, dass Abhängigkeiten zwischen den Flexibilitäten richtig erkannt und entsprechend eingeordnet werden können. Weil sich Umfeldturbulenzen auf verschiedene Ebenen eines Produktionssystems unterschiedlich stark auswirken, müssen Flexibilitätsauswertungen ebenenspezifisch zurechenbar sein. Im Fokus dieser angestrebten Betrachtungen steht ausschließlich die Fertigung mit ihren direkten und indirekten Prozessen der Leistungserstellung. Daher soll die Konstruktion und Entwicklung für diese Art der Bewertungen unberücksichtigt bleiben.

Damit die Bewertungsmethodik als ein effizientes Werkzeug innerhalb des Produktionsmanagements ihren Einsatz findet, müssen sich die Flexibilitätskennwerte aus Sicht des Benutzers einerseits schnell für ausgewählte Systembereiche berechnen lassen. Andererseits muss es für diesen gleichzeitig leicht nachvollziehbar sein, wie die ermittelten Kennwerte in das bestehende oder zu planende Gesamtsystem einzuordnen sind. Aus diesem Grund ist ein so genanntes Produktionssystemmodell vorzusehen, das eine abstrahierte Abbildung bewertungsrelevanter Objekte in Produktionssystemen wie auch ihrer Zusammenhänge untereinander erlaubt. Infolge einer wechselseitigen Verknüpfung der Metriken mit dem Produktionssystemmodell sollen dann Analysen durchführbar sein, mittels derer sich flexibilitätsbezogene Abhängigkeiten zwischen diesen Objekten erkennen sowie Flexibilitätsdefizite leicht den verantwortlichen Stellen zuordnen lassen.

Anhand einer prototypischen Implementierung, die in einem realen Praxisbeispiel Anwendung findet, ist abschließend die Eignung der Methodik, als eine Systemlösung nachzuweisen, die einen wesentlichen Beitrag zur Steigerung der Wettbewerbsfähigkeit produzierender Unternehmen im turbulenten Marktumfeld leisten kann.

Nachfolgende Abbildung 1-3 veranschaulicht die Zielsetzung der hier vorliegenden Arbeit zur Bewältigung der geschilderten Aufgabenstellung.

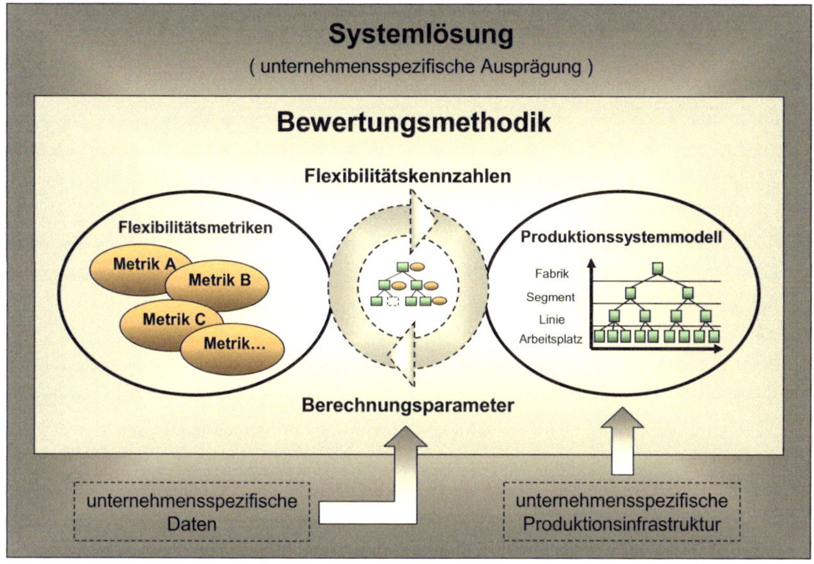

Abbildung 1-3: Zielsetzung der Arbeit

Die Arbeit selbst richtet sich an Produktionsplaner und Manager, die infolge der wachsenden Komplexität und Dynamik sowie der abnehmenden Reaktionszeit zur rechtzeitigen Bedienung des Marktes auf verlässliche Einschätzungen zur Flexibilität ihrer Produktionssysteme angewiesen sind. Dementsprechend ist die Anwendung der zu entwickelnden Bewertungsmethodik als ein Instrument der Entscheidungsunterstützung zur verstehen, das innerhalb des operativen wie auch strategischen Produktionsmanagements dazu eingesetzt werden kann, sowohl vorhandene wie auch zu planende Produktionssysteme zu analysieren und zu vergleichen. In diesem Kontext soll ebenfalls eine Untersuchung verschiedener Systeme unterschiedlicher Branchen möglich sein, so dass sich Verbesserungen durch Analogien und deren Übertragung erreichen lassen.

Das mit einer erfolgreichen Realisierung der Bewertungsmethodik verbundene *Nutzenpotential* kann wie folgt benannt werden:

- Widerspruchsfreie und transparente Flexibilitätsanalysen durch das Verwenden einer einheitlichen Bewertungsgrundlage

- Identifizierung und Beherrschung von Flexibilitätsdefiziten an Produktionssystemen hinsichtlich kapazitiver Nachfrageschwankungen, Veränderungen des Produkt-/Variantenmixes und kapazitiver Erweiterungserfordernisse, infolge der Quantifizierung von Flexibilitätsspielräumen

- Unterstützung zur kurz-, mittel- und langfristigen Absicherung einer wirtschaftlichen Produktion mittels Szenariobetrachtungen, zur gleichzeitigen Erhöhung der Planungssicherheit und Senkung von Flexibilitätsmehrkosten bei umfeldbedingten Änderungen

- Reduzierung der Reaktionszeit zwischen dem Erkennen der Notwendigkeit einer produktionsbedingten Änderung sowie ihrer Umsetzung, aufgrund fokussierter Flexibilitätsauswertungen auf verschiedenen Betrachtungsebenen eines Systems

- Berücksichtigung der Mehrdimensionalität zur Auswertbarkeit zusätzlicher produktionsrelevanter Kenngrößen, wie z.B. Break-even-Mengen oder optimales Produktionsprogramm, um die ermittelten Flexibilitäten richtig einzuordnen

- Erkennen von Synergien zwischen Produktionssystemen unterschiedlicher Branchen, aufgrund eines generalisierten Flexibilitätsberechnungskonzepts und die Verknüpfung von Flexibilitätsmetriken mit einem neutral aufgebauten Produktionssystemmodell

1.4   Methodisches Vorgehen

Die thematische Einordnung des Dissertationsvorhabens liegt nach dem Verständnis der Wissenschafts- und Erkenntnistheorie dem realwissenschaftlichen Forschungsgebiet der Ingenieurwissenschaft zugrunde. Hierbei wird, in Verbindung mit einem organisationstheoretischen Bereich der Ingenieurwissenschaft, auf bereits bekannte Methoden und Verfahren der Betriebswirtschaftslehre zurückgegriffen, die dem Lösungskonzept zweckdienlich sind. Das forschungsmethodische Vorgehen zur Bearbeitung der beschriebenen Problemstellung orientiert sich an dem von ULRICH, wonach ausgehend von praxisrelevanten Problemen und dem identifizierten Handlungsbedarf, ein Konzept im Anwendungsbezug zu erarbeiten ist. Da Probleme der Praxis sowohl den Anfang als auch das Ende des stattfindenden Forschungsprozesses bilden und dieser sich maßgeblich mit der Untersuchung des Anwendungszusammenhangs beschäftigt, ist die Arbeit den angewandten Wissenschaften zuzuordnen und der Praxisbezug als wissenschaftliche Hauptaufgabe anzuerkennen [UlHi-76] [HiUl-79] [Ulri-81].

Der dem Dissertationsvorhaben zugrunde gelegte Forschungsprozess basiert maßgeblich auf einer grundsätzlichen Fragestellung, die den Gang der Forschung leitet. Sie ergibt sich aus dem theoretischen Problem der Praxis, welches aus den dortigen aktuellen Entwicklungen und Herausforderungen zur Flexibilitätsbeherrschung hervorgeht und sich wie folgt formuliert:

Leitende Forschungsfrage

Welchen Kriterien muss eine in der Praxis akzeptierte Flexibilitätsbewertungsmethodik folgen und wie ist sie zu realisieren, um die ökonomisch vertretbaren technischen und organisatorischen Handlungsspielräume von Produktionssystemen hinsichtlich kapazitiver Nachfrageschwankungen, Produkt-/Variantenmixänderungen und kapazitiver Erweiterungs- erfordernisse messbar zu machen?

Die Forschungsfrage selbst stellt die Leitlinie dar, nach der sich der Erkenntnisprozess aufbaut. Für ihre Beantwortung sind sechs Kapitel vorgesehen, in die sich die vorliegende Dissertation untergliedert. Hierbei wird, unter Rückgriff auf Erfahrung beruhender Wirklichkeitsausschnitte, mit dem *Kapitel 1* die besondere Bedeutung und Notwendigkeit einer Methodik zur Flexibilitätsbewertung von Produktionssystemen hervorgehoben (Forschungsschritt 1). Im *Kapitel 2* erfolgt zunächst die Erfassung und Untersuchung des relevanten Anwendungszusammenhangs, indem Bedeutungsinhalte geklärt und der zulässige Objektbereich richtig eingegrenzt werden (Forschungsschritt 2). Darauf stützt sich im gleichen Kapitel die Erfassung und Interpretation problemrelevanter Verfahren zur Flexibilitätsmessung an Produktionssystemen, die zur Konkretisierung des aktuellen Forschungsbedarfs führt (Forschungsschritt 3). Mit der daraus resultierenden Definition von Anforderungen in *Kapitel 3* leiten sich die in dem *Kapitel 4* auszuarbeitenden Gestaltungsregeln und -modelle zur Entwicklung einer zweckdienlichen Bewertungsmethodik ab (Forschungsschritt 4). Nach deren anforderungsgerechter Realisierung wird sie innerhalb des *Kapitels 5* in einem Softwarehilfsmittel prototypisch umgesetzt und gemäß ULRICH (vgl. [Ulri-81]) im Anwendungsbezug evaluiert (Forschungsschritt 5). Das *Kapitel 6* fasst daraufhin die während des Forschungsprozesses gewonnenen Erkenntnisse zusammen und gibt einen Ausblick über weitere Handlungsfelder, was im Rahmen der Forschungsstrategie den letzten Schritt, die Empfehlungen an die Praxis, repräsentiert (Forschungsschritt 6).

Nachstehende Abbildung 1-4 soll das für die Arbeit vorgesehene Forschungsvorgehen noch einmal grafisch veranschaulichen.

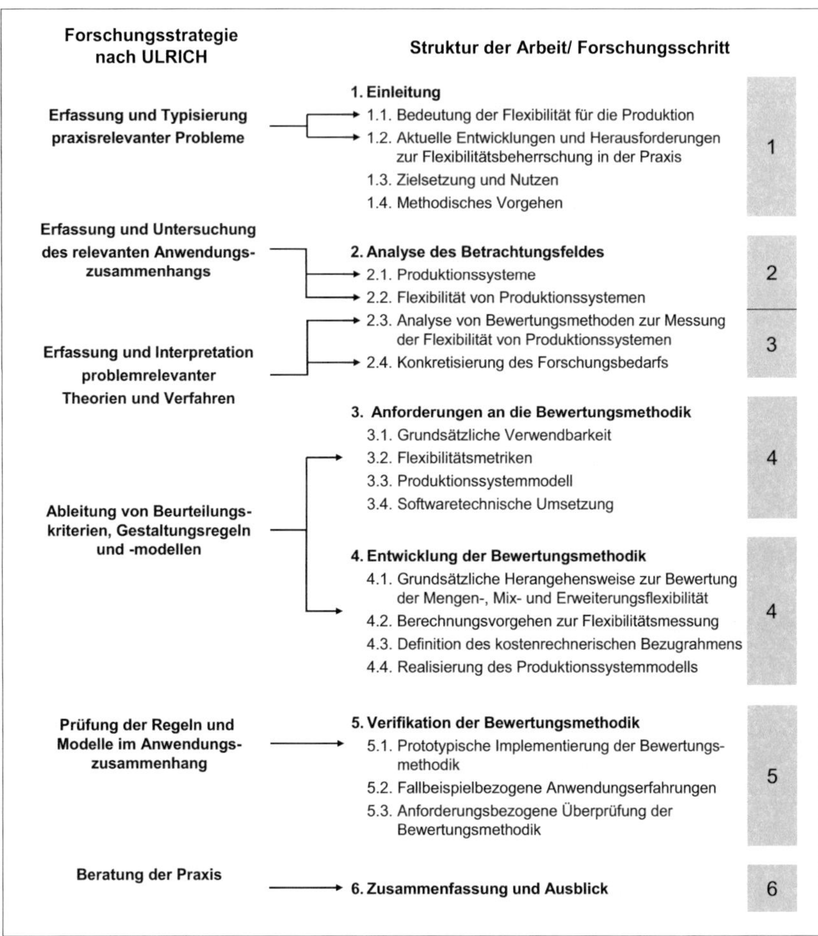

Abbildung 1-4: Aufbau der Arbeit

2 Analyse des Betrachtungsfeldes

Der mit dem Kapitel verfolgte Zweck ist es, einerseits ein gemeinsames Verständnis zwischen dem Leser und dem Verfasser zu schaffen und andererseits durch die richtige Eingrenzung des Objektbereichs, Handlungsbedarfe zur Bewältigung identifizierter Flexibilitätsherausforderungen zu bestimmen. Gemäß dem Thema der vorliegenden Dissertation sind hierbei zunächst die Bedeutungsinhalte, Einflussfaktoren und -objekte sowie Betrachtungsweisen von Produktionssystemen zu behandeln. In einem weiteren Schritt wird die Flexibilität von Produktionssystemen hinsichtlich ihrer kennzeichnenden Merkmale und sinnvoller Klassifizierungsmöglichkeiten untersucht, wodurch relevante Kriterien einer zielsetzungskonformen Flexibilitätsbewertung herauszustellen sind. Sie werden für die daran anknüpfende Beurteilung bestehender Bewertungsansätze herangezogen und ermöglichen abschließend die Konkretisierung des sich hieraus ableitenden Forschungsbedarfs. Insgesamt ergeben sich somit die notwendigen Voraussetzungen zur Anforderungsdefinition und Konzeption der zu entwickelnden Bewertungsmethodik.

2.1 Produktionssysteme

Der Anwendungsbereich der zu entwickelnden Bewertungsmethodik sind Produktionssysteme, zu denen ein weites Definitionsfeld existiert. Zur Schaffung eines einheitlichen Bedeutungsinhalts wird in einem ersten Schritt die Produktion als System vorgestellt. Damit im weiteren Verlauf eine tiefgründige Flexibilitätsanalyse durchführbar ist, erfolgt anschließend die Charakterisierung von systembeschreibenden Ressourcen und ihrer flexibilitätswirksamen Eigenschaften. Weil sich einzelne Ressourcen auf verschiedenen Ebenen organisatorisch zusammenfassen lassen, soll in einem weiteren Schritt auf den hierarchischen Aufbau von Produktionssystemen eingegangen werden. Dies bildet eine wichtige Voraussetzung, um den Geltungsbereich der Bewertungsmethodik richtig zu erfassen. Hieran anknüpfend wird eine genaue Untersuchung der auf Produktionssysteme wirkenden Einflussfaktoren und den daraus resultierenden Anpassungsabhängigkeiten vorgenommen.

2.1.1 Begriffsabgrenzung

Für eine zweckmäßige Herleitung des Begriffes „Produktionssystem" empfiehlt sich eine vorhergehende Betrachtung der beiden Teilbegriffe „Produktion" und „System", die sich wie folgt erklären:

Allgemeingültig lässt sich unter dem Begriff der *Produktion* die Kombination und Transformation von Produktionsfaktoren nach bestimmten Verfahren zu Produkten verstehen. Produktionsfaktoren und Produkte können dabei sowohl materielle Güter als auch immaterielle Güter (Informationen, Dienstleistungen, Arbeitsleistungen) repräsentieren [Schm-96]. Bezogen auf die industrielle Sichtweise der Produktion vollzieht sich die Transformation der dem Unternehmen zur Verfügung stehenden originären und derivativen Produktionsfaktoren unter Bildung von Faktorkombinationen in speziellen Produktionsstätten (Fabriken), in denen jeweils größere Mengen gleichartiger Leistungen pro Zeitabschnitt erbracht werden [Cors-99] [DCR-07]. Hierbei umschließt der Produktionsbegriff nach WESTKÄMPER neben der reinen fertigungstechnischen Leistungserstellung zusätzlich auch alle damit verbundenen „steuernden und organisatorischen Funktionen", die laut NIEMANN eine Wirtschaftlichkeitsorientierung besitzen [West-06] [Niem-07].

Entsprechend der Systemtheorie ist ein *System* als eine Menge von Elementen zu verstehen, die spezifische Eigenschaften aufweisen und miteinander in Beziehung stehen. Es hebt sich dabei über eine Systemgrenze von seiner Umwelt ab und charakterisiert sich anhand seiner Eigenschaften und Fähigkeiten Materie, Informationen und Energie mit seinen Umsystemen auszutauschen. Systeme organisieren und erhalten sich durch ihre Strukturen, wobei eine Struktur das Muster/die Form der Systemelemente und deren Beziehungsgeflechte beschreibt, durch die das System funktioniert. Eine strukturlose Zusammenstellung mehrerer Elemente wird dagegen als Aggregat bezeichnet. Die systembezogenen Elemente können wiederum als eigenständige Systeme angesehen werden, so wie auch das Gesamtsystem selbst, bei Erweiterung des Betrachtungshorizonts, Subsystem eines übergeordneten Systems sein kann (vgl. Abbildung 2-1). Hieraus ergibt sich eine hierarchische Systemsicht, durch die es möglich ist einen, für den jeweiligen Einsatzzweck, geeigneten Detaillierungsgrad zu wählen [Ropo-99] [Trös-05].

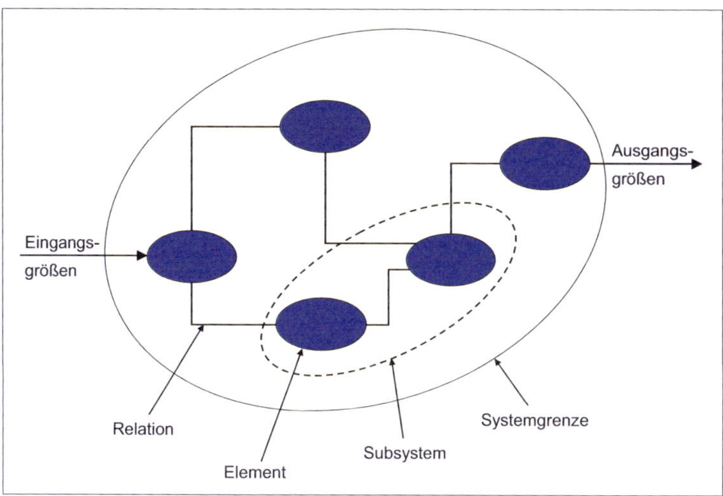

Abbildung 2-1: Allgemeine Darstellung eines Systems nach ROPOHL [Ropo-99]

Gemäß dem zugrunde gelegten Begriffsverständnis von Produktion und System kann ein *Produktionssystem* im Sinne von EVERSHEIM als „selbständige Allokation von Potential- und Mittelfaktoren zu Produktionszwecken" definiert werden, das neben den Elementen des technischen Herstellungsprozesses auch organisatorische Elemente zur Planung und Steuerung des Produktionsprozesses umfasst [Ever-92]. Es besitzt eine kostenrechnerische Eigenständigkeit wie auch eine Wirtschaftlichkeitsorientierung [Ever-92] [Niem-07]. Dementsprechend verfügt es über eine spezifische Systemorganisation, die basierend auf Regeln spezifische Verbindungen zwischen den Elementen eines Produktionssystems herstellt, um die optimalen Faktorkombinationen zur Aufgabenerfüllung zu erreichen. Als wichtigste Einflussgrößen hier sind die Anzahl, die Richtung sowie die Art beziehungsweise das Funktionsspektrum der Verknüpfungen zu nennen [Kern-80].

2.1.2   Ressourcen von Produktionssystemen

Die Ressourcen als eine Gruppe von Anpassungsobjekten in Produktionssystemen stellen ein entscheidendes Kriterium bei der Planung, Organisation und Steuerung sowie den daran gebundenen Wettbewerbserfolg von Produktionssystemen dar. Sie sind im Zusammenhang mit der in Kapitel 2.1.1 geschilderten systemtheoretischen Betrachtungsweise als die Systemelemente anzusehen, aus denen sich das Gesamtsystem zusammensetzt. In Anlehnung an PENROSE ist demzufolge ein Produktionssystem auch als ein Ressourcenbündel mit einer

Gewinnerzielungsabsicht zu verstehen. Dieses Bündel unterscheidet sich grundsätzlich in Betriebsmittel, Personal und Material [Gute-83] [Penr-95] [BeLu-03] [LES-06]. Gemäß ihrer spezifischen Eigenschaften werden die Ressourcen zur Erfüllung ihres systembezogenen Betriebszwecks möglichst optimal aufeinander abgestimmt und definieren in ihrer Gesamtheit den Einsatzbereich und damit die Flexibilität eines Produktionssystems [Aggt-90]. Da es Ziel der zu entwickelnden Bewertungsmethodik ist, diese Flexibilität zu quantifizieren, sollen nachfolgend die drei benannten Ressourcengruppen vorgestellt und anhand ihrer flexibilitätswirksamen Eigenschaften charakterisiert werden.

2.1.2.1 Betriebsmittel

Als Ressource „Betriebsmittel" sind prinzipiell diejenigen elementaren Produktionsfaktoren zu verstehen, die vom Menschen zur Unterstützung beim Vollzug der betrieblichen Aufgaben herangezogen werden [PBS-05]. Das beinhaltet alle beweglichen wie auch unbeweglichen Einrichtungen und Anlagen, die die technischen Voraussetzungen für die Leistungserstellung innerhalb eines Produktionssystems schaffen [MeBo-05]. Nach der Systemtheorie repräsentieren sie hier die technischen Elemente. Dazu zählen unter anderem Maschinen, Werkzeuge, Transport- und Büroeinrichtungen, aber auch Grundstücke und Gebäude [Gute-83] [MeBo-05]. Hinsichtlich ihrer Beteiligung an der physikalischen Wertschöpfung/ eigentlichen Leistungserbringung lassen sie sich *in Betriebsmittel für direkte Produktionsbeteiligung* (z.B. Maschinen, Werkzeuge, Vorrichtungen etc.) und *in Betriebsmittel für indirekte Produktionsbeteiligung* (z.B. Transportsysteme, Betriebsgebäude und -grundstücke, Lagermittel etc.) unterschieden [Aggt-90] [Zäpf-07]. Ihr gemeinsames Kennzeichen ist, dass sie sich während des einmaligen Einsatzes im Leistungserstellungsprozess nicht verbrauchen und sich daher mehrfach verwenden lassen [PBS-05].

Betriebsmittel selber verfügen über eine spezielle Nutzungsvielfalt, die als deren Leistungspotential bezeichnet wird und die Flexibilität eines Produktionssystems maßgeblich beeinflusst. Beschrieben werden kann dieses Potentials durch die drei Größen:

- Kapazität

- Funktionsumfang

- Kosten

Als *Kapazität* ist das quantitative Leistungsvermögen eines Betriebsmittels, in Form einer produzierbaren Leistungs-/Ausbringungsmenge je Zeiteinheit zu verstehen, wobei Unterscheidungsmöglichkeiten hinsichtlich maximaler, minimaler und optimaler Kapazität bestehen. Während die minimale und maximale Kapazität von technisch-organisatorischen Größen abhängt (z.B. die Arbeitszeiten des Bedienpersonals), kennzeichnet die Optimalkapazität diejenige Ausbringungsmenge, bei deren Realisierung das eingesetzte Betriebsmittel im Kombinationsprozess den kostengünstigsten Einsatz findet [PBS-05]. Die Bedienung, Steuerung und Instandhaltung der Betriebsmittel hängt vom Personal ab, weshalb durch dieses die Einsatz-/Betriebszeit der Betriebsmittel und somit die Betriebsmittelkapazität festgelegt wird. Zwar ist durch die Automatisierung eine entsprechende Entkopplung möglich, wodurch sich ein zusätzliches Flexibilitätspotential auftut, jedoch kann eine vollkommene Auflösung dieser Abhängigkeit nicht erreicht werden [Volb-81] [Zäpf-07].

Der *Funktionsumfang* des Betriebsmittels beschreibt dessen technischen Handlungsspielraum. Dieser bezieht sich sowohl auf die potentiell ausführbaren Bearbeitungsfunktionen (Einsatzvielfalt) wie auch auf die Bearbeitungsqualität (Güte) der ausführbaren Leistungen. So verfügen bspw. Mehrzweckmaschinen in der Regel über eine hohe Einsatzvielfalt für unterschiedliche Leistungserstellungsprozesse und weisen gleichzeitig ein breites qualitatives Leistungsvermögen auf. Demgegenüber sind Spezialmaschinen wesentlich eingeschränkter, da sie oftmals nur eine Art der Leistung erbringen können, wodurch ihre Einsatzvielfalt äußerst begrenzt, das Produktionsergebnis aber häufig qualitativ höherwertig ist. [PBS-05].

Die dritte relevante Beschreibungsgröße zur Kennzeichnung des Leistungspotentials der Ressource Betriebsmittel, sind deren *Kosten*, von denen häufig die Kapazität und der Funktionsumfang eines Betriebsmittels abhängt. So führt bspw. die Anschaffung eines zusätzlichen Bearbeitungsmoduls an einer Maschine einerseits zu einer Erweiterung von deren Funktionsumfang, hat andererseits aber auch zusätzliche Kosten zufolge. Ähnlich verhält es sich mit der Kapazität. Im Normalfall sind hier die Anschaffungskosten zweier Betriebsmittel (vom gleichen Hersteller) unterschiedlich, wenn sie trotz des gleichen Funktionsumfangs unterschiedlich hohe Ausbringungsmengen ermöglichen. Aus diesem Grund ist das Leistungspotential der Ressource Betriebsmittel mit deren Kosten verbunden. Die Erfassung dieser Kosten wird in Form von planmäßigen Abschreibungen[2] vorgenommen, die sich anteilig auf die Jahre der Nutzung und ihrer Nutzungsintensität verteilen [Burd-02] [PBS-05] [Kale-04]. Sie haben auf Basis der ursprünglichen Anschaffungskosten, einschließlich der Anschaffungsnebenkosten zu erfolgen, wobei die jeweilige Abschreibungs-dauer dieser Anlagegüter vom Gesetzgeber vorgegeben ist (vgl. [BMF-01]).

---

[2] Als Abschreibung eines Betriebsmittels, wird dessen Wertverlust, infolge des technischen und natürlichen Verschleißes oder aber außergewöhnlicher Einflüsse und technischer Neuerungen, bezeichnet. Typische Abschreibungsmethoden sind die lineare, geometrisch-degressive, arithmetisch-degressive und progressive Abschreibung [Burd-02] [Kale-04].

2.1.2.2 Personal

Die Ressource „Personal" bezeichnet alle zu einem Produktionssystem gehörigen, bezahlten Mitarbeiter, die zu dessen Aufgabenerfüllung in irgendeiner Form beitragen. Sie kennzeichnet somit den Ressourcenbedarf an menschlicher Arbeit, der für die Leistungserbringung notwendig ist. Ähnlich wie bei den Betriebsmitteln wird auch das Personal, hinsichtlich seiner Beteiligung an der eigentlichen Leistungserbringung, in *Personal für die direkte physikalische Leistungserstellung* (z.B. Maschinenführer und Rüstpersonal) und in *Personal für die indirekte Leistungserstellung* (z.B. Buchhaltung, Lagerverwaltung etc.) unterschieden [Aggt-90]. Sämtliche zu einem Produktionssystem zählenden Personalressourcen verfügen über ein bestimmtes Leistungspotential, welches neben den Betriebsmitteln die Systemflexibilität in einem entscheidenden Maße mitbestimmt. Folgende drei Faktoren wirken sich schwerpunktmäßig auf dieses flexibilitätsbestimmende Potential aus:

- Qualifikation

- Arbeitszeit

- Kosten

Als eine konkrete Humanressource bezeichnet die *Qualifikation* die kognitiven, affektiven und physiologischen Merkmale einer Person, die ergänzend durch Aus- und Weiterbildung weiterentwickelt werden können [Lucz-93] [Penr-95]. Sie repräsentiert somit das Maß des Funktionsspektrums eines Mitarbeiters, also seine Fertigkeiten und Fähigkeiten, zur Ausübung potenziell erfüllbarer Aufgaben. Relevant sind dabei die Art der Funktion als auch die Leistungsfähigkeit der Person [Volb-81]. Letztere hängt direkt von der Motivation ab, die sich durch entsprechende Maßnahmen, wie beispielsweise Entgeltgestaltungen oder Tätigkeitserweiterungen beeinflussen lässt [Lucz-93].

Die *Arbeitszeit*, deren Dauer auf Basis des jeweiligen Arbeitszeitbeginns und dem darauf folgenden Arbeitszeitende bestimmt wird, ist abhängig von diversen organisatorischen Randbedingungen, wie z.B. Anzahl der Schichten und betriebliche oder gesetzliche Vorgaben [Brum-94]. Durch die Verwendung spezieller Arbeitszeitmodelle, die eine Variation von Arbeitszeiten erlauben, bieten sich Möglichkeiten der Flexibilitätssteigerung von Produktionssystemen, da sie Einfluss auf die Gesamteinsatzzeit des Systemelements Betriebsmittel nehmen. Bei einer flexiblen Gestaltung dieser Einsatzzeiten zum Erreichen unterschiedlicher Arbeitskapazitäten kommt speziell der Schichtarbeit eine zentrale Rolle zu [Schä-80] [MEK-05]. Folgende grundsätzliche Formen werden unterschieden [CQP-89] [Bühn-04] [Hell-08]:

- *Nichtkontinuierlicher Schichtbetrieb:* Charakteristisch für diesen ist, dass die potentiell verfügbare Betriebszeit eines Arbeitstages (24 Stunden) nicht vollständig ausgeschöpft wird und eine Arbeitsunterbrechung am Wochenende stattfindet. Dies betrifft sowohl den Einschichtbetrieb, bei dem die Betriebszeit auf eine Schicht (z.B. 8 Stunden) pro Arbeitstag begrenzt ist, als auch den Zweischichtbetrieb (z.B. zweimal 8 Betriebsstunden pro Arbeitstag).

- *Teilkontinuierlicher Schichtbetrieb:* Dieser zeichnet sich durch eine 24stündigen Betriebszeit je Arbeitstag mit einer Arbeitsunterbrechung am Wochenende aus. Möglich ist das mit einem Schichtsystem von drei aufeinanderfolgenden Schichten (Früh-, Spät-, Nachtschicht).

- *Kontinuierlicher Schichtbetrieb:* Hierbei ist keine organisatorisch geprägte Arbeitszeitunterbrechung vorgesehen, was eine durchgängige Betriebszeit von 365 Tagen im Jahr (einschließlich der Wochenenden und Feiertage) vorsieht. Realisieren lässt sich dieser über einen Vier- oder Fünfschichtbetrieb, wobei häufig auf sog. Wechselschichtsysteme zurückgegriffen wird, bei denen der Schichteinsatz in einem bestimmten Rhythmus, z.B. wöchentlich oder monatlich wechselt.

Den dritten wesentlichen Einflussfaktor der Ressource Personal bilden deren *Kosten*, die sich entscheidend auf die Personalplanung innerhalb eines Produktionssystems auswirken [Volb-81] [Aggt-90]. Sie stehen in einem direkten Bezug zur Qualifikation, da mit einem steigenden Qualifikationsgrad des Personals im Allgemeinen höhere Personalkosten verbunden sind. Gleiches trifft auch auf die Arbeitszeit zu, deren Verlängerung zwangsläufig eine Erhöhung der Kosten verursacht (z.B. aufgrund von Überstunden oder Zunahme der Personalstärke). Somit ist die Flexibilität dieser Ressource unmittelbar mit deren Kosten verbunden. Sie ergeben sich aus der Vergütung des durch das Personal erbrachten Leistungsbeitrags, in Form eines Arbeitsentgeltes. Dieses unterscheidet sich in Lohn und Gehalt. *Lohn* bezeichnet im Allgemeinen ein Arbeitsentgelt auf Stundenbasis (Lohn je Arbeitsstunde) und hängt von den geleisteten Arbeitsstunden in Verbindung mit den Tages- und Wochenzeiten ab. Umgekehrt beschreibt das *Gehalt* ein eher gleichbleibendes Arbeitsentgelt (für gewöhnlich auf Monatsbasis), das unabhängig von variierenden Arbeitszeiten pro Monat gilt [Krop-01]. Tendenziell lässt sich feststellen, dass je stärker der Bezug eines Mitarbeiters zum eigentlichen physikalischen Leistungserstellungsprozess im Produktionssystem ist, desto eher ist von einem Lohn statt von einem Gehalt als Arbeitsvergütung auszugehen.

2.1.2.3 Material

Die dritte wichtige Ressource in einem Produktionssystem ist das „Material". Unter diesem sind Einsatzstoffe oder Güter zu verstehen, die in Kombination mit den zuvor beschriebenen Ressourcen Betriebsmittel und Personal innerhalb eines Produktionsprozesses zu Endprodukten[3] verarbeitet werden. Grundsätzlich lassen sich drei verschiedene Arten von Material unterscheiden. Sie unterteilen sich in Fertigungsmaterialien, Hilfsstoffe und Betriebsstoffe [Kern-80]. Gemeinsames Kennzeichen der *Fertigungsmaterialien* ist ihre Eigenschaft einen wesentlichen Bestandteil der durch sie gefertigten Produkte darzustellen. Zu ihnen gehören einerseits unmittelbar aus der Natur gewonnene, weitgehend unbearbeitete Naturgüter, die sog. Rohstoffe. Andererseits zählen aber auch aus einer Vorproduktion hervorgegangene Sachgüter dazu, wie Werkstoffe (z.B. Textil- und Kunststoffe, Bleche, Stangen oder Rohre) und vorgefertigte Bauteile bzw. Baugruppen, die zu Produkten höherer Ordnung weiterverarbeitet werden. Demgegenüber findet für *Hilfs- und Betriebsstoffe* allgemein die Bezeichnung Einsatzgüter Verwendung, da sie für die Durchführung des Produktionsprozesses benötigt werden. In diesem Zusammenhang grenzen sich Hilfsstoffe von den Betriebsstoffen dadurch ab, dass sie zwar Bestandteil des Produktes sind, jedoch im Gegensatz zu den Fertigungsmaterialien als unwesentlich gelten. Als Beispiele dafür wären Kleber, Schrauben, Nieten, Elektroden oder Lacke zu nennen. Die Betriebsstoffe selbst gehen im Unterschied zu den anderen beiden Materialarten nicht in das zu fertigende Produkt mit ein. Sie dienen allerdings der unabdingbaren Aufrechterhaltung der Einsatzbereitschaft von Betriebsmitteln, was sich auf Schmier- und Schleifmittel, Putzmaterial, Kühlmittel, Büromaterial und vor allem Energieträger wie Kohle, Heizöl, Gas und Strom bezieht [Kern-80] [BBBD-03] [Dang-03].

Zwischen dem Verbrauch der Ressource Material und der in einem Produktionssystem gefertigten Anzahl an Produkten besteht eine unmittelbare Abhängigkeit. So stellt eine Erhöhung der Produktionskapazität neue Erfordernisse an die Materialbereitstellung, was eine Synchronisierung der Materialzulieferer und der davon betroffenen Produktionsbereiche zur Folge hat. Das Material ist daher auch eine stark auftragsinduzierte Ressource, welche die Flexibilität eines Produktionssystems durch folgende Eigenschaften beeinflusst:

- Verfügbarkeit

- Kosten

---

[3] Ein Endprodukt ist ein Erzeugnis, für das ein Markt zur Veräußerung besteht (vgl. dazu auch Tabelle 4-2, S. 73)

Die *Verfügbarkeit*, welche nicht allein den Zeitpunkt und den Ort der Verwendung der Ressource Material kennzeichnet, sondern auch deren Art, Menge und Qualität, stellt einen wesentlichen Flexibilitätsfaktor dar, der den Produktionsprozess maßgeblich beeinflusst. So hätte das unzureichende Vorhandensein von Material eine Einschränkung des Leistungspotentials der Ressourcen Betriebsmittel und Personal zur Folge, in dessen Konsequenz auch der Einsatzbereich des Produktionssystems begrenzt wird. Die Verantwortung hierfür trägt die Logistik, welche sowohl die innerbetriebliche als auch die zwischenbetriebliche Materialverfügbarkeit sicherstellt und deren Ziel es ist, das Bestandsniveau in den Lagern wie auch die Durchlaufzeiten[4], bei weitgehend optimaler Kapazitätsauslastung, möglichst gering zu halten. Das verursacht in der Regel einen nicht zu unterschätzenden logistischen Aufwand, weil sich Durchlaufzeiten, Bestände und Kapazitätsauslastungen wechselseitig beeinflussen [AIKT-04] [Zäpf-07].

Wie bei den Ressourcen Personal und Betriebsmittel zuvor, stellen die *Kosten* ebenfalls für die Ressource Material ein wesentliches flexibilitätswirksames Kriterium dar. Grund dafür ist, dass die Kosten zum Teil erhebliche Auswirkungen auf die Materialverfügbarkeit haben können. Beispielsweise bewirkt ein hoher Lagerbestand an Material einerseits eine hohe Verfügbarkeit von diesem, andererseits aber auch eine höhere Kapitalbindung. Umgekehrt dazu verursachen kleine Bestände niedrige Bestandskosten, dafür aber erhöhen sie die Unsicherheit bei der Materialverfügbarkeit, was den Einsatzbereich und somit die Flexibilität eines Produktionssystems einschränken kann [AIKT-04] [Zäpf-07]. Die Verfügbarkeit der Ressource Material muss daher, im Interesse eines flexibel gestaltbaren Produktionsprozesses, einem kosteneffizienten Logistikkonzept folgen.

2.1.3   Betrachtungsebenen in Produktionssystemen

Im vorangegangenen Kapitel 2.1.2 wurden die Ressourcen Betriebsmittel, Personal und Material vorgestellt sowie ihre flexibilitätswirksamen Eigenschaften erläutert. Ihr Zusammenspiel bzw. ihre Verknüpfung formen das eigentliche Produktionssystem zur Erfüllung der Produktionsaufgabe, deren Bindeglied die Organisation ist [Knof-91]. Durch sie werden die einzelnen Ressourcen in funktionale Systembereiche zusammengefasst, die wiederum Bestandteile übergeordneter Bereiche sein können. Hieraus ergibt sich entsprechend der Systemtheorie eine hierarchische Untergliederung, die angelehnt an NEUHAUSEN [Neuh-01], eine Einteilung in die Ebenen *Fabrik*, *Segment*, *Linie* und *Arbeitsplatz* möglich macht. Sie soll für die vorliegende Dissertation Gültigkeit besitzen (vgl. Abbildung 2-2). Jede Systemebene steht hierbei für eine bestimmte Gruppe von

---

[4] Nähere Informationen zum Begriff „Durchlaufzeit" sind dem Anhang C.3 zu entnehmen.

Systemobjekten (sowohl für das Gesamtsystem als auch für dessen Subsysteme). Ihre Zuordnung basiert auf grundlegenden, gemeinsamen, ebenenspezifischen Charakteristika, die nachstehend näher beschrieben werden.

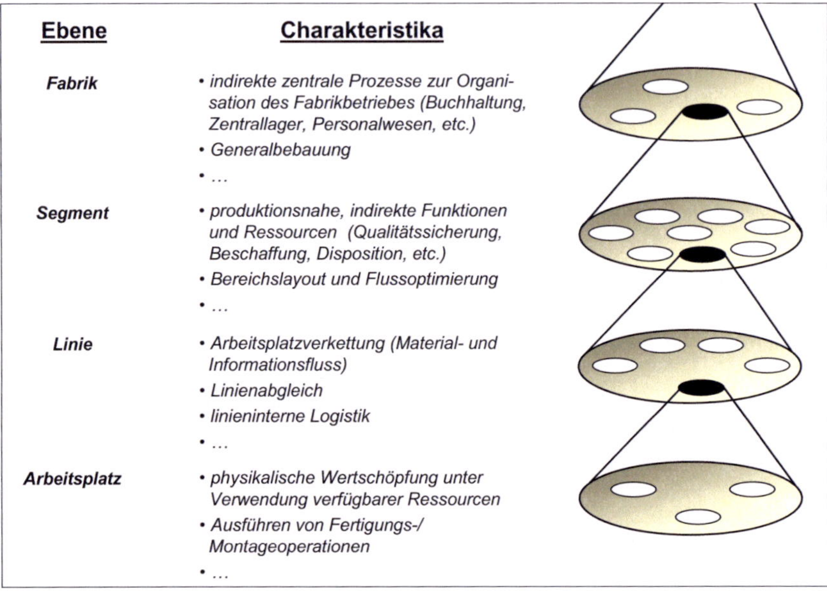

Abbildung 2-2: Betrachtungsebenen von Produktionssystemen in Anlehnung an NEUHAUSEN [Neuh-01]

2.1.3.1 Arbeitsplatzebene

Auf Ebene des Arbeitsplatzes wird unter Zusammenführung der Ressourcen Personal, Material und Betriebsmittel nach einem spezifischen Gestaltungsprinzip die tatsächliche Leistungserbringung in Form einer physikalischen Wertschöpfung vollzogen. Dabei bestimmen die Ressourcen durch ihre Anzahl, ihre Fähigkeiten und ihre Verknüpfungen untereinander das Operationsspektrum bzw. die möglichen durchführbaren Bearbeitungsprozesse eines Arbeitsplatzes. Zu unterscheiden sind Fertigungs- und/oder Montageoperationen in Form von manueller Bearbeitung, maschineller Bearbeitung mit menschlicher Unterstützung (semiautomatisch) oder aber vollautomatischer Bearbeitung [DuOe-93] [Neuh-01] [BeHö-05]. Die benötigte Durchlaufzeit zur Herstellung eines Produkts bzw. Erzeugnisses[5] hängt im Wesentlichen vom jeweiligen Automatisierungsgrad wie auch dem verwendeten Vorgangsprinzip der Bearbeitungsprozesse ab. Für gewöhnlich lässt sich innerhalb der industriellen Praxis eine Einteilung in drei grundsätzliche Prozessablaufprinzipien vornehmen. Abbildung 2-3 fasst diese grafisch zusammen, bevor sie anschließend kurz erläutert werden [ZWL-99] [Teuf-03]:

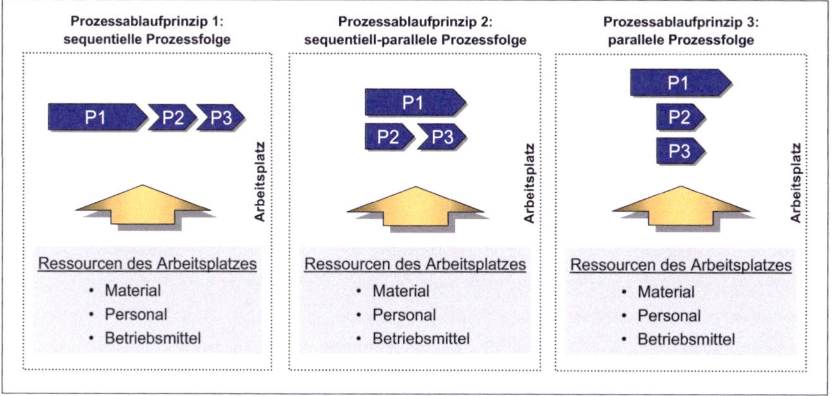

Abbildung 2-3: Prozessablaufprinzipien für Fertigungs- und Montageoperationen auf der Arbeitsplatzebene

- Dem *Prozessablaufprinzip 1* folgt ein Arbeitsplatz, bei dem die Prozesse in einer Sequenz, also nacheinander, ablaufen. Bezogen auf die Abbildung 2-3 müsste demnach ein zu bearbeitendes Erzeugnis zuerst die Prozesse *P1* bis *P3* durchlaufen, bevor die Bearbeitung eines weiteren beginnen kann. Ein Beispiel hierfür könnte die Produktbearbeitung in der festgelegten Reihenfolge Fräsen (*P1*), Bohren (*P2*) und Senken (*P3*) an einer Bearbeitungsstation sein.

- Das *Prozessablaufprinzip 2* charakterisiert einen Arbeitsplatz, bei dem parallel zum Bearbeitungsprozess *P1* eines Erzeugnisses zeitgleich die Prozesse *P2* und *P3* hintereinander ablaufen. Dem Beispiel vom Prozessablaufprinzip 1 folgend, würde mit Beginn des Fräsens (*P1*) eines Erzeugnisses, gleichzeitig das Bohren (*P2*) von diesem starten. Nach Beenden des Bohrens erfolgt das Senken (*P3*) am Erzeugnis, während es weiterhin gefräst wird. Ein solcher Prozessablauf gilt als sequenziell-parallel aufeinander abgestimmt und kann im Vergleich zum Prinzip 1 die Durchlaufzeit je Erzeugnis verkürzen. Als Grenze sind jedoch die Auslastungsgrade der prozessabhängigen Ressourcen anzusehen.

---

[5] Laut DIN 6789 ist eine gebräuchliche Bezeichnung für ein physisches Produkt auch das Wort „Erzeugnis" [DIN 6789], weshalb es in dieser Arbeit synonym verwendet werden soll.

- Im *Prozessablaufprinzip 3* werden mehrere an einem Arbeitsplatz ablaufende Bearbeitungsprozesse zeitlich parallel ausgeführt. Verglichen mit den anderen beiden Prozessablaufprinzipien ist hierdurch die kürzeste Durchlaufzeit erreichbar, da, gemäß dem vorgestellten Beispiel, die drei einzelnen Bearbeitungsoperationen zeitgleich am selben Erzeugnis erfolgen können. Im Bereich der vollautomatisierten Bearbeitung bedarf dies einer genauen Abstimmung der Ressourcen und Bearbeitungsprozesse.

2.1.3.2 Linienebene

Die Linienebene charakterisiert sich durch die für eine Linie typische Arbeitsplatzverkettung, bei der die einzelnen Arbeitsplätze dem Material- und Informationsfluss entsprechend über so genannte Transportsysteme und -mittel miteinander verknüpft bzw. „verkettet" werden [Neum-96]. Da hierbei eine Gleichheit oder Ähnlichkeit einzelner, oftmals sogar ganzer Abschnitte der Arbeitsablauffolge vorliegt, ergibt sich eine stark produktbezogene Gliederung, bei der die Kapazitäten der häufig stark spezialisierten Arbeitsplätze dem Fertigungsablauf entsprechend miteinander abgestimmt sind [Aggt-90] [Schü-94] [Neum-96]. Hiermit in Verbindung stehen verschiedene Aufgaben, welche die Einsatzbereitschaft und Funktionsausführung der Linie gewährleisten, wie z.B. der Linienabgleich oder die linieninterne Logistik und Steuerung [Neum-96] [Neuh-01].

Unterscheidungsmöglichkeiten des Linienprinzips ergeben sich hinsichtlich der Reihen- und der Fließanordnung, die sich aufgrund der zeitlichen Bindung, der an den einzelnen Arbeitsplätzen durchzuführenden Arbeitsgänge, voneinander abgrenzen [Aggt-90] [Neum-96]. Bei der *Reihenanordnung* besteht keine direkte zeitliche Abstimmung zwischen den einzelnen Arbeitsplätzen, weshalb es vereinzelt zu Wartezeiten oder aber zu einer Produktion auf arbeitsplatzbezogene Vorratspuffer kommen kann. Dementsprechend müssen die eingesetzten Transportsysteme für einen nicht-/diskontinuierlichen Materialfluss geeignet sein. Eine zeitliche Vorgabe besteht lediglich in einer auf eine Periode bezogene Soll-Mengenleistung. Dagegen handelt es sich bei der Fließanordnung um eine taktgebundene Reihenanordnung, deren zeitlich festgelegter Ablauf durch die mechanisierte, kontinuierliche Weiterbewegung der Erzeugnisse von einem Arbeitsplatz zum nächsten gekennzeichnet ist. Die Arbeitsplätze und die sie verbindenden Transportsysteme sind danach sowohl räumlich als auch zeitlich aufeinander abgestimmt [Ever-89] [Aggt-90] [Schn-01] [BCS-07].

Unabhängig davon, ob eine Reihen- oder Fließanordnung vorliegt, folgen Linien einer festgelegten Vorgangsfolge der Arbeitsplatzverkettung, die sich, wie Abbildung 2-4 zeigt, in drei grundsätzliche Vorgangsprinzipien einteilen lassen [Benj-94] [ZWL-99] [Phil-02] [Röhr-03]:

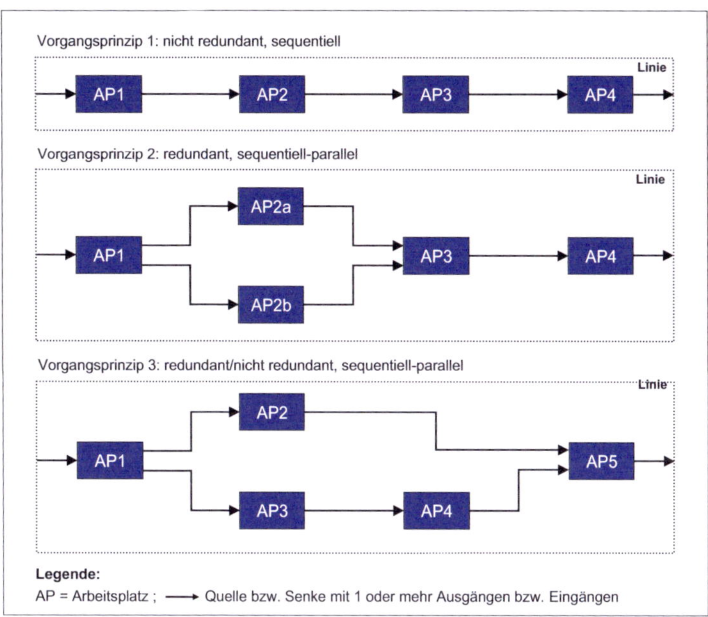

Abbildung 2-4: Vorgangsprinzipien der Arbeitsplatzverkettung auf Linienebene in Anlehnung an PHILIPPSON [Phil-02] und RÖHRS [Röhr-03]

- *Vorgangsprinzip 1* beschreibt die einfachste Organisationsform einer Linie, deren technische Elemente (die enthaltenen Arbeitsplätze) in einer gerichteten nicht redundant, sequentiellen Vorgangsfolge/Steuerungsweg miteinander verbunden sind. Somit wird die linienbezogene Bearbeitung eines Erzeugnisses mit dem Arbeitsplatz *AP1* begonnen und dieses erst nach Abschluss aller dort für die Erzeugnisbearbeitung vorgesehenen Fertigungs- bzw. Montageoperationen an den nachfolgenden Arbeitsplatz weitergeleitet, was sich sukzessiv bis zum letzten Linienarbeitsplatz fortsetzt. Somit wird der Kapazitätsengpass einer Linie durch den Arbeitsplatz bestimmt, dessen Operationen die meiste Zeit beanspruchen.

- *Vorgangsprinzip 2* ist gekennzeichnet durch eine gerichtete, redundant, sequenziell-parallele Arbeitsplatzverkettung. Sie ähnelt im Wesentlichen der des Vorgangsprinzips 1, mit dem Unterschied, dass der Arbeitsplatz *AP2* und somit auch die dort stattfindenden Bearbeitungsprozesse in Form von Arbeitsplatz *AP2a* und Arbeitsplatz *AP2b* doppelt ausgelegt sind. Würde sich bspw. in einer dem Vorgangsprinzip 1 folgenden Linie die Produktivität eines Arbeitsplatzes gravierend reduzieren, so besteht durch diese Art der Arbeitsplatzverkettung die Chance den kapazitiven Engpass zu beseitigen.

- *Vorgangsprinzip 3* entspricht einer sequenziell-parallelen Anordnung der Arbeitsplätze, was sowohl einen redundanten als auch nicht-redundanten Steuerungsweg ermöglicht. Wie aus Abbildung 2-4 hervorgeht, könnte bspw. hierdurch eine Produktvariante *V1* auf dem oberen Vorgangsweg gefertigt werden, während die Herstellung einer anderen Variante *V2* als auch der Variante *V1* auf dem unteren Vorgangsweg erfolgt. Demnach sind die Bearbeitungsprozesse des unteren Vorgangswegs redundant zum oberen, wobei diese Redundanz jedoch nicht in umgekehrter Richtung besteht. Ein Erzeugnis der Variante *V1* hätte also die Wahlfreiheit hinsichtlich des Steuerungsweges, ein Erzeugnis der Variante *V2* hingegen nicht. Denkbar für ein solches Vorgangsprinzips wäre aber auch eine vollkommen nicht-redundante Auslegung der parallelen Arbeitsplätze, z.B. dann, wenn eine zusätzliche Produktvariante zu fertigen ist.

2.1.3.3 Segmentebene

Eingebunden in eine spezifische Fertigungs- bzw. Montagestruktur lassen sich die in Linien zusammengefassten Arbeitsbereiche der nächst höheren Ebene „Segment" zuordnen. Segmente, oftmals auch Fertigungssegmente genannt, bezeichnen autarke, produktorientierte und aus mehreren Stufen der Wertschöpfungskette bestehende Organisationseinheiten/-Fertigungsbereiche, die nach bestimmten Produkt-Markt-Produktions-Kombinationen gebildet werden [Zahn-94] [Wild-98] [BrGr-04]. Die hier eingesetzten Produktionsressourcen sind organisatorisch, räumlich und strukturell im Sinne einer vollständigen Bearbeitung von Teilen einer Wertschöpfungskette ausgelegt. Segmentierungskriterien können dabei Produktarten, Absatzstruktur, Produktionsverfahren oder auch das Produktionsvolumen sein, die eine oder mehrere Produktionslinien und/oder Arbeitsplätze einbinden, für deren Produktion ein Endmarkt oder zumindest ein Zwischenmarkt existiert [Lenz-04] [VaSi-04] [Zäpf-07]. Das Bindeglied zwischen und innerhalb dieser Produktionseinheiten bildet die Segmentorganisation, deren Schwerpunkt auf der optimalen Abstimmung des Betriebsmitteleinsatzes mit dem Personalbedarf liegt. Hier werden die Arbeitsabläufe für gewöhnlich nach dem Fließprinzip ausgeführt, z.B. in einer Transferstraße oder in einer Einzelstück-Fließfertigung. Der Transport erfolgt über entsprechende Transportsysteme, die in Abhängigkeit vom Grad der Vielseitigkeit, Spezialisierung und Automatisierung des Segments einen kontinuierlichen und/oder diskontinuierlichen Materialfluss mit oder ohne zeitliche Bindung erlauben [Aggt-90] [Knof-91] [VaSi-04] [Kobe-08]. Die Vorgangsprinzipien möglicher Verkettungen von Produktionseinheiten ist denen der Linie angelehnt (vgl. Abbildung 2-4, S. 25).

Relevante, die Ebene des Segments betreffende Aufgaben sind die Flussoptimierung zur Verminderung von Durchlaufzeiten und Lagerbeständen, die Fertigungssteuerung, die bereichsinterne Logistik, die Qualitätssicherung, die Beschaffung und die Disposition sowie alle anderen produktionsnahen indirekten Funktionen, welche nachstehende Zielsetzungen verfolgen [Wegn-97] [Neuh-01] [VaSi-04] [Kobe-08]:

- Organisation der Herstellung eines eigenen Fertigungsprogramms von Produkten beziehungsweise Produktgruppen oder Produktteilen (z.B. Baugruppen oder Teilefamilien)

- Gestaltung des Bereichslayouts, durch das Zusammenfassen gleicher oder prozessähnlicher Produkte

- Abstimmung des Material- und Informationsflusses

- Fertigungstechnische Entscheidungsvorbereitung und -umsetzung

2.1.3.4 Fabrikebene

Die Ebene der Fabrik fasst alle produktionstechnischen und produktionsorganisatorischen Elemente in einer örtlich festgelegten Umgebung zusammen, innerhalb der gewerbliche Erzeugnisse in Form von manueller und/oder maschineller Arbeit gefertigt werden [Aggt-87] [Schm-95] [Spur-97]. Dies geschieht nach einem vorgegebenen Organisationsprinzip, welches die Beziehungen zwischen und innerhalb der einzelnen Systemelemente bestimmt und gleichzeitig deren Gliederungskriterien in verschiedene Subsysteme festlegt. Entscheidendes Kriterium hierfür sind die verfolgten betriebswirtschaftlichen Ziele des Gesamtsystems in Abhängigkeit von der Systemumwelt [Schm-95]. Unabhängig vom hierarchischen Aufbau eines Produktionssystems, ist die Fabrikebene, nach dem Verständnis der hier vorliegenden Arbeit, als die oberste Hierarchiestufe anzusehen (vgl. Abbildung 2-2, S. 22), welche dementsprechend die Grenze des Systems definiert.

Im Gegensatz zu den vorangegangenen Produktionsebenen stehen hier vor allem die indirekten und gleichzeitig zentralen Prozesse im Vordergrund, durch die die organisatorischen Rahmenbedingungen für die tatsächliche Wertschöpfung geschaffen werden. Sie betreffen unter anderem Buchhaltung, Personalwirtschaft, Controlling, Zentrallagerverwaltung, etc. Darüber hinaus kommt der Generalbebauung eine wesentliche Bedeutung zu, durch die eine, den funktionalen Anforderungen der Fabrik entsprechende Verknüpfung der Prozesse mit ihren räumlichen Objekten erreicht wird. Sie ist dabei eng an das Produktions- und Logistikkonzept der Fabrik gekoppelt [Aggt-87] [Neuh-01] [AIKT-04] [Kohl-07].

2.1.4   Änderungstreiber und Anpassungsobjekte von Produktionssystemen

Die Wahrscheinlichkeit, dass ein Produktionssystem über dessen gesamten Lebenslauf, von der Inbetriebnahme in einer bestimmten Ausgangskonfiguration bis hin zur Außerbetriebnahme, unverändert bleibt und somit den vielfältigen, sich wandelnden Ansprüchen entspricht, gilt als unwahrscheinlich, selbst wenn es nur für die Fertigung eines einzigen Produkts ausgelegt wird. Der Grund für diese fluktuierenden Anforderungen liegt in den verschiedenen externen und internen Einflussfaktoren, auch Änderungstreiber genannt, die das in Kapitel 1.1 skizzierte turbulente Handlungsumfeld prägen. Nachfolgend soll auf die verschiedenen Arten von Änderungstreibern etwas näher eingegangen werden.

Externe Änderungstreiber charakterisieren sich durch ihre gemeinsame Eigenschaft des Einwirkens auf ein Produktionssystem von außen. Sie können ihren Ursprung in Technologie-, Umwelt-, Ressourcen- oder Marktveränderungen haben und erklären sich wie folgt:

- Als *technologische Treiber* sind vor allem neue Fertigungstechnologien und -verfahren, Materialien oder IT-Technologien zu sehen [WNKB-05] [Günt-05]. Ein Beispiel hierzu entstammt der metallverarbeitenden Industrie, bei der die Einführung des Laserschweißens, aufgrund seiner höheren Flexibilität und Leistungsfähigkeit, zur Ablösung der konventionellen Stanzmaschinen führte. Durch den Wegfall dieser Stanzen wurden vorher benötigte Arbeitsflächen frei, Lagerkapazitäten für die Stanzwerkzeuge entfielen und zuvor erforderliche Schutzmaßnahmen, hinsichtlich des Lärms erübrigten sich. Im Gegenzug stellten sich jedoch höhere Anforderungen an die Belüftung der neuen Arbeitsplätze [WNKB-05].

- Besonders starke Auswirkungen auf Produktionssysteme können Veränderungen der *Ressourcen* Personal, Betriebsmittel und Material haben [Dürr-00]. Beispielsweise würde die dauerhafte Verknappung der Ressource Personal eine Erhöhung der Lohnkosten mit sich führen und somit dazu beitragen, dass betroffene Unternehmen einen höheren Automatisierungsgrad für ihre Produktionssysteme anstreben.

- Externe, der Kategorie *Umwelt* zuzuordnende Änderungstreiber sind stark geprägt von politischen Grundsatzentscheidungen und rechtlichen Vorgaben, aber auch vom gesellschaftlichen Umfeld sowie den Veränderungen des Bildungs- und Qualifizierungssystems [Wild-98] [Dürr-00]. Sie ergeben sich hauptsächlich aus den strenger werdenden Arbeitsschutz- und Umweltauflagen, den Gesetzen sowie den Tarifvereinbarungen zwischen Arbeitgebern und Arbeitnehmern [WNKB-05].

- *Marktbezogene Veränderungen* können als die häufigsten, auf ein Produktionssystem wirkenden Änderungstreiber angesehen werden. Sie lassen sich grundsätzlich auf die Globalisierung der Absatzmärkte, den Wandel vom Hersteller- zum Käufermarkt und auf die Produkte zurückführen [Dürr-00] [RüSt-00] [Sest-03] [Bart-05]. Speziell in den vergangenen Jahren haben sie zu einer fortwährenden Verschärfung des Wettbewerbs geführt, infolgedessen Produktionsunternehmen mehr denn je dazu gezwungen sind, neue Produkte immer schneller auf den Markt bringen zu müssen („Time to Market"). Dies verdeutlicht besonders die fortschreitende Ausweitung der unternehmenseigenen, kundenindividualisierten Produktpalette [Dürr-00] [Sest-03] [DoQu-04] [West-04]. Aber auch die starke Zunahme der Variantenvielfalt, die Verkürzung von Lieferzeiten als auch die großen Unsicherheiten bezüglich der verlangten Mengen und Preise sprechen für die veränderten Marktbedingungen [Dürr-00] [KSW-02] [Rein-04].

Im Unterschied zu externen Treibern, die Einfluss auf Produktionssysteme nehmen, gehen *interne Änderungstreiber* vom Unternehmen selbst aus und gründen sich auf dessen Ziele, Strategien und Leistungsdefizite, wie nachstehend aufgeführt:

- Die *Ziele* eines Unternehmens können entscheidende Auswirkungen auf das betreffende Produktionssystem nehmen, denn sie bilden die Grundlage für dessen Konzeption und für die Ableitung der produktionstechnischen Zielsetzungen. Ihre Einflussnahme bezieht sich vor allem auf die Funktionen, die das System zur Erfüllung der vorgesehenen Produktionsaufgaben leisten muss. Einer Änderung der Unternehmensziele folgt daher für gewöhnlich eine Anpassung der Produktion und damit verbunden, des Produktions- systems [Feld-91] [BiSc-95] [Dürr-00]. Hieraus resultierende Umgestaltungen betreffen nicht nur einzelne Elemente, wie z.B. die operativen Produktionsfunktionen, sondern beeinflussen die generelle Systemkonfiguration. Mögliche Gründe für die Veränderung von Unternehmenszielen liegen entweder in der Zieldynamik, etwa infolge einer anderen Bewertung der Ziele durch die Entscheidungsträger oder aber sie ergeben sich aus der Unsicherheit der definierten Ziele, z.B. wegen vorhandener, ungeklärter Zielinter- dependenzen [Kühn-89] [Dürr-00].

- In enger Relation zu den Unternehmensabsichten stehen dessen *Strategien*, welche die Umsetzung der Ziele durch entsprechende Maßnahmen implizieren. Sie gehen aus der Unternehmenspolitik hervor und bestimmen den Handlungsspielraum des Produktionssystems. Von daher sind die Strategien als ein wesentlicher interner Änderungstreiber für die generelle Weiterentwicklung eines Produktionssystems zu sehen [Feld-91] [Dürr-00]. Beispielsweise verbindet eine Differenzierungsstrategie einen hohen Anspruch des Kunden gegenüber den unternehmensspezifischen Produkten, die sich von anderen Konkurrenten durch Qualität, Innovation, Individualität abgrenzen müssen. Unmittelbar davon betroffen ist das Produktionssystem, das den hohen Anforderungen hinsichtlich der Fertigungs- und Prozesstechnologien, der Bearbeitungsqualität und -genauigkeit oder der Art und dem Umfang von Fertigungsfunktionen zu entsprechen hat [Frau-05].

- Auch die *Leistungsdefizite* eines Produktionssystems sind als ein bedeutender, interner Änderungstreiber anzuerkennen und resultieren aus den systemspezifischen Schwachstellen. Diese können als Ergebnis gezielter Untersuchungen hervortreten (z.B. interne Analysen und Benchmarking) oder im Rahmen des Kontinuierlichen Verbesserungsprozesses (KVP) identifiziert werden. Die Analyse von Gefahren und die Einschätzung ihres Bedrohungspotentials im Hinblick auf die Unternehmensziele führen dann zu entsprechenden Veränderungen am Produktionssystem. Beispiele für derartige Schwachstellen können zu lange Durchlaufzeiten, eine mangelnde Produktqualität, zu hohe Produktionskosten, eine geringe Prozesssicherheit oder unübersichtliche Strukturen und Materialflüsse sein [Teum-04].

Als Folge von unternehmensinternen und -externen Einflussfaktoren unterliegen Produktionssysteme einem ständigen Veränderungsdruck. Zur Erfüllung der sich daraus ableitenden Anforderungen sind ressourcenbedingte Anpassungen unumgänglich. Weil sich aber Ressourcen dem Konzept der Systemtheorie entsprechend zu speziellen Systemobjekten hierarchisch zusammenfassen lassen, wirken sich Änderungstreiber folglich auch auf die verschiedenen Systemebenen Arbeitsplatz, Linie, Segment und Fabrik aus (vgl. Kapitel 2.1.3). Eine Anpassung ist somit auf allen Betrachtungsebenen in einem Produktionssystem denkbar.

Aufgrund der unterschiedlichen Wechselwirkungen zwischen den verschiedenen Systemobjekten einer und/oder unterschiedlicher Ebenen dürfen Systemanpassungen nicht isoliert vorgenommen werden, sondern sind immer im Gesamtzusammenhang zu betrachten. Das vermeidet suboptimale und insgesamt betrachtet nachteilige Systemanpassungen, welche die Wirtschaftlichkeit der Produktion wie auch die Rentabilität der Investitionen in Produktionseinrichtungen gefährden können. Die Grundvoraussetzung hierfür bilden Flexibilitätsmessungen, die einerseits gezielte Rückschlüsse auf den Anpassungsbedarf bzw. die Anpassungsbeziehungen einzelner, in den verschiedenen Betrachtungsebenen organisierter Systemobjekte erlauben, andererseits aber auch deren Auswirkungen auf beteiligte Systemobjekte einschließlich des Gesamtsystems erkennen lassen.

Abbildung 2-5 soll noch einmal die in einem Produktionssystem bestehenden Anpassungsobjekte und die sie beeinflussenden Änderungstreiber zusammenfassen, bevor im Anschluss daran die Flexibilität als Untersuchungsgegenstand dieser Arbeit näher beleuchtet wird.

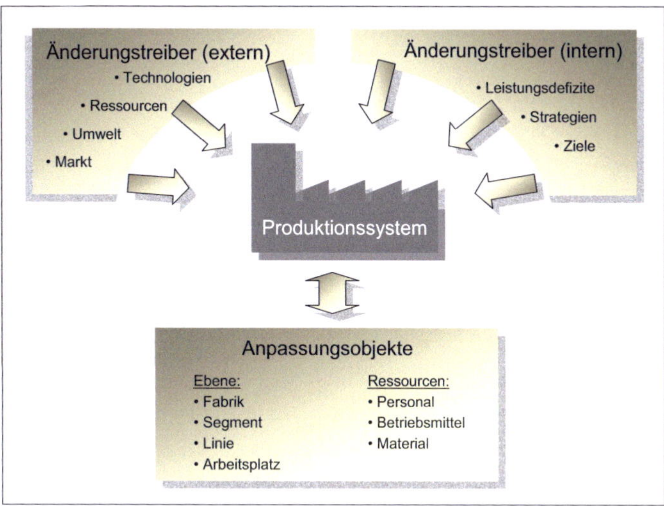

Abbildung 2-5: Auswirkungen interner und externer Änderungstreiber auf ein Produktionssystem

2.2   Flexibilität von Produktionssystemen

Nachdem die Kennzeichen und die Struktur von Produktionssystemen abgegrenzt wurden, geht es nachfolgend darum, die Bedeutung des Begriffes „Flexibilität" im Zusammenhang mit Produktionssystemen zu untersuchen. Dazu gilt es zunächst grundsätzliche Merkmale der Flexibilität zu erörtern, welche zu einem einheitlichen Flexibilitätsverständnis führen sollen. Eine daran anschließende Vorstellung verschiedener Klassifizierungsmöglichkeiten der Flexibilität von Produktionssystemen wird im weiteren Verlauf der Arbeit helfen, die aus Sicht der Praxis relevanten Flexibilitätsarten richtig zu erfassen.

2.2.1   Begriffsverwendungen und Dimensionen der Flexibilität

Im allgemeinen Sprachgebrauch wird der Flexibilitätsbegriff sehr häufig verwendet, was in der Konsequenz ein generelles, aber sehr undifferenziertes Verständnis von Flexibilität hervorruft [Dürr-00]. So existieren allein in der englischsprachigen produktionsbezogenen Fachliteratur über 70 Definitionen der Flexibilität [ShMo-98]. Gründe hierfür sind in der Verwendung uneinheitlicher Terminologien, wie auch der Uneinigkeit hinsichtlich des Umfangs von Flexibilität sowie der Abgrenzung dieser zu verwandten Begrifflichkeiten wie

Wandlungsfähigkeit, Agilität und Adaptionsfähigkeit zu sehen [KeKe-05] [KaBl-05a]. Von daher gleicht das Verständnis zur Flexibilität eher einem komplexen, mehrdimensionalen und schwer erfassbaren Konzept, als dass es sich in einer allgemeingültigen Definition beschreiben lässt [SeSe-90]. Hierdurch tut sich eine große Interpretationsfreiheit auf, die einerseits entsprechend des jeweiligen Anwendungsgebietes, z.B. Betriebswirtschaftslehre, Entscheidungstheorie oder Produktion und andererseits gemäß dem Kontext der Anwendung sehr unterschiedlich ausgelegt wird [Upto-97] [KaBl-05a]. Der Fokus dieser Arbeit liegt allerdings auf der Flexibilitätsbewertung von Produktionssystemen, weshalb nachstehend ausschließlich ausgewählte Flexibilitätsdefinitionen aufgeführt werden, die einem hieran angelehnten, grundlegenden Flexibilitätsverständnis zweckdienlich sind.

Aus systemtechnischer Sicht versteht PIBERNIK unter Flexibilität die „[...] Fähigkeit eines dynamischen, offenen, sozio-technischen Systems, auf Basis einer Menge zur Disposition stehender Handlungsspielräume auf relevante System- oder umweltinduzierte Veränderungen zielgerecht zu reagieren" [Pibe-01]. SCHÄFER beschreibt sie als die Eigenschaft eines Systems, „[...] sich an Änderungen von Eingangsgrößen, Randbedingungen und sonstigen Einflussgrößen anzupassen" [Schä-80]. Mit Blick auf die Produktion sehen HORVÁRTH und MAYER die Flexibilität als Fähigkeit, kurzfristig die aktuelle Produktion zu fördern und langfristig Handlungsoptionen innerhalb des Produktionsprozesses offen zu halten. Dabei tragen die angrenzenden Bereiche der Produktion, wie Beschaffung, Personalwirtschaft, Finanzen etc., zur Flexibilität bei, weshalb sie auch mit der Produktion abzugleichen sind [HoMa-86]. Ähnlich dazu geht auch SCHMIGALLA von einem vorgehaltenen Handlungsspielraum mit definierten Handlungsoptionen und einem festgelegten Zeitrahmen aus, indem er Flexibilität als „[...] Eigenschaft eines in bestimmten zeitlichen Grenzen als konstant betrachteten Produktionssystems, sich verändernden Anforderungen aus Teileprogramm und technologischem Prozess ohne Veränderung von Elementmenge und Struktur anpassen zu können" betrachtet [Schm-95].

Grundsätzliche Gemeinsamkeit dieser wie auch der meisten Flexibilitätsdefinitionen ist das Vorliegen von Handlungs- bzw. Entscheidungsspielräumen oder Variationsmöglichkeiten im Zusammenhang mit dem Eintritt von Veränderungen [Dorm-86]. Allerdings reicht es allein nicht aus, die Flexibilität eines Produktionssystems allein auf dessen Anpassungsfähigkeit zu beschränken, da die aus den Unsicherheiten des Umfeldes entstehenden, sprunghaften und schwer vorhersehbaren Veränderungsanforderungen das mögliche Maß der technischen wie auch organisatorischen Anpassung übersteigen können. Ein weiterer wesentlicher Aspekt der Flexibilität ist daher die Änderungsfähigkeit, welche es einem Produktionssystem ermöglicht, sich durch Veränderungen seiner Struktur sowie der Art und Anzahl seiner verfügbaren Ressourcen an wandelnde Bedingungen anzupassen [Wolf-90] [WHG-02] [KeKe-05]. KNOF versteht dies als Aktionsvermögen zum Erreichen der vorgesehenen Produktionsziele, wodurch unter anderem Chancen im Sinne von Innovationen geschaffen werden [Kno-91].

Somit ist die Flexibilität eines Produktionssystems durch seine Anpassungs- und Änderungsfähigkeit gekennzeichnet, welche sowohl einen technischen wie auch organisatorischen Handlungsspielraum ermöglichen, um Umfeldunsicherheiten zu begegnen.

Dieser zur Deckung der Flexibilitätsbedarfe verfügbare Handlungsspielraum, der laut KALUZA eine reaktive und eine proaktive Komponente besitzt, stellt eine notwendige Dimension der Flexibilität dar [Kalu-93] [Hall-99]. Sie wird nachfolgend als *Varietätsdimension* bezeichnet und ist eine von insgesamt drei zur Einordnung und Beschreibung der Flexibilität notwendigen Flexibilitätsdimensionen (vgl. Abbildung 2-6). Die anderen beiden resultieren aus dem Wesen der Flexibilität, wonach die Varietät eines Produktionssystems von den Kosten und der Zeit ihrer Aktivierung abhängt [Jaco-74] [Hall-99] [KeKe-05].

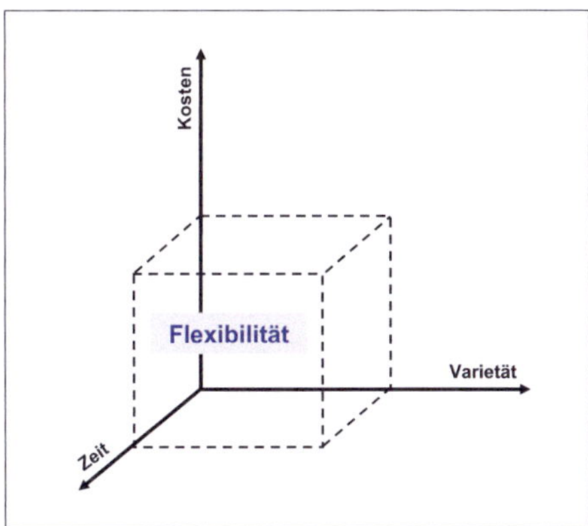

Abbildung 2-6. Drei Dimensionen zur Beschreibung der Flexibilität

Allgemein anerkannt ist, dass Flexibilität Kosten verursacht. Somit müssen beim Aufbau von Flexibilitätspotenzialen die kostenwirksamen Aufwendungen einem adäquaten Nutzen gegenüberstehen [Hall-99] [KaBl-05a]. Diesen kausalen Zusammenhang verdeutlicht die *Kostendimension*, die zwei wesentliche Kostenaspekte einschließt, einerseits Kosten für das Bereithalten von Flexibilität und andererseits Kosten infolge fehlender Flexibilität. Die Kosten für das Bereithalten von Flexibilität sind als eine Art „Versicherungsprämie" zu verstehen, die erst im Bedarfsfall nutzbar wird [Wild-87] [Hall-99]. Beispiele dafür sind Kosten für zurzeit nicht benötigter Ressourcen (Material, Personal und Betriebsmittel), Kosten für die Erstellung von Alternativplänen, aber auch die höheren Stückkosten von Mehrzweckmaschinen. Sofern im Laufe der Nutzungsdauer eines Produktionssystems kein Rückgriff auf derartige Flexibilitätspotentiale erfolgt, steht diesen Flexibilitätskosten kein Nutzen gegenüber. Deshalb werden sie allgemein als Leerkosten bezeichnet [Behr-85]. Demgegenüber resultieren die Kosten infolge fehlender Flexibilität aus nicht vorhandenen bzw. nicht ausreichenden Flexibilitätspotentialen. Dies verursacht einerseits Kosten, die auf der Nichterfüllung von Leistungen beruhen, wie Vertragsstrafen, Verlust von Folgeaufträgen und Ähnlichem. Andererseits können sie sich auch auf Mehrkosten, infolge zusätzlicher oder versäumter Anpassungen des Produktionssystems beziehen [Meff-68] [Chry-96] [AMMC-05]. Letzteres tritt bspw. dann ein, wenn es zu keinen Anpassungsmaßnahmen bei einer dauerhaft stark gesunkenen Nachfragemenge kommt. Eine solche Produktionsmengeneinschränkung kann zwar in jedem System realisiert werden, führt allerdings im Umkehrschluss zu hohen Stückkosten, was die Wirtschaftlichkeit des Produktionssystems gefährdet. Allein dieses Beispiel stellt die Wichtigkeit der Kostendimension als notwendige Beschreibungsgröße der Flexibilität klar heraus.

Ebenfalls von entscheidender Bedeutung bei der Charakterisierung der Flexibilität von Produktionssystemen ist die *Zeitdimension*. Sie spielt insbesondere bei schwankendem Flexibilitätsbedarf eine wichtige Rolle, da für den Aufbau von Flexibilitätspotenzialen für gewöhnlich Zeit beansprucht wird. Allerdings gelten derartige Potentiale als wertlos, wenn sie nicht innerhalb eines bestimmten Zeitraums verfügbar sind [Meff-68]. In diesem Zusammenhang ist zwischen der kurzfristigen Flexibilität, die für die Anpassungsfähigkeit des Systems steht und der langfristigen Flexibilität, die vorrangig das Ziel der Änderungsfähigkeit verfolgt, zu unterscheiden [REFA-90] [Hall-99] [Dürr-00]. Sowohl die kurz- als auch die langfristige Flexibilität haben einen engen Bezug zur Verzögerungszeit, welche die Zeitspanne zwischen dem Eintritt einer Veränderung und dem Wirkungszeitpunkt einer Flexibilitätsmaßnahme beschreibt (vgl. Abbildung 2-7). Die Verzögerungszeit gliedert sich in die Zeitenräume Wahrnehmungs-, Erkenntnis-, Entscheidungs-, Realisierungs- und Wirkungszeit [Bunz-85] [Behr-85] [Hopf-89]. Aus Sicht der zu entwickelnden Bewertungsmethodik wird eine Reduzierung aller fünf Zeiträume angestrebt, deren Stärke fall- und unternehmensspezifisch variieren kann.

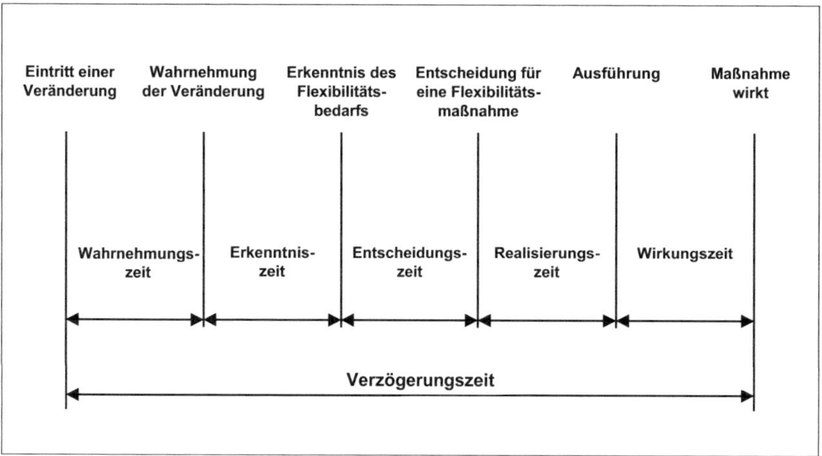

Abbildung 2-7: Unterteilung der Verzögerungszeit bei Flexibilitätsmaßnahmen nach
HOPFMANN [Hopf-89]

2.2.2   Klassifizierung der Flexibilität

Neben der zuvor erörterten vielfältigen Betrachtungsweise grundsätzlicher Aspekte der Flexibilität herrscht innerhalb der Fachliteratur ebenfalls Uneinigkeit bezüglich der Klassifikation zur Flexibilität von Produktionssystemen. So ist Untersuchungen von SETHI und SETHI zufolge, von mindestens 50 unterschiedlichen Definitionen für verschiedene Arten von Flexibilität auszugehen, wovon sich einige dieser auf die gleiche Flexibilitätsart beziehen [SeSe-90]. Ursachen dafür liegen auch hier wieder in der Verwendung ungleicher, flexibilitätsbezogener Begriffstermini. Sie begründen sich außerdem in dem Fehlen einer einheitlichen Bezeichnung und dem differenzierten Vorgehen bei der Systematisierung und Ordnung der Flexibilitäten [KaBl-05a].

Eine häufig in der Fachliteratur zu findende Klassifizierungsmöglichkeit von Flexibilitätsarten bezieht sich auf die systembezogenen Anpassungsgrößen. TEMPELMEIER differenziert beispielsweise acht Untergruppen der Flexibilität, welche sich auf einzelne Systemkomponenten aber auch auf das System selbst beziehen, wie nachfolgende Tabelle verdeutlicht (vgl. Tabelle 2-1).

Flexibilitätsart	Bezugsobjekt	Kennzeichen
Maschinenflexibilität	Maschine	Leichtigkeit der Umstellung auf eine neue Aufgabe
Materialflussflexibilität	Materialfluß-technik	Transport unterschiedlicher Produkte auf beliebigen Wegen im System
Arbeitsplanflexibilität	Produkt	Möglichkeit alternativer Arbeitspläne
Systemänderungs-flexibilität	System	Veränderung der Anzahl von Ressourcen
Produktmixänderungs-flexibilität	System	Änderbarkeit der Produkte ohne externe Veränderung des Systems aber mit Rüstvorgang
Produktmixflexibilität	System	Änderbarkeit der Produkte ohne Rüstaufwand
Durchlaufflexibilität	System	Möglichkeit, Produkte auf unterschiedlichen Pfaden durch das System herzustellen
Produktmengen-änderungsflexibilität	System	Fähigkeit, bei unterschiedlichem Durchsatz wirtschaftlich zu arbeiten

Tabelle 2-1: Flexibilitätsarten nach TEMPELMEIER [Temp-93]

SETHI und SETHI systematisieren ebenfalls die Flexibilität auf systembezogene Anpassungsgrößen. Allerdings unterscheiden sie insgesamt elf Flexibilitäten, die sie in drei Betrachtungsebenen der Flexibilität unterteilen, in Komponenten-, System- und aggregierte Flexibilitäten (vgl. Tabelle 2-2). Dabei setzen sie gleichzeitig die einzelnen Flexibilitätsarten zueinander in Beziehung, wodurch sich Abhängigkeiten zwischen diesen erkennen lassen.

Betrachtungsebene der Flexibilität	Flexibilitätsart	Beschreibung
Komponenten-/ Basisflexibilitäten	Maschinenflexibilität	Operationsvielfalt einer Maschine ohne Umbauaufwand
	Materialflußflexibilität	Fähigkeit, unterschiedliche Werkstücke effizient auf beliebigen Wegen durch das System herzustellen
	Arbeitsplanflexibilität	Möglichkeit alternativer Arbeitspläne
Systemflexibilitäten	Prozessflexibilität	Fähigkeit verschiedene Werkstücke, ohne Rekonfigurations- und Umbaumaßnahmen im System zu produzieren
	Prozessfolgeflexibilität	Möglichkeit, ein Werkstück in unterschiedlichen Abläufen innerhalb des Systems zu produzieren
	Produktmixflexibilität	Einfachheit der Einführung neuer Produkte
	Mengenflexibilität	Fähigkeit, bei unterschiedlichen Auslastungsgraden wirtschaftlich zu arbeiten
	Erweiterungsflexibilität	Aufwand zur Anpassung der Flexibilität und der Bearbeitungsfähigkeiten
Aggregierte Flexibilitäten	Programmflexibilität	Stabilität des Systems verschiedene Varianten, ohne Anpassung der Ressourcen zu produzieren
	Produktionsflexibilität	Produktionsvielfalt des Systems an Werkstücken ohne Umbauaufwand,aber mit Rüstvorgang
	Marktflexibilität	Fähigkeit des Systems, auf sich ändernde Umfeldbedingungen zu reagieren

Tabelle 2-2: Flexibilitätsarten nach SETHI und SETHI [SeSe-90]

Große Ähnlichkeiten zum Klassifizierungssystem nach SETHI und SETHI, deren Gliederung und Definition von Flexibilitätsarten sehr häufig zitiert wird, bestehen zum Ordnungsprinzip von KOSTE und MALHORTA. Sie unterscheiden insgesamt zehn Systemflexibilitäten, die sie ebenfalls auf drei Betrachtungsebenen der Flexibilität verteilen. Es sind die Fabrikebene (Mengen-, Mix-, Erweiterungs-, Änderungs- und Neuproduktflexibilität), die Produktionsbereichsebene (Einsatz- und Arbeitsplanflexibilität) und die Ressourcenebene (Personal-, Maschinen- und Materialflexibilität) [KoMa-99]. Im Vergleich zu SETHI und SETHI verbinden KOSTE und MALHORTA die Flexibilität vor allem mit einem wirtschaftlich vertretbaren Anpassungsaufwand, der geringe Übergangs- und Mehrkosten wie auch unwesentliche Leistungseinbußen am Produktionssystem zur Folge hat [SeSe-90]. Außerdem werden, wie so oft in der einschlägigen Fachliteratur, auch hier Flexibilitätsarten verschiedenartig benannt, obwohl sie dasselbe ausdrücken. So liegt z.B. der Produktmixflexibilität nach SETHI und SETHI das gleiche Begriffsverständnis zugrunde wie der Neuproduktflexibilität bei KOSTE und MALHORTA. Beide bedienen sich jedoch auch einer gemeinsamen Terminologie bei der Maschinen- und Arbeitsplanflexibilität.

Eine weitere Systematisierungsmöglichkeit, die andere Autoren benutzen, gliedert die Flexibilitätsarten nicht nach ihren systembezogenen Anpassungsgrößen, sondern nach dem zeitlichen Betrachtungshorizont. Beispielsweise differenzieren GÜNTHNER und HALLER den zeitlichen Charakter durch die Arten der operativen und strategischen Flexibilität.

Gleiches trifft auch für die REFA zu, die jedoch die Begriffe kurzfristige und langfristige Flexibilität verwendet und gegenüber GÜNTHNER und HALLER nicht die Zielgrößen der Flexibilität beschreibt sondern deren Bezugsobjekte [REFA-90] [GüHa-99]. Nachfolgende Tabelle zeigt die Einteilung der Flexibilitätsarten eines Produktionssystems, wie sie von der REFA vorgeschlagen wird (vgl. Tabelle 2-3).

Bezeichnung	Quantitative Beschreibung	Betrachtungs-horizont
Produktflexibilität	Anzahl unterschiedlicher Werkstücke; Grad der Freizügigkeit bei der Maschinenbelegung	kurzfristig
Fertigungsredundanz	Anzahl alternativ einsetzbarer Betriebsmittel	kurzfristig
Mengenflexibilität	Wirtschaftliche Grenzen für zusätzliche Schichten und Kurzarbeit; Bereithalten zusätzlicher Betriebsmittel	kurzfristig
Anpaßflexibilität	Umbauaufwand	langfristig
Erweiterungsflexibilität	Aufwand für nachträgliche Erweiterungen	langfristig

Tabelle 2-3: Flexibilitätsarten nach REFA [REFA-90]

KALUZA wiederum verwendet einen eigenen Systematisierungsansatz, indem er grundsätzlich nach dem Objekt der Flexibilität in Ziel- und Mittelflexibilität unterscheidet. Die Zielflexibilität bezieht sich dabei auf die Flexibilität zur Aufnahme neuer Ziele in das Zielsystem, die Veränderung dieses Systems (z.B. neue Zielgewichtung) und die Änderung des als angemessen beurteilten Zielerreichungsgrades. Dagegen beschreibt die Mittelflexibilität die Verfügbarkeit von Mitteln, um die gesetzten Ziele zu erreichen. Sie gliedert sich weiter in eine reale und eine dispositive Mittelflexibilität. Letztere kennzeichnet die Anpassungsfähigkeit des Produktionssystems im Bereich der Planung, Entscheidung, Organisation und Kontrolle. Dagegen charakterisiert die reale Mittelflexibilität, die weiterführend eine quantitative und qualitative Flexibilität umfasst, die klassischen Produktionsfaktoren der physischen Ebene. Hierbei steht die quantitative reale Mittelflexibilität für die mengenmäßige, zeitliche und intensitätsbezogene Anpassungsfähigkeit der Betriebsmittel und der menschlichen Arbeit. Die Vielseitigkeit und Umrüstbarkeit der Betriebsmittel, wie auch die Breite und Tiefe des Einsatzfeldes der Mitarbeiter, bringt hingegen die qualitative reale Mittelflexibilität zum Ausdruck [Kalu-93].

Eine letzte von zahlreichen weiteren Systematisierungsmöglichkeiten, die hier vorgestellt werden soll, geht auf WILDEMANN zurück. Er unterscheidet in quantitative, qualitative und zeitliche Flexibilität und fasst hierunter verschiedene Ausprägungen der jeweiligen Flexibilitätsart zusammen, wie aus der Tabelle 2-4 hervorgeht [Wild-87].

Gruppe	Quantitative Flexibilität	Qualitative Flexibilität	zeitliche Flexibilität
Abgrenzung	Anpassung an veränderte Mengen/-strukturen	Anpassung an neue Fertigungsaufgaben	Zeitbedarf um Fertigungs-aufgaben zu wechseln
Ausprägungen	• Erweiterungsfähigkeit • Kompensationsfähigkeit • Speicherfähigkeit	• Vielseitigkeit, Umrüstfähigkeit • Fertigungsredundanz • Umbaufähigkeit	• Durchlauffreizügigkeit • Automatisierte Umstellungsprozesse

Tabelle 2-4: Flexibilitätsarten nach WILDEMANN [Wild-87]

2.2.3 Erfassung relevanter Kriterien zur Flexibilitätsbewertung an Produktionssystemen

Wegen der in Kapitel 1.2 herausgestellten, aktuellen Flexibilitätsherausforderungen der Praxis wird die Notwendigkeit einer Bewertungsmethodik deutlich, die es Entscheidungsträgern im Produktionsumfeld erlaubt, ein möglichst optimales Maß an Flexibilität zur Begegnung der vorherrschenden Unsicherheiten zu finden. Ausgehend von den im Verlauf der Analyse gewonnenen Erkenntnissen zu Produktionssystemen und der damit in Verbindung stehenden Flexibilität, lassen sich Kriterien festmachen, die eine zweckdienliche Flexibilitätsbewertung sicherzustellen hat. Diese erklären sich folgendermaßen:

- Infolge des hierarchischen Aufbaus von Produktionssystemen bedarf es einer fokussierbaren Flexibilitätsmessung für unterschiedliche Systemobjekte, mittels der sich Flexibilitätskennwerte auf den Betrachtungsebenen *Fabrik, Segment, Linie* und *Arbeitsplatz* ermitteln lassen.

- Um der Mehrdimensionalität der Flexibilität Rechnung zu tragen, sind die Dimensionen *Zeit, Kosten* und *Varietät* gleichberechtigt in den zu entwickelnden Bewertungsmethoden zu berücksichtigen.

- Im Interesse einer allgemeinen Akzeptanz für ein Bewertungsverfahren zur Flexibilitätsmessung muss ein solches *branchenübergreifend anwendbar* und deren *Ergebnisse vergleichbar* sein.

- Damit die Bewertungsergebnisse eindeutig nachvollzogen werden können, ist darauf zu achten, dass die Flexibilitätsbewertungen weitgehend *unabhängig von subjektiven Einflüssen* sind.

- Weil sich Kernfragen zur Flexibilität von Produktionssystemen innerhalb der Praxis vor allem auf Mengenschwankungen, Veränderungen des Produkt-/Variantenmixes und Möglichkeiten von Kapazitätserweiterungen beziehen, ist der Bereich der auszuwertenden Flexibilitätsarten auf die *Mengenflexibilität*, *Mixflexibilität* und *Erweiterungsflexibilität* festzulegen.

Wie bereits in den beiden vorangegangenen Kapiteln 2.2.1 und 2.2.2 herausgestellt, erweist sich der Flexibilitätsbegriff als sehr dehnbar und die daran geknüpften Flexibilitätsarten unterliegen einer weitläufigen und häufig verschiedenartigen Begriffsbildung. Aus diesem Grund werden die als bedeutsam erachteten Flexibilitäten in der hier vorliegenden Arbeit neu definiert. Dies fördert einerseits ein einheitliches Verständnis, andererseits bildet es in Verbindung mit den als relevant erachteten Kriterien die Voraussetzung für die spätere Analyse bestehender Methoden zur Flexibilitätsmessung an Produktionssystemen.

2.2.3.1 Begriffsverständnis zur Mengenflexibilität

Die Mengenflexibilität beschreibt die Fähigkeit einer kurzfristigen und wirtschaftlichen Kapazitätsanpassung für ein gegebenes Fertigungsspektrum, innerhalb der bestehenden technischen und organisatorischen Grenzen eines Produktionssystems.

Eine dieser Definition folgende Flexibilitätsmetrik ermöglicht demzufolge Aussagen, in welchem Umfang kurzfristige, mengenbezogene Nachfrageschwankungen durch das betrachtete Produktionssystem abgefangen werden können, ohne dass dadurch ein betriebswirtschaftliches Defizit entsteht oder umfassende Erweiterungen am System erforderlich sind. Der sich hieraus ergebende Flexibilitätsgrad wird daher, vor dem Hintergrund eines ökonomisch vertretbaren Anpassungsaufwands, durch die Eigenschaften der aktuell vorhandenen Elemente und der Struktur des Systems sowie dem systemgebundenen, organisatorischen Handlungsspielraum bestimmt.

2.2.3.2 Begriffsverständnis zur Mixflexibilität

Die Mixflexibilität kennzeichnet die Stabilität bzw. Freizügigkeit eines Produktionssystems, auf einzelne Produkte bzw. Varianten im Fertigungsspektrum verzichten zu können, ohne eine wirtschaftliche Produkterstellung zu gefährden.

Diese Art der Flexibilitätsbewertung gibt Auskunft darüber, wie harmonisch ein Produktionssystem hinsichtlich der Fertigungsalternativen ausgelegt ist. Dabei ist, auf Basis einer aktuell bestehenden Elementmenge und Systemstruktur zu bewerten, inwieweit die Zusammensetzung des Produkt-/Variantenmixes variieren kann, ohne dass sich dies negativ auf den systemoptimalen Produktionsgewinn auswirkt. Hierdurch zeigt sich das für das System bestehende wirtschaftliche Risiko, von einzelnen Produkten/Varianten wie auch von den, für deren Herstellung notwendigen Elementen abhängig zu sein.

2.2.3.3 Begriffsverständnis zur Erweiterungsflexibilität

Die Erweiterungsflexibilität beschreibt die Fähigkeit eines Produktionssystems seine Kapazitäten nachhaltig zu erhöhen, indem unter Berücksichtigung des wirtschaftlichen Aufwandes, Elemente und/oder Struktur des Systems zielgerichtet verändert werden.

Mit der Bewertung der Erweiterungsflexibilität ist demnach die Fähigkeit von Produktionssystemen zu beurteilen, Anpassungen an ein dauerhaft gestiegenes Nachfrageniveau über die eigentliche, kurzfristig erreichbare Kapazitätsgrenze hinaus zu ermöglichen. Dafür sind gezielte Änderungen der Produktionssystemstruktur und/oder der Elemente (Anzahl und Eigenschaften) vorzunehmen, bei denen der Erweiterungsaufwand ein wesentliches Kriterium bildet, denn diesem muss ein adäquater betriebswirtschaftlicher Nutzen gegenüberstehen.

2.3 Analyse bestehender Bewertungsmethoden zur Messung der Flexibilität von Produktionssystemen

Umfangreich durchgeführte Recherchen in der Fachliteratur ergaben eine große Anzahl unterschiedlichster Ansätze zur Messung der Flexibilität von Produktionssystemen, was einerseits auf ein reges Interesse an dieser Thematik schließen lässt, andererseits aber auch auf das Fehlen eines allgemein anerkannten Verfahrens hindeutet. Auf Basis der bereits erfassten Kriterien einer zweckdienlichen Flexibilitätsbewertung (vgl. Kapitel 2.2.3) ließ sich die Fülle an Bewertungsmethoden auf eine sinnvolle Menge begrenzen. Im Folgenden sollen die als besonders geeignet empfundenen Vorarbeiten erläutert (eine Beschreibung weiterer Verfahren ist dem Anhang B zu entnehmen) und hinsichtlich dieser Kriterien analysiert werden. Ziel dabei ist es, Erkenntnisse über bestehende Flexibilitätsbewertungsverfahren zu gewinnen, die einen Lösungsbeitrag zur Konzeption der Bewertungsmethodik leisten können.

2.3.1   Bewertungsmethode nach ZÄH und MÜLLER

ZÄH und MÜLLER schlagen ein Modell vor, welches Flexibilitätsbewertungen zur Unterstützung der Planung von Kapazitäten unter unsicheren Marktanforderungen innerhalb des Wertschöpfungsprozesses einer Fabrik erlaubt. Es soll Entscheidungsträgern helfen, die verfügbaren Produktionskapazitäten hinsichtlich ihrer Eignung zur Bewältigung der erwarteten Marktschwankungen und ihrer Wirtschaftlichkeit zu beurteilen sowie die richtige Strategie zur ganzheitlichen Kapazitätsoptimierung des Produktionssystems zu finden. Die Anwendung des Modells verläuft in drei wesentlichen Schritten, deren erster mit einer Prognoserechnung beginnt. Hierbei erfolgt basierend auf Vergangenheitsdaten eine Bedarfsvorhersage, die Trends, Saisonabhängigkeiten sowie eventuelle Verzerrungen einschließt und auf diese Weise den Einfluss von möglichen Marktnachfrageschwankungen bewertet. Im zweiten Schritt werden für jedes Produkt/jede Produktvariante die entsprechenden, unternehmensinternen Wertschöpfungsprozesse modelliert, wobei jeder Prozess durch seine relevanten, prozessspezifischen Parameter (z.B. Durchlaufzeit pro Stück, Rüstzeit pro Arbeitsvorgang, Anzahl der Schichten) sowie durch sog. Globalparameter (z.B. Arbeitszeit pro Schicht, Variantenzahl) beschrieben wird. Dadurch lassen sich, in Abhängigkeit von unterschiedlichen Produkt- und Mengenkonfigurationen, die prozessbezogenen Flexibilitäten bzgl. ihrer Kapazität aufzeigen. Der dritte und letzte Schritt beinhaltet das Aufstellen einer Kostenstruktur, anhand der, durch Anwendung der Deckungsbeitragsrechnung, ein variantenspezifischer Gewinn ermittelt wird. Durch Einbeziehung der kalkulierten Prognosewerte lässt sich daraus ein erwarteter Gesamtgewinn berechnen, der Auskunft über das Optimierungspotential des untersuchten Produktionssystems gibt und stellvertretend für dessen Flexibilität steht [ZäMü-07].

Das von ZÄH und MÜLLER vorgeschlagenen, so genannte „Kapazitäts/Kosten-Modell" berücksichtigt verschiedene Produkte/Produktvarianten, Prozesse und deren Konfigurationen sowie dynamische Produktionsengpässe. Die eigentliche Bewertungsgrundlage bildet die wirtschaftlich optimale Produktionskapazität, über die zwar Einschätzungen zur Erweiterungs- und Mixflexibilität vorgenommen werden können, allerdings nicht auf Grundlage einer konkreten Berechnung. Vielmehr beziehen sie sich auf die Mengenflexibilität, die anhand der Diskrepanz zwischen aktueller Ausrichtung des Produktionssystems mit seinen zukünftig zu erwartenden Aufgaben/Nachfragen bewertet wird. Besonders hervorzuheben ist dabei die gleichzeitige Berücksichtigung der drei Dimensionen Kosten, Zeit und Varietät. Darüber hinaus ist das Verfahren branchenübergreifend anwendbar, weitgehend unabhängig vom subjektiven Urteilsvermögen des Benutzers und lässt Vergleiche zwischen verschiedenen Systemen zu. Da es sich jedoch stark an der unternehmensinternen Wertschöpfung orientiert, eignet es sich in erster Linie für

Bewertungen der Fabrikebene. Flexibilitätsaussagen zur Segment-, Linien- oder Arbeitsplatzebene lassen sich im Rahmen der Analyse lediglich indirekt ableiten.

2.3.2 Bewertungsmethode PLANTCALC™

Innerhalb eines gemeinsamen Forschungsprojekts der TU München und der Siemens AG wurde eine Methode zur Bewertung der Flexibilität in der Produktion entwickelt, die in einer Software namens PLANTCALC™ bereits technisch umgesetzt ist. Für ein zu untersuchendes Produktionssystem sind dabei die dort vorherrschenden Flexibilitäten zu bestimmen, z.B. die Mix-, Prozess- oder Mengenflexibilität. Diese werden auf Basis einer bestehenden Skala hinsichtlich ihrer Unsicherheit und Bedeutung zur Reaktion auf schwankende Umwelteinflüsse bewertet, wodurch sich Flexibilitätsdefizite identifizieren lassen. In einem anschließenden Schritt wird ein Zustandsbaum modelliert, der sich aus mehreren, mit unterschiedlicher Wahrscheinlichkeit zu erwartenden Umweltzuständen aufbaut und dementsprechend die Entwicklung der Produktion, bzgl. Nachfrage, Produktmix, Preise ect. sowie den damit verbundenen Flexibilitätsbedarf abbildet. In Abhängigkeit vom jeweiligen Umweltzustand kann daraufhin der wirtschaftlichste Betriebsmodus der Produktion, auf Grundlage der Produktionskosten und der Kosten für den Wechsel in einen anderen Modus, berechnet werden. Die softwaretechnische Umsetzung dieser Bewertungsmethode erfolgt über die Simulationssoftware PLANTCALC™, die als eine flexibel erweiterbare Plattform den branchenübergreifenden Einsatz der Methode ermöglichen soll [ZBM-06] [KoKr-08].

Das infolge des Forschungsprojektes entwickelte und in PLANTCALC™ umgesetzte Verfahren eignet sich sehr gut für flexibilitätsorientierte Bewertungen im Rahmen der Fabrikplanung, innerhalb der sich Flexibilitätsaussagen hinsichtlich zukünftiger Entwicklungen der Produktion auf Grundlage von Kosten und stochastischen Funktionen treffen lassen. Es ist branchenübergreifend einsetzbar und erlaubt Vergleiche zwischen verschiedenen Systemen. Allerdings finden derartige Betrachtungen eher auf Fabrikebene statt, während die Ebenen Segment, Linie und Arbeitsplatz zwar mit berücksichtigt, allerdings nicht explizit bewertet werden. Ähnliches trifft auch für die zu betrachtenden Flexibilitätsarten Menge, Produktmix und Erweiterung zu, für die, obwohl sie in die Flexibilitätsbewertung mit einfließen, keine klaren Aussagen möglich sind. Außerdem finden zeitliche Aspekte nicht ausreichend Berücksichtigung, da das Verfahren aufgrund seines planerischen Charakters von längerfristigen Zeithorizonten ausgeht. Ebenfalls als kritisch anzusehen, ist die Subjektivität der Bewertungsergebnisse, da die Gewichtungen der einzubeziehenden Flexibilitätsarten von den Einschätzungen des Benutzers abhängig sind, die sich auf einer eindimensionalen Skala abbilden.

2.3.3   Bewertungsmethode nach WAHAB, WU und LEE

Einen anderen Ansatz zur branchenübergreifenden Erfassung der Flexibilität in der Produktion stellen WAHAB, WU und LEE von der Universität Toronto in Kanada vor. Hierbei kombinieren sie die leistungsbasierte Flexibilität einer Maschine mit ihrer zeit-/kostenbezogenen Flexibilität über ein eigens entwickeltes Framework. In einem ersten Schritt werden hier die Zeit- und Kostenaufwendungen einer Maschine hinsichtlich ihrer möglichen Auftragsbearbeitungen und entsprechenden Konfiguration über das sog. „DEA (Data Envelopment Analysis)- Model" bewertet (zeit-/kostenbezogene Flexibilität). Im anschließenden zweiten Schritt wird die leistungsbasierte Maschinenflexibilität mit in die Berechnung einbezogen, indem technologische Aspekte, wie die Anzahl möglicher Arbeitsvorgänge, deren Bedeutung und die Wahrscheinlichkeit ihrer Durchführung ergänzt werden. Mittels des innerhalb des Frameworks eingebundenen „Flexibility"-Modells erfolgt auf Basis dieser Input-Informationen die letztendliche Bewertung der Maschinenflexibilität auf Grundlage von Zeit, Kosten und Varietät [WWL-05].

Der von WAHAB, WU und LEE vorgestellte Framework ist prinzipiell für die Berechnung der Mengen- und Variantenmixflexibilität auf Maschinenebene geeignet. Eine Stärke zeigt sich in der gleichzeitigen Berücksichtigung von Kosten, Zeit und Varietät sowie der branchenübergreifenden Anwendbarkeit. Auch Vergleiche mit unterschiedlichen Systemen, unter Ausschluss subjektiver Einflussfaktoren, sind durchführbar. Eine große Schwäche liegt jedoch auf der ausschließlichen Fokussierung der Flexibilitätsbewertungen von Maschinen. Eine Anwendung auf Linien-, Segment- oder sogar Fabrikebene lässt sich in der gegenwärtigen Konzeption dieses Frameworks nicht erreichen. Darüber hinaus fehlen Möglichkeiten zur Betrachtung der Erweiterungsflexibilität in Produktionssystemen.

2.3.4   Bewertungsmethode nach SCHUH, GULDEN, WERNHÖNER und KAMPKER

SCHUH, GULDEN, WERNHÖNER und KAMPKER stellen ein Konzept zum Aufbau eines Kennzahlensystems vor, das Flexibilitätsbewertungen beginnend von der Arbeitsplatz- über die Linien-, Segment- und Fabrikebene bis hin zur Ebene des Produktionsnetzwerkes erlauben soll. Bezogen auf die aus dem Software- Engineering bekannte Objektorientierung ist der Aufbau eines klassenbasierten Systemmodells vom zu betrachtenden Produktionssystem möglich, indem jedes real existierende Objekt (Arbeitsplatz, Linie, etc.) durch eine Klasse beschrieben wird. In einer solchen Klasse sind Parameter zu ihrer Beschreibung, z.B. Art und Anzahl der Produkte oder Rüst- und Bearbeitungszeiten, enthalten als auch Funktionen zur Flexibilitätsberechnung auf der jeweiligen Betrachtungsstufe. Mit Hilfe des

Vererbungsprinzips kann somit ein Planer relativ schnell individuelle Bewertungsobjekte bestimmen, z.B. eine Linie und sie in das Kennzahlensystem einbinden. Das Kennzahlensystem selbst besteht aus drei Kenngrößen zur Darstellung der Mengen-, Varianten- und Produktänderungsflexibilität. Ihre Berechnung erfolgt mittels spezieller dafür entwickelter, flexibilitätsartabhängiger Algorithmen unter Berücksichtigung von Zeiten, Kosten und Varietät. Die hierbei zugrunde gelegten Rechenvorschriften beziehen sich auf die jeweiligen Klassenparameter des Systemmodells sowie auf notwendige, zuvor vom Benutzer zu definierende Referenzszenarien [SGWK-04].

Das von SCHUH, GULDEN, WERNHÖNER und KAMPKER konzipierte Kennzahlensystem zeichnet sich vor allem durch seinen dynamischen Aufbau aus, was auf das objektorientierte Systemkonzept zurückgeht. Dadurch lassen sich relativ einfach anwendungsfallspezifische Konfigurationen am Kennzahlensystem erstellen, um differenzierte Flexibilitätsbewertungen auf verschiedenen Betrachtungsebenen an Produktionssystemen branchenunabhängig vorzunehmen. Allerdings darf hierbei nicht außer Acht gelassen werden, dass der Nachweis der Anwendbarkeit des Kennzahlensystems lediglich für die Arbeitsplatz- und Linienebene erbracht wurde. Die Möglichkeit von Flexibilitätsbetrachtungen an Segmenten, Fabriken und sogar Produktionsnetzwerken ist zwar theoretisch möglich, deren tatsächliche Umsetzung bleibt jedoch offen. Weiterhin ist festzustellen, dass sowohl Mengen- als auch Mixflexibilität bewertbar sind. Die Erweiterungsflexibilität wurde nicht berücksichtigt, ließe sich aber im weiteren Sinne aus der vorgestellten Produktänderungsflexibilität ableiten. Der größte Kritikpunkt ist dennoch die hohe Abhängigkeit des Bewertungsvorgehens von subjektiven Faktoren. So sind vom Benutzer des Kennzahlensystems Szenarien über die Marktentwicklung zu bestimmen, die er seinem Erfahrungswissen entsprechend, hinsichtlich der Bedeutung und Eintrittswahrscheinlichkeit zu gewichten hat.

2.3.5 Bewertungsmethode nach ALI und SEIFODDINI

Das von ALI und SEIFODDINI vorgestellte Verfahren zur Flexibilitätsbewertung von Produktionssystemen, basiert auf einer Kombination zwischen Produktmix und Produktionskapazität. Gegenstand der Betrachtung bilden die für die Fertigungsprozesse verfügbaren Maschinen, Arbeitskräfte sowie die Logistik. Deren wesentliche Einflussparameter, wie Qualität, Zeit, Verfügbarkeit, Kenntnisse, Alter ect. werden hierbei mit unscharfen Größen, wie „Hoch", „Mittel", „Niedrig" oder „Alt", „Neu", „Sehr alt" usw. belegt. Durch die Anwendung konkreter Fuzzy-Logik-Regeln und unter Einsatz einer Simulationsumgebung lassen sich dann die Reaktionen des Produktionssystems auf Nachfrageschwankungen, Änderungen der Produktionskapazitäten und des Produktmixes sowie auf sich ändernde Personalanforderungen, Arbeitsschichten als auch auf variierende Arbeitsplatz- und Personalauslastungen, mittels simulierter Testläufe bewerten [AlSe-06].

Mit ihrem Fuzzy-Regel-basierten Verfahren ermöglichen ALI und SEIFODDINI Betrachtungen hinsichtlich der Mix- und Mengenflexibilität auf der Maschinen- und Linienebene. Diese sind durch entsprechende Erweiterungen auch auf die Segment- und Fabrikebene übertragbar. Allerdings ist die Nutzung dieses Verfahren abhängig von der jeweiligen Branche und dem konkreten Anwendungsfall. Bewertungen zur Erweiterungsflexibilität sind darüber hinaus nicht durchführbar. Als Nachteil erweist sich außerdem die Vernachlässigung von Kostenbetrachtungen, was flexibilitätsbezogene Wirtschaftlichkeitsbetrachtungen verschiedener Produktionssysteme bzw. unterschiedlicher Konfigurationen eines Produktionssystems verhindert. Hinzu kommt, dass die Dimension Zeit, infolge einer rein qualitativen Bewertung („Hoch", „Mittel", „Niedrig", ect.), nur unzureichend berücksichtigt wird. Ein weiteres Defizit resultiert aus der subjektiven Belegung der relevanten Einflussparameter mit den unscharfen Größen, wodurch die Aussagekraft des Verfahrens und die Vergleichbarkeit seiner Ergebnisse im Besonderen von der planerischen Einschätzung des Benutzers abhängen.

2.3.6   Bewertungsmethode DESYMA

DESYMA (Design of Systems for Manufacture) ist der Name einer an der griechischen Universität Patras entwickelten Flexibilitätsbewertungsmethode. Sie erlaubt eine Evaluierung alternativer Designlösungen von Produktionssystemen unter Einbeziehung von Nachfrageunsicherheiten. Die Flexibilität wird hier durch die statistische Analyse diskontierter Schätzungen des Cash-Flows, den sog. „Discounted Cash-Flow" (DCF) ermittelt, bei der die Lebenszykluskosten eines zu betrachtenden Produktionssystems für einen bestimmten Zeithorizont und unterschiedliche Marktszenarien bewertet werden. Bei dem dabei zugrunde gelegten Berechnungsalgorithmus erfolgt eine Berücksichtigung der Initialkosten des zu untersuchenden Produktionssystems sowie der szenarioabhängigen Anpassungskosten und den daraus resultierenden variablen Produktionskosten pro Periode. Auf Basis der Verteilung der sich hieraus ergebenden, vom Szenario abhängenden DCF-Werte, wird danach die Bewertung der Flexibilität innerhalb des vordefinierten Marktumfeldes vorgenommen. Dabei gilt: „je kleiner die Verteilung der DCF-Werte, desto flexibler das Produktionssystem", da es weniger Anfälligkeiten gegenüber den angenommenen Marktszenarien aufweist und somit die Lebenszykluskosten „stabiler" sind [ABMC-05] [AMPC-07].

Die Stärke der DESYMA-Methode liegt in ihrer kostenbasierten Bewertung von produktionssystembezogenen Gestaltungsalternativen. Infolge von Cash-Flow-Untersuchungen für unterschiedliche Marktszenarien und der Einbeziehung der Initialkosten, lässt sich der jeweilige Kostenaufwand (z.B. für Anpassungsmaßnahmen) mit dem korrespondierenden Nutzen (durch Umsatzerlöse) branchenübergreifend bewerten. Anhand der spezifischen Verteilung der DCF-Werte wird eine Art „Gesamtflexibilität" für das zu untersuchende Produktionssystem beschrieben. Als nachteilig erweist sich der starke Szenariobezug dieser Methode, in dessen Folge die Qualität der Ergebnisse im Besonderen vom subjektiven Urteilsvermögen des Benutzers abhängt. Der Anwendungsfokus des Verfahrens liegt vor allem auf der Arbeitsplatz- und der Linienebene, wobei sich auch die Ebenen Segment und Fabrik teilweise einbeziehen lassen. Weiterhin ist festzustellen, dass anhand der spezifischen Verteilung der DCF-Werte zwar relativ einfach auf die Erweiterungsflexibilität eines Produktionssystems geschlossen werden kann, allerdings sind keine direkten Auswertungen hinsichtlich der Mengen- und Mixflexibilität möglich, obwohl szenariobasierte Mengen- und Produktmixschwankungen in die DESYMA-Methode mit eingehen. Ein anderes Defizit zeigt sich in der stark planerischen Ausrichtung des Verfahrens, in deren Konsequenz Flexibilitätsauswertungen nur innerhalb eines längerfristigen Zeitraums durchführbar sind.

2.3.7   Bewertungsmethode nach PELÁEZ-IBARRONDO und RUIZ-MERCADER

PELÁEZ-IBARRONDO und RUIZ-MERCADER führen eine Flexibilitätsbewertung mittels einer integrierten Berechnung von Mengen- und Mixflexibilität durch, die sie als „operational flexibility" bezeichnen. Unter der Annahme frei verfügbarer Produktionsressourcen und einem szenarioabhängigen Produktionsspektrum für zu untersuchende Flow-Shop-Produktionssysteme wird die Flexibilität auf Basis der Differenz zwischen der minimal akzeptierbaren und der maximal möglichen Produktionsrate bewertet. Erstere ist durch den Break-even-Punkt[6] determiniert, während die maximale Produktionsrate durch die Maschine mit der geringsten Maximalkapazität im zu untersuchenden Produktionssystem begrenzt wird, die somit dessen Engpassstelle darstellt. Für das Ermitteln der erforderlichen Kenngrößen fließen innerhalb der Bewertungsmethode produktionsrelevante fixe und variable Kosten sowie notwendige Zeitaspekte, wie Fertigungs- oder Einsatzzeiten mit ein. Die eigentliche Beurteilung der Arbeitsplanflexibilität für ein betrachtetes Produktionssystem ergibt sich dann

---

[6] Der Break-even-Punkt bezeichnet jene Absatzmenge, bei der durch die Umsatzerlöse die gesamten Kosten abgedeckt werden (Gewinnschwelle), der Gewinn also gleich Null ist [Eber-04].

aufgrund einer szenariobedingten Untersuchung von mengenmäßigen Zusammensetzungs-variationen des Fertigungsspektrums innerhalb einer definierten Bezugsperiode [PeRu-01].

Das Verfahren von PELÁEZ-IBARRONDO und RUIZ-MERCADER scheint grundsätzlich für Bewertungen zur Mengen- und Mixflexibilität geeignet zu sein, auch wenn diese in der gegenwärtigen Betrachtung nur indirekt zum Ausdruck kommen. An Möglichkeiten zur Untersuchung der Erweiterungsflexibilität fehlt es jedoch vollständig. Eine große Stärke liegt vor allem in der Berücksichtigung des Break-even-Punkts, wodurch nicht nur fixe, sondern auch produktionsabhängige variable Kosten mit einbezogen werden. Allerdings erfolgt hierbei nur eine Betrachtung der Einproduktmaschinen, die nach dem „Flow-Shop"-Modell produzieren. Somit nehmen immer dieselben Maschinen in gleicher Reihenfolge die erforderlichen Arbeitsoperationen zur Produkterstellung vor, was die Branchen-unabhängigkeit dieses Verfahrens eingeschränkt. Außerdem bleibt offen, wie die Flexibilität für unterschiedliche Arbeitsoperationen an verschiedenen Maschinen zu bewerten ist, insbesondere dann, wenn Mehrproduktmaschinen sich überschneidende Arbeitsoperationen ausführen können. Darüber hinaus fanden bisherige Flexibilitätsbetrachtungen lediglich auf der Arbeitsplatz- und Linieebene statt. Die Anwendbarkeit für die Ebenen Segment und Fabrik wird, infolge ihrer bisher nicht ausreichenden Berücksichtigung, in Frage gestellt. Ein weiterer Kritikpunkt betrifft das Fehlen konkreter Kennzahlen zur Arbeitsplanflexibilität, die Vergleiche zwischen verschiedenen Systemen erlauben. Stattdessen geben PELÁEZ-IBARRONDO und RUIZ-MERCADER für jedes Szenario lediglich die mengenbedingten Schwankungsbreiten und den jeweiligen Engpass in Form absoluter Zahlen an.

2.3.8 Bewertungsmethode Penalty of Change

Ausgehend von der Überlegung, dass die Flexibilität eines Produktionssystems sich entgegengesetzt zu seiner Sensibilität gegenüber Änderungen verhält, führt CHRYSSOLOURIS eine Flexibilitätsmessung durch, die sich auf die Bewertung zusätzlicher Kosten (Strafkosten) bei nicht ausreichender Flexibilität gründet. Hierzu verwendet er als Maßkennzahl den „*Penalty of Change*" (POC). Sofern die zu berücksichtigenden Änderungen innerhalb eines Systems ohne Zusatzkosten ausgeführt werden können, besitzt das System eine maximale Flexibilität, so dass der POC dem Wert Null entspricht. Sind demgegenüber kostenverursachende Änderungen erforderlich, so gilt das System als unflexibler und der POC fällt mit steigendem Kostenaufwand entsprechend höher aus. Zur Berechnung des POC greift CHRYSSOLOURIS auf das Konzept des Entscheidungsbaums zurück, über welchen er, auf Basis von Eintrittswahrscheinlichkeiten künftiger Szenarien, die jeweiligen Kosten berechnet. Dabei gilt das Szenario als das beste, das in seiner Gesamtheit die geringsten Kosten aufweist [AMMC-05] [GPMC-07]. Somit wäre bspw. eine Einproduktmaschine als flexibler anzusehen, die vom Produkt A 1.000 Stück pro Tag fertigen kann und 20.000 Euro Aufwand bei einer Realisierungswahrscheinlichkeit von 80 Prozent verursacht, als eine andere mit einer Realisierungswahrscheinlichkeit von 20 Prozent, bei der Kosten von 100.000 Euro anfallen, dafür aber vom Produkt A 10.000 Stück pro Tag produzieren kann. Die sog. Strafkosten variieren dabei um 4.000 Euro zugunsten der preiswerteren Maschine.

Die Anwendung von Flexibilitätsbewertungen auf Grundlage des „Penalty of Change" ist aus Sicht der Organisationsebenen vom Arbeitsplatz bis hin zur Fabrik möglich und speziell für die Bewertung von Auswahl-/Erweiterungsalternativen unter Kostengesichtspunkten sinnvoll. Als ein entscheidender Nachteil erweist sich die starke Abhängigkeit dieses Verfahrens von den Eintrittswahrscheinlichkeiten der Szenarien und den damit korrespondierenden Kosten. Somit hängt die Qualität der Bewertungsergebnisse vom objektiven Urteilsvermögen des jeweiligen Benutzers ab, was schnell widersprüchliche Auswahlentscheidungen hervorrufen kann. Nimmt der Benutzer bspw. die Eintrittswahrscheinlichkeit beider Szenarien, wie im zuvor gezeigten Beispiel der beiden Einproduktmaschinen, mit jeweils 5 Prozent höher an, fällt die Auswahlentscheidung auf die teurere Maschine, da dieses Szenario die geringeren Strafkosten verursacht (2.000 Euro weniger). Ein weiterer Kritikpunkt ergibt sich durch die Vernachlässigung des Zeitbezugs und den fehlenden Bewertungen zur aktuellen Mix- und Mengenflexibilität in einem System. Sie können lediglich im Zusammenhang mit Zukunftsbetrachtungen erbracht werden, wobei sie sich nur auf qualitative Aussagen beschränken, im Sinne von: „Maschine A ist flexibler als Maschine B, aufgrund der höheren Strafkosten von A.". Darüber hinaus erlaubt das Verfahren, trotz branchenübergreifender Einsatzmöglichkeiten, keine sinnvollen Vergleiche zwischen Systemen unterschiedlicher Dimensionierung, da der POC-Wert in Form einer absoluten Zahl (die jeweiligen Strafkosten) angegeben wird.

2.3.9 Bewertungsmethode nach HALLER

Ein anderes Verfahren liefert HALLER, in dem er die Flexibilität automatisierter Materialflusssysteme der variantenreichen Großserienproduktion bewertet. Hierbei unterscheidet er zwischen Zielen der operativen und strategischen Flexibilität, die in Abhängigkeit vom Verwendungszweck, ihrer Bedeutung entsprechend gewichtet werden. Dies erfolgt anhand fester Kriterien zur Beschreibung von Systemeigenschaften (z.B. Durchlauf- und Stillstandszeiten oder Einfluss des Produktmixes auf den Durchsatz) und Systemanforderungen (z.B. Erweiterung der Förderleistung oder Abhängigkeit von Sekundärressourcen), infolgedessen die Stabilität und Robustheit (operative Flexibilität) sowie die Integrierbarkeit und Anpassbarkeit (strategische Flexibilität) eines Systems, im Hinblick auf Veränderungen von Mengen, Varianten oder Produkten beschrieben wird. Zur

Wahrung der Vollständigkeit und Objektivität der Bewertung wird auf entsprechende Indikatoren zurückgegriffen, um somit eine hohe Transparenz zur Beurteilung der Kriterien sicherzustellen. Parallel zu dieser qualitativen Bewertung berücksichtigt HALLER in seinem Modell auch quantitative Kriterien, indem er auf Kennzahlen der Wirtschaftlichkeit zurückgreift. Dabei werden die monetären Auswirkungen der Flexibilität auf Basis dynamischer Investitionsrechnungsverfahren zum Ausdruck gebracht. Auf Grundlage einer adäquaten Zusammenfassung der einzelnen Ergebnisse aus qualitativer und quantitativer Bewertung sind anschließend geeignete Flexibilitätsaussagen möglich [Hall-99].

Mit seinem dualen Bewertungsmodell aus Nutzwertanalyse und Kosten-/Investitionsrechnung bietet HALLER eine gute Basis zur Untersuchung der Flexibilität verschiedener Produktionssysteme, selbst wenn sich dieses speziell an Materialflusssystemen orientiert. Aufgrund des allgemeingültig gehaltenen Aufbaus, sollte durch geringfügige Modifikationen eine Modellnutzung auch in anderen Branchen und Bereichen der Produktion möglich sein. Eine wesentliche Rolle bei diesem Verfahren spielen zwar qualitative Bewertungskriterien, allerdings wird durch die Verwendung des bereitgestellten Indikatorkatalogs ein entsprechendes Maß an Objektivität gewährleistet. Hervorzuheben ist auch die Möglichkeit der Bewertung sämtlicher Organisationsebenen, vom Arbeitsplatz bis hin zur Fabrik. Als Schwachpunkt erweist sich jedoch die Einbeziehung der Zeit, die im Gegensatz zu den Dimensionen Kosten und Varietät nicht hinreichend Berücksichtigung findet. So gehen durchaus zeitlichen Aspekte, wie bspw. Durchlauf- oder Liegezeiten, mit in die Bewertung ein, jedoch nur in Form von qualitativen Aussagen und im Rahmen der Investitionsrechnung, z.B. zur Bestimmung des Zinsfußes oder des kalkulatorischen Rückflusses. Eine konkrete Bezugnahme auf die Zeit zur Berechnung eines Flexibilitätsspielraums erfolgt dagegen nicht. Ein anderes großes Defizit bei HALLER liegt in der fehlenden expliziten Auswertbarkeit von Mengen-, Mix- und Erweiterungsflexibilität, deren Ursache die starke Fokussierung des Verfahrens auf die Alternativenbewertung von Produktionssystemen ist.

2.3.10   Bewertungsmethode FLEXIMAC

Eine andere Form der Flexibilitätsbewertung stellt die Methode FLEXIMAC dar. Sie stützt sich auf die Analogie des dynamischen Verhaltens zwischen einem mechanischen System und einem Produktionssystem. Demnach charakterisiert sich die Fähigkeit zur Reaktion auf erforderliche Änderungen in einem mechanischen System über einen sog. *Dämpfungsfaktor*, der mittels einer Transferfunktion unter bestimmten Gegebenheiten berechnet werden kann [Seyb-81] [APMG-06]. Gleiches lässt sich auch für ein Produktionssystem annehmen, dessen Flexibilität, nach Ansicht der Entwickler der FLEXIMAC-Methode, über die Reaktionsfähigkeit bezogen auf den dynamischen Input zu bewerten ist. Als Input wird dabei die für ein System vorgesehene Durchlaufzeit („processing time") für die Fertigung einer variierenden Anzahl und Art von Produkten angenommen, während der Output die tatsächliche Durchlaufzeit („flow time") repräsentiert. Somit lassen sich im Idealfall Input und Output als identisch annehmen, da keine Verzögerungen, z.B. durch Rüstvorgänge oder fehlende Ressourcen zur Fertigung, auftreten. Für die Berechnung des FLEXIMAC-Wertes ist es zuvor notwendig einen vorgesehenen Betrachtungshorizont in gleichmäßige Zeitintervalle aufzuteilen, innerhalb der die Zeiten von „Processing time" und „Flow time" gegenüberzustellen sind. Danach erfolgt ein Aufsummieren von „Processing time" und „Flow time" in deren Anschluss eine „Diskreten Fourier-Transformation" zur Anwendung kommt und durch Quotientenbildung eine Transferfunktion ermittelt. Ausgehend von dieser, berechnet die FLEXIMAC-Methode, in Ahnlehnung an den Dämpfungsfaktor von mechanischen Systemen, die Eigenwerte Ω_i des Systems und die Amplitude Q_i aus den Frequenzen der Eigenwerte. Der konkrete FLEXIMAC-Wert ergibt sich, wie in nachstehend aufgeführter Formel sichtbar, aus dem Mittelwert der zehn größten Amplituden. Je höher dieser Wert für ein Produktionssystem ist, umso flexibler gilt es, da es weniger empfindlich gegenüber Änderungen des Inputs reagiert [APMG-06] [GPMC-07].

$$\text{FLEXIMAC} = \frac{1}{10} \sum_{i=1}^{10} \left(\frac{1}{2Q_i} \right)$$

Der große Vorteil der FLEXIMAC-Methode liegt in ihrer Unabhängigkeit von subjektiven Einschätzungen und Referenzszenarien. Darüber hinaus können Flexibilitätsbewertungen branchenübergreifend auf allen relevanten Ebenen vom Arbeitsplatz bis hin zur Fabrik durchgeführt werden. Die dafür relevanten Berechnungsdaten lassen sich relativ leicht aus Betriebsdatenerfassungs- oder ERP-Systemen entnehmen. Ein erheblicher Schwachpunkt ist allerdings in der Vernachlässigung der Kostenaspekte zu sehen, wenngleich die Dimensionen Zeit und Varietät vollständig Berücksichtigung finden. Hinzu kommt, dass der FLEXIMAC-Wert nur eine allgemeine Beurteilung der zu untersuchenden Flexibilität zulässt. Konkrete Aussagen zur Mengen- oder Mixflexibilität sind nur bedingt möglich, wogegen eine Beurteilung der Erweiterungsflexibilität überhaupt nicht gegeben ist. Ein anderes nicht zu unterschätzendes Defizit liegt in der Vergangenheitsorientiertheit der Methode begründet, was das Vorhandensein von real existierenden Produktionsdaten eines zu untersuchenden Systems erforderlich macht, um objektive Flexibilitätsmessungen durchführen zu können. Deshalb sind vergleichende Systembetrachtungen lediglich eingeschränkt umsetzbar.

2.4   Konkretisierung des Forschungsbedarfs

Die Recherche nach ausgewählten Ansätzen innerhalb der Literatur ergab, dass eine entsprechend große Anzahl unterschiedlicher Verfahren zur Bewertung der Flexibilität von Produktionssystemen existiert. Eine vergleichende Gegenüberstellung der näher in Betracht gezogenen Ansätze, Methoden und Modelle verdeutlicht, dass keines dieser Verfahren dem Anspruch der hier vorliegenden Arbeit gerecht wird (vgl. Abbildung 2-8).

Grad der Abdeckung:
◆ vollständig
◈ teilweise
◇ keine

	Ebene				Dimension			Flexibilitätsart			branchenübergreifende Anwendbarkeit	Unabhängigkeit von subjektiven Bewertungen	Vergleichbarkeit
	Fabrik	Segment	Linie	Arbeitsplatz	Kosten	Zeit	Varität	Menge	Produktmix	Erweiterung			
PLANTCALC™	◆	◈	◈	◈	◆	◈	◆	◈	◈	◈	◆	◈	◆
ALI, SEIFODDINI	◈	◈	◆	◆	◇	◈	◆	◆	◆	◇	◇	◇	◈
HALLER	◆	◆	◆	◆	◆	◈	◆	◈	◈	◈	◈	◈	◇
WAHAB, WU, LEE	◇	◇	◇	◆	◆	◆	◆	◆	◆	◇	◆	◆	◆
SCHUH, GULDEN, WERNHÖNER, KAMPER	◈	◈	◆	◆	◆	◆	◆	◆	◆	◈	◆	◈	◆
DESYMA	◈	◈	◆	◆	◆	◈	◆	◈	◈	◆	◆	◈	◇
PELÁEZ-IBARRONDO, RUIZ-MERCADER	◇	◇	◆	◆	◆	◆	◆	◈	◈	◇	◈	◆	◇
FLEXIMAC	◆	◆	◆	◆	◇	◆	◆	◈	◈	◇	◆	◆	◈
PENALTY of CHANGE	◆	◆	◆	◆	◆	◈	◆	◈	◈	◆	◆	◈	◇
ZÄH, MÜLLER	◆	◈	◈	◈	◆	◆	◆	◆	◈	◈	◆	◆	◆
Eigene Arbeit	◆	◆	◆	◆	◆	◆	◆	◆	◆	◆	◆	◆	◆

Abbildung 2-8: Qualitative Einordnung ausgewählter Ansätze zur Flexibilitätsbewertung in den Anwendungszusammenhang der eigenen Arbeit

Anhand von Abbildung 2-8 fällt im Besonderen das Fehlen eines Verfahren auf, welches eine ausreichende Beurteilung der Mengen-, Mix- und Erweiterungsflexibilität ermöglicht. Zwar bewerten einige der Methoden zumindest zwei der verlangten Flexibilitätsarten, dafür zeigen sie aber an anderer Stelle zum Teil erhebliche Defizite. So erlaubt bspw. das von SCHUH, GULDEN, WERNHÖNER UND KAMPER vorgestellte Verfahren Bewertungen zur Mix- wie auch zur Mengenflexibilität und lässt darüber hinaus indirekte Aussagen zur Erweiterungsflexibilität zu. Jedoch ist deren Unabhängigkeit von subjektiven Einschätzungen nicht gegeben und die Flexibilitätsauswertungen sind auf die Organisationsebenen

Arbeitsplatz und Linie beschränkt. Daneben verdeutlicht die Überprüfung zur Berücksichtigung der Flexibilitätsdimensionen in den näher untersuchten Ansätzen, dass alle die Varietät ausführlich behandeln. Mit Ausnahme zweier, finden sogar alle drei Dimensionen zumindest teilweise Beachtung. Darüber hinaus können vier Verfahren identifiziert werden, die der Mehrdimensionalität der Flexibilität in einem anforderungsadäquaten Umfang wenigstens teilweise entsprechen, allerdings vernachlässigen sie dafür andere Aspekte. Gleiches trifft auch für die Anwendbarkeit einiger Verfahren hinsichtlich der in der vorliegenden Arbeit definierten Betrachtungsebenen zu, von denen drei dieser Forderung vollständig entsprechen. So eignet sich bspw. die Bewertungsmethode „Penalty of Change" für den Einsatz auf der Arbeitsplatz- bis hin zur Fabrikebene. Die Vernachlässigung der Zeitdimension und nicht konkret quantifizierbare Flexibilitätsaussagen zur Menge und zum Produktmix bilden dafür aber starke Kritikpunkte. Ebenfalls fällt eine tendenziell abnehmende Auswertbarkeit der Mengen-, Mix- und Erweiterungsflexibilität mit steigendem Grad der Berücksichtigung aller Betrachtungsebenen in einem Produktionssystem auf.

Insgesamt bleibt festzuhalten, dass zwar diverse Messmethoden und –verfahren existieren, um die Flexibilität von Produktionssystemen zu erfassen (vgl. dazu auch Anhang B). Viele von ihnen unterliegen oftmals einem speziellen Anwendungsbezug und sind zweckgebunden entwickelt worden. Daher beschränken sie sich auf isolierte Betrachtungen. Demgegenüber ermöglichen allgemeiner gehaltene Verfahren, wie das von ZÄH UND MÜLLER oder PLANTCALC™, umfassendere Flexibilitätsbetrachtungen, lassen dafür aber keine detaillierten Analysen auf Linien- oder gar Arbeitsplatzebene zu. Darüber hinaus liegen den verschiedenen Verfahren uneinheitliche Terminologien für die Interpretation der jeweiligen Flexibilitätsarten zugrunde. So haben z.B. PELÁEZ-IBARRONDO UND RUIZ-MERCADER ein anderes Verständnis von der Mengen- und Mixflexibilität als SCHUH, GULDEN, WERNHÖNER UND KAMPER. Während die einen diese Flexibilitätsarten als Hilfswerte für die Beurteilung der „operational flexibility" ansehen, betrachten die anderen diese als separat auszuwertende Größen. Des Weiteren sind unterschiedliche Vorgehensweisen bei der Einbeziehung von Kosten und Zeiten auszumachen, die sich hinsichtlich der zu berücksichtigenden Aspekte und ihrer Bedeutungen unterscheiden. Beispielsweise wird bei der DESYMA-Methode die Flexibilität auf Basis von Aufwendungen und Rentabilität bewertet, während HALLER zusätzlich qualitative Elemente mit einbindet.

Die Zweckmäßigkeit der Verwendung aller hier vorgestellten Verfahren hängt somit im Wesentlichen von der jeweiligen Problemstellung ab. Sie erfüllen, mehr oder weniger beschränkt, nur in Teilen die Anforderungen, die sich an die angestrebte Bewertungsmethodik stellen. Eine Kombination verschiedener, als geeignet erachteter Verfahren zu einem integrierenden Gesamtmodell erscheint wegen des unterschiedlichen Informationsgehalts und -bedarfs der jeweiligen Methoden sowie ihrer zugrunde gelegten Terminologien als wenig nützlich. Hierdurch wäre im praktischen Einsatz die Gefahr intransparenter und sogar widersprüchlicher, flexibilitätsbezogener Auswertungsergebnisse zu groß, woraus sich die Notwendigkeit zur Entwicklung eines neuen Verfahrens ergibt. Dessen ungeachtet beinhalten aber einzelne Ansätze wertvolle Aspekte zur Flexibilitätsbewertung von Produktionssystemen, die in die zu entwickelnde Bewertungsmethodik einfließen sollen. So liefern beispielsweise PELÁEZ-IBARRONDO UND RUIZ-MERCADER mit ihrer Break-even-Punkt-Ermittlung eine interessante Herangehensweise für das Bestimmen der Mengenflexibilität. WAHAB, WU UND LEE sowie SCHUH, GULDEN, WERNHÖNER UND KAMPER bieten dagegen einige für die Bewertung der Mixflexibilität nützliche Anknüpfungspunkte. Die letzte Autorengruppe zeigt darüber hinaus ein interessantes Systemkonzept für dynamisch fokussierbare Flexibilitätsbetrachtungen.

3 Anforderungen an die Bewertungsmethodik

Infolge identifizierter Flexibilitätsherausforderungen der Praxis und der damit einhergegangenen Analyse des Betrachtungsraumes, wurden offensichtliche Schwächen in bestehenden Bewertungsmethoden aufgezeigt, welche sich dieser Problematik annehmen. Deshalb werden in diesem Kapitel Anforderungen beschrieben, die eine zielsetzungskonforme Bewertungsmethodik zur Erfassung der Flexibilität von Produktionssystemen zu erfüllen hat. Abbildung 3-1 fasst die einzelnen Anforderungen hierzu in vier Gruppen zusammen, auf die anschließend näher eingegangen wird.

Abbildung 3-1: Anforderungen an die Bewertungsmethodik

3.1 Grundsätzliche Verwendbarkeit

Die Bewertungsmethodik muss Produktionsplaner und Manager dazu befähigen, auf einfache Weise die Flexibilität ihrer Produktionssysteme zu bewerten und dadurch aussagekräftige Rückschlüsse auf eventuell vorzunehmende Anpassungen und Änderungen erlauben, was zu nachstehenden Anforderungen führt:

Anforderung A1.1: Ein notwendiges Erfolgskriterium für den Einsatz und die Akzeptanz der Methodik betrifft deren *Praxistauglichkeit*, weshalb ihre Auslegung an aktuellen Flexibilitätsherausforderungen der Praxis zu erfolgen hat. Außerdem bedarf es einer differenzierten Auswertbarkeit der Flexibilität auf unterschiedlichen Betrachtungsebenen von Produktionssystemen.

Anforderung A1.2: Damit die Methodik eine entsprechende Verbreitung in der Praxis findet und sich Verbesserungen durch Analogien sowie deren Übertragung durch Vergleiche unterschiedlicher Arten von Produktionssysteme erreichen lassen, ist eine *branchenübergreifende Anwendbarkeit* dieser von entscheidender Bedeutung. Demnach dürfen Flexibilitätsauswertungen nicht nur isolierte Betrachtungen zulassen, sondern müssen möglichst unabhängig ohne wesentliche Fokussierung auf einen bestimmten Anwendungskontext einsetzbar sein.

Anforderung A1.3: Um einen möglichst geringen Aufwand beim Einsatz der Bewertungsmethodik zu gewährleisten und somit zur Nutzerakzeptanz beizutragen, wird eine *einfache und vollständige Datenerhebung* gefordert. Aus diesem Grund ist bei der Konzeption darauf zu achten, dass alle für die Flexibilitätsbewertung relevanten Daten einfach zu erheben sind, bei gleichzeitiger Wahrung ihres Informationsgehalts. Das Abrufen von Daten, die nur eine unwesentliche oder keine Bedeutung bei der Flexibilitätsfeststellung einnehmen, gilt es hingegen zu vermeiden.

Anforderung A1.4: Aufgrund der zahlreichen Einflussvariablen auf die Flexibilität eines Produktionssystems und der damit verbundenen Gefahr einer mehrfachen Überdeckung oder Vernachlässigung verschiedener Sachverhalte, können Ergebnisse leicht verzerrt werden. Deshalb ist die Wahl einer, auf die einzelnen Betrachtungsebenen und Flexibilitätsmetriken angepassten *Strukturierung und Detaillierung* der erforderlichen Daten unvermeidbar.

Anforderung A1.5: Da sich die einzelnen Ressourcen als auch die Struktur und Organisation von Produktionssystemen in ihrer Ausprägung und ihren Eigenschaften teilweise stark unterscheiden, wird eine *dynamische, fallspezifische Anpassbarkeit* der Bewertungsmethodik an die jeweiligen situationsbezogenen Gegebenheiten ihres Einsatzes gefordert.

Anforderung A1.6: Es sind *reproduzierbare und transparente Ergebnisse* zu gewährleisten. Dadurch ergibt sich der Anspruch von überschaubaren und logisch aufeinander aufbauenden Einzelschritten, die eine sukzessive Anwendungsweise ermöglichen und somit eine richtige Anwendung des Gesamtverfahrens garantieren. Die daraus resultierenden Kennzahlen müssen Verhältnisse aussagekräftig und eindeutig wiedergegeben werden, um als Bewertungsgrundlage für Flexibilitätsvergleiche und -entscheidungen einsetzbar zu sein.

3.2 Flexibilitätsmetriken

Die Entwicklung der Flexibilitätsmetriken bildet die Kernaufgabe beim Entwurf und der Realisierung der Bewertungsmethodik. Dementsprechend knüpfen sich hieran auch bedeutende Anforderungen, deren Erfüllung eine entscheidende Rolle für das Erreichen der gestellten Zielsetzung einnimmt:

Anforderung A2.1: Ein entscheidendes Kriterium für die Metriken sind Bewertungen zur *Mix-, Mengen- und Erweiterungsflexibilität*, als präferierte Flexibilitätsarten in dieser Arbeit. Hierdurch sollen Aussagen über die Fähigkeit von Produktionssystemen zulässig sein, wie flexibel sie auf Nachfrageschwankungen bzgl. der Menge und des Produkt-/Variantenmixes reagieren und inwieweit kapazitive Erweiterungen an ihnen möglich sind.

Anforderung A2.2: Damit sich Flexibilitätsdefizite leicht den verantwortlichen Systemobjekten zuordnen lassen, ist eine fokussierte Auswertung auf den Betrachtungsebenen *Arbeitsplatz, Linie, Segment* und *Fabrik* notwendig.

Anforderung A2.3: Für die Darstellung der Flexibilität bedarf es eines *quantifizierbaren Bewertungsvorgehens*, welches, in Abhängigkeit zur Flexibilitätsart und unter Vermeidung subjektiver Einflussfaktoren, für jedes Bewertungsobjekt eine spezifische Kennzahl ermittelt. Dies gewährleistet ein hohes Maß an Objektivität, was die Grundvoraussetzung für eine schnelle, bei Mehrfacherhebung unverfälschte Einschätzung des aktuellen Flexibilitätspotentials bildet. Außerdem begünstigt es die Entscheidungsfindung, ob neue Flexibilitätspotentiale aufzubauen sind oder die bestehende Flexibilität ausreicht.

Anforderung A2.4: Um dem *multidimensionalen Charakter* der Flexibilität zu entsprechen, ist die Anwendbarkeit der Kennzahlenberechnung im Rahmen einer Ein- wie auch Mehrproduktproduktion sicherzustellen. Ferner haben neben der Varietät gleichzeitig auch die korrespondierenden Zeit- und Kostenaspekte in angemessener Form Berücksichtigung zu finden. Dabei müssen Rückschlüsse auf eine wirtschaftliche Produkterstellung möglich sein, um das für Unternehmen so wichtige ökonomische Gleichgewicht zwischen den bestehenden Unsicherheiten und der eigenen Flexibilität (vgl. Abbildung 1-2, S. 7) beurteilen zu können.

Anforderung A2.5: Die letzte metrikbezogene Forderung bezieht sich auf die *Vergleichbarkeit der Ergebnisse.* Sie beinhaltet zum einen die Möglichkeit Flexibilitätskennzahlen verschiedener Handlungsalternativen innerhalb eines Produktionssystems oder zwischen unterschiedlich dimensionierten Produktionssystemen einer Branche gegenüberzustellen. Zum anderen sollen ebenfalls Vergleiche zwischen Produktionssystemen verschiedener Branchen durchführbar sein, um auf Basis ermittelter

Flexibilitätskenngrößen, Rückschlüsse auf Flexibilitätsdefizite branchenfremder Systeme zu erlauben.

3.3   Produktionssystemmodell

Die Anforderungen an das Produktionssystemmodell leiten sich aus dessen eigentlicher Aufgabe, der schematischen Darstellung der Zusammenhänge und Abhängigkeiten von bewertungsrelevanten Objekten (Arbeitsplätze, Linien, Segmente, Fabrik) wie auch der Verknüpfung dieser mit den Flexibilitätsmetriken, ab:

Anforderung A3.1: Damit sich zu untersuchende Produktionssysteme in Abstraktion zur Realwelt beschreiben lassen, ist eine *einheitliche und neutrale Modellnotation* zu wählen.

Anforderung A3.2: Um sämtliche hierarchischen und leistungsflussbezogenen Abhängigkeiten im Produktionssystem abbilden zu können, wird eine *vollständige Erfassung der bewertungsrelevanten Systemobjekte und ihrer Zuordnungsbeziehungen* gefordert. Dies hat in einem adäquaten Detaillierungsgrad zu erfolgen, der konform geht mit der Anwendbarkeit der Flexibilitätsmetriken auf den verschiedenen Betrachtungsebenen eines Produktionssystems.

Anforderung A3.3: Von außerordentlicher Bedeutung sind *eindeutige Objektbezeichner*, die die richtige Verknüpfung zwischen abgebildetem Symbol und dem zugehörigen realweltlichen Systemobjekt gewährleisten. Hierdurch sollen falsche oder sogar widersprüchliche Datenzuordnungen und daraus hervorgehend fehlerhafte Berechnungsergebnisse vermieden werden.

Anforderung A3.4: Um insgesamt dem Anspruch einer möglichst hohen Nutzerakzeptanz Folge zu leisten, bedarf es weiterhin eines *schnellen und unkomplizierten Aufbaus* des Produktionssystemmodells, unabhängig vom Branchenbezug. Dadurch wird eine relativ große Freizügigkeit bei der Parametrisierung der verschiedenen Systemobjekte verlangt.

Anforderung A3.5: Das letzte wesentliche Anforderungskriterium an das Produktionssystemmodell ergibt sich aus der Notwendigkeit, jedem einzelnen Systemobjekt die korrespondierenden Flexibilitätskennzahlen eindeutig zuzuordnen. Zu diesem Zweck ist eine *Verknüpfung der Flexibilitätsmetriken* mit dem Produktionssystemmodell erforderlich, um die verschiedenen Flexibilitäts- und Berechnungsinformationen objektbezogen auf den unterschiedlichen Betrachtungsebenen eines Produktionssystems zur Verfügung zu stellen.

3.4   Softwaretechnische Umsetzung

Im Interesse eines möglichst geringen Aufwands bei der Anwendung der Bewertungsmethodik, ist die Umsetzung dieser in ein Softwarewerkzeug zwingend erforderlich. Dieses hat folgenden Anforderungen zu entsprechen:

Anforderung A4.1: Die Software muss innerhalb der IT-Infrastruktur der Produktion *leicht integrierbar* sein. Dazu sind geeignete Schnittstellen zu produktionsnahen Systemen, wie PPS-, BDE- oder ERP-Systeme aber auch zu digitalen Fabrikplanungswerkzeugen bereitzustellen, so dass auf einen Großteil der benötigten Daten eines zu untersuchenden Produktionssystems automatisiert zugegriffen werden kann.

Anforderung A4.2: Damit die potentiellen Benutzer in einem Unternehmen das Softwarewerkzeug auch annehmen, sollte es *einfach und intuitiv bedienbar* sein, ohne umfangreiche Schulungsmaßnahmen im Vorfeld voraussetzen zu müssen.

Anforderung A4.3: Es bedarf einer *einfachen und übersichtlichen Darstellung* der Bewertungsobjekte, so dass Flexibilitätsuntersuchungen an einem Produktionssystem für die Benutzer leicht verständlich sind. Flexibilitätsschwachstellen müssen daher schnell identifiziert und Alternativen zu ihrer Behebung aufgezeigt werden können.

Anforderung A4.4: Die *persistente Speicherung von Flexibilitätsuntersuchungen* ist zu garantieren. Der aktuelle Analysestatus zu einem Produktionssystem muss sich demnach durch die Software jederzeit sichern und wieder aufrufen lassen. Im Bedarfsfall müssen Vergleichsbetrachtungen verschiedener Systemalternativen und Untersuchungen von Modellen unterschiedlicher Produktionssysteme möglich sein.

Anforderung A4.5: Eine *leichte Erweiterbarkeit* des Softwarewerkzeugs ist Grundbedingung, um den Folgeaufwand für Pflegearbeiten und nachträgliche Erweiterungen, die sich aus dem produktiven Einsatz ergeben können, gering zu halten. Zu diesem Zweck empfiehlt sich ein modularer Aufbau der Software.

4 Entwicklung der Bewertungsmethodik

In den vorangegangenen Kapiteln wurden die Grundlagen für die Entwicklung der Bewertungsmethodik erarbeitet. Die wesentliche Komponente dieser, bilden die identifizierten Flexibilitätsarten, deren Beschreibung über Kennzahlen zu erfolgen hat. Flexibilitätskennzahlen im Kontext dieser Arbeit sind dabei grundsätzlich als Maßzahlen zu betrachten, die auf Basis einer quantifizier- und reproduzierbaren Messung relevanter Eigenschaften, die Flexibilität von Produktionssystemen charakterisieren.[7] Zu ihrer anforderungskonformen Ermittlung bedarf es spezieller Flexibilitätsbewertungsmethoden/ -metriken, deren konzeptioneller Aufbau und Einbindung in das Produktionssystemmodell Gegenstand dieses Kapitels ist. Dazu soll zunächst die grundsätzliche Herangehensweise zur geplanten Berechnung der Mengen-, Mix- und Erweiterungsflexibilität erläutert sowie deren wesentlichen Beschreibungsgrößen zu ihrer Quantifizierung herausgestellt werden. Darauf Bezug nehmend, erfolgt hiernach die ausführliche Erläuterung des Berechnungsvorgehens zur Messung der einzelnen Flexibilitäten. Wegen ihres produktionswirtschaftlichen Hintergrunds wird dann ein spezieller kostenrechnerischer Bezugsrahmen definiert, der die erforderliche Qualität der errechneten Flexibilitätskennzahlen sicherstellt, in dem er eine vollständige, die verschiedenen Betrachtungsebenen einbeziehende Kostenerfassung gewährleistet. Die im Nachhinein vorgestellte Herangehensweise zur Realisierung des Produktionssystemmodells, verdeutlicht abschließend, wie eine modell- und datentechnische Verbindung zwischen dem realweltlichen Analyseobjekt und den Flexibilitätsbewertungsmethoden/Metriken zu erreichen ist.

4.1 *Grundsätzliche Herangehensweise zur Bewertung der Mengen-, Mix- und Erweiterungsflexibilität*

Auf Grundlage der in Kapitel 2.2.3 definierten Flexibilitätsarten werden nachstehend auf konzeptioneller Ebene drei Ansätze erläutert, auf denen sich die spätere Umsetzung der Bewertungsmethoden zur Bestimmung der Mengen-, Mix- und Erweiterungsflexibilität in Produktionssystemen gründet. Primäres Ziel ist dabei, zu jeder Bewertungsmethode die relevanten, quantifizierbaren Beschreibungsgrößen zu erfassen sowie die Rahmenbedingung herauszustellen, an die sich das Bewertungsvorgehen zu halten hat.

---

[7] Zur Vertiefung des Themas „Kennzahlen" wird auf die entsprechende Fachliteratur verwiesen, wie z.B. auf, STAUDT [Stau-85], SCHOTT [Scho-88] oder WEBER [Webe-95].

4.1.1 Bewertungsansatz der Mengenflexibilität

Ausgehend von dem zugrunde gelegten Verständnis zur Mengenflexibilität, definiert sich diese durch die Möglichkeit einer kurzfristigen und zugleich wirtschaftlichen Kapazitätsanpassung, ohne die Elementmenge und Struktur des betrachteten Produktionssystems zu verändern (vgl. Kapitel 2.2.3.1). Aufgrund dessen soll die Bewertung dieser Flexibilitätsart anhand der gewinnbringenden Grenzen des Outputs erfolgen, der innerhalb einer festgelegten Zeitspanne (z.B. Woche oder Monat) durch das System erzielt werden kann. Zur Quantifizierung dieser Grenzen eines Produktionssystems eignen sich folgende zwei Beschreibungsgrößen:

- *Break-even-Punkt*, er markiert die Produktionsmenge, bei der die Umsatzerlöse die Gesamtkosten (variable und fixe Kosten) geradeso decken, wodurch der daraus resultierende Gewinn gleich Null ist.

- *Maximalkapazität*, sie kennzeichnet die größtmögliche, aber insgesamt noch profitable Ausbringungsmenge, die das Produktionssystem erreichen kann. Sie wird durch die technische Leistungsfähigkeit der Produktionsanlagen und organisatorische Maßnahmen, wie flexible Arbeitszeitmodelle (z.B. Überstunden oder variable Schichtsysteme), determiniert.

Break-even-Punkt und Maximalkapazität spannen einen Bereich auf, innerhalb dessen die Ausbringungsmengen des Systems schwanken können, aber dennoch wirtschaftlich sind (vgl. Abbildung 4-1). Dieser Bereich, nachfolgend *Flexibilitätsraum* genannt, kennzeichnet die Mengenflexibilität, wobei diese nicht als absolute sondern als Verhältniszahl auszudrücken ist, um Vergleiche unterschiedlich dimensionierter Produktionssysteme nicht zu verfälschen, wie nachstehendes Verständnisbeispiel verdeutlicht:

Verständnisbeispiel:

Produktionssystem *A* weist einen wirtschaftlichen Bereich (Flexibilitätsraum) von 10.000 bis 15.000 Mengeneinheiten (ME) auf, Produktionssystem *B* dagegen einen von 1.000 bis 5.000 ME. Der Flexibilitätsraum von *A* ist um demzufolge 1000 ME größer als der von *B*. Dennoch kann das Produktionssystem *B* als flexibler angesehen werden, da es verhältnisbezogene Mengenschwankungen von 80% erlaubt, Produktionssystem *A* dagegen lediglich 50%.

Auf Grundlage dieser Betrachtungsweise zur Mengenflexibilität hat folgende Aussage Gültigkeit:

Die Mengenflexibilität eines Produktionssystems ist umso höher, je größer die verhältnismäßige Abweichung zwischen Break-even-Punkt und der Maximalkapazität ist.

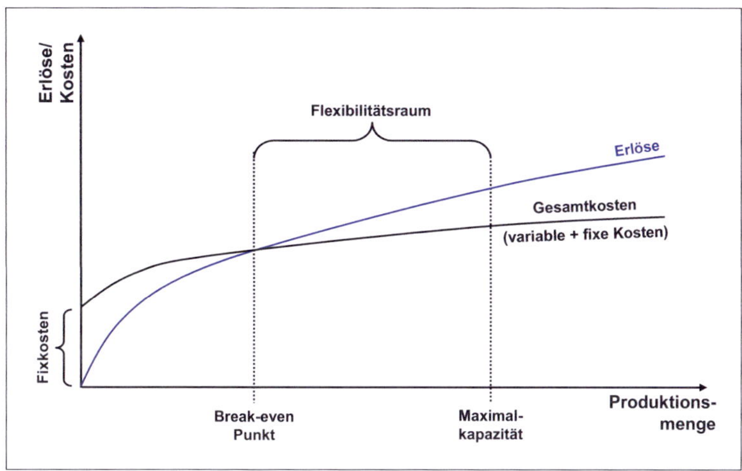

Abbildung 4-1: Ermittlung des Flexibilitätsraums für ein definiertes Produktionsprogramm

4.1.2 Bewertungsansatz der Mixflexibilität

Gemäß der in Kapitel 2.2.3.2 vorgestellten Definition zur Mixflexibilität, drückt sie die Freizügigkeit bei der Gestaltung des Produktionsprogramms aus, auf Produkte verzichten zu können oder diese gegeneinander auszutauschen, ohne den systemoptimalen Produktionsgewinn dadurch zu beeinflussen. Um eine solche Eigenschaft eines Produktionssystems quantifizierbar zu machen, empfiehlt sich eine Betrachtung der Gewinnabweichungen zwischen dem gewinnoptimalen und den davon variierenden Produkt-/ Variantenmixzusammensetzungen. Die dafür notwendigen Beschreibungsgrößen sind:

- *Systemoptimaler Produktionsgewinn*, er gibt Auskunft über den größtmöglichen Profit den ein System, bei optimaler Zusammenstellung seines Produktionsprogramms, bezogen auf einen vorher festgelegten Zeithorizont, erzielen kann. Dies betrifft sowohl Art als auch Umfang der zu produzierenden Produkte.

- *Produkteingeschränktes Gewinnoptimum*, dieses kennzeichnet den maximal erreichbaren Gewinn für ein System, mit der Einschränkung ein bestimmtes, aber dort herstellbares Produkt nicht zu produzieren.

Mit dem Bestimmen des systemoptimalen Produktionsgewinns, wird für jedes der systembezogenen Produkte berechnet, welchen Profit das betrachtete Produktionssystem noch maximal erzielen kann, wenn unter sonst gleichen Rahmenbedingungen, eines der Produkte von der Fertigung ausgeschlossen bleibt. Die systembezogene Mixflexibilität, die aus Gründen der Vergleichbarkeit verschiedenartiger Produktionssysteme über eine Verhältniszahl anzugeben ist, ermittelt sich auf Basis der sog. *durchschnittlichen Produktionsgewinnabweichung*. Sie dient der Bewertung, inwiefern sich die Nichtproduktion einzelner Erzeugnisse auf den systemoptimalen Produktionsgewinn durchschnittlich auswirkt. Hierzu empfiehlt sich die Berechnung der mittleren quadratischen Abweichung vom systemoptimalen Produktionsgewinn. Diese gewichtet im Gegensatz zu einer reinen Mittelwertbetrachtung einzelne „Ausreißer" stärker und hat verglichen mit der Standardabweichung den Vorteil, dass sie auch nicht über das arithmetische Mittel der Einzelabweichungen gebildet wird. Somit lässt sich das wirtschaftliche Risiko einer Gefährdung des Produktionserfolgs besser erfassen und garantiert eine realitätsnähere Betrachtung des tatsächlichen Systemsverhaltens bei Änderungen des Produktmixes.

Diesem Konzept zufolge wäre ein Produktionssystem *vollständig produktmixflexibel*, wenn der Gewinn, unabhängig von der Auswahl der durch das System herstellbaren Produkte, immer konstant bleibt. Abbildung 4-2 veranschaulicht anhand eines vereinfachten Beispiels ein solches Produktionssystem, mit dem sich drei unterschiedliche Produkte fertigen lassen. Der linke Teil dieser Grafik stellt für jedes Szenario (Nichtproduktion je Produkt) den Gewinn für einen definierten Zeithorizont dar, wobei der systemoptimale Gewinn immer 65.000 Geldeinheiten (GE) beträgt. Das dazu korrespondierende Produktionsprogramm mit dem jeweiligen Output in Mengeneinheiten (ME) zeigt hingegen der rechte Teil der Grafik.

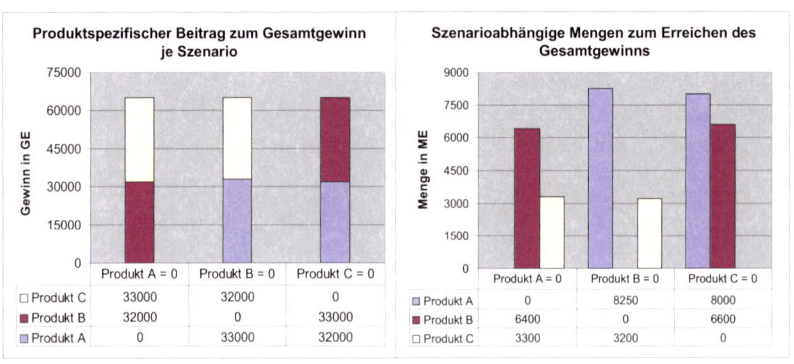

	Produkt A = 0	Produkt B = 0	Produkt C = 0
□ Produkt C	33000	32000	0
■ Produkt B	32000	0	33000
■ Produkt A	0	33000	32000

	Produkt A = 0	Produkt B = 0	Produkt C = 0
■ Produkt A	0	8250	8000
■ Produkt B	6400	0	6600
□ Produkt C	3300	3200	0

Abbildung 4-2: Beispiel für ein vollständig mixflexibles Produktionssystem

Aufgrund dieser Herangehensweise gilt für die Mixflexibilität folgende Aussage:

Die Mixflexibilität eines Produktionssystems ist umso höher, je geringer dessen durchschnittliche Produktionsgewinnabweichung. Die Mixflexibilität gilt dabei als optimal, wenn alle für das System errechneten produktspezifischen Produktionsgewinnabweichungen den Wert Null haben.

Da eine solche Art der Betrachtungsweise sich ausschließlich auf die Bewertung einer Mehrproduktfertigung bezieht, ist deren Anwendung bei Einproduktfertigung nicht sinnvoll. Ein System, welches lediglich auf die Fertigung eines Produktes bzw. einer Variante ausgerichtet ist, gilt deshalb als inflexibel bzgl. des Produktmixes.

4.1.3 Bewertungsansatz der Erweiterungsflexibilität

Mit der Erweiterungsflexibilität wird die Fähigkeit eines Produktionssystems beschrieben, seine Kapazitäten durch Veränderung seiner Elementmenge und/oder Struktur dauerhaft zu steigern. Ein entscheidendes Kriterium hierfür bildet der Aufwand für nachträgliche Erweiterungsmaßnahmen, weshalb eine reine Kostenbetrachtung in Erwägung gezogen werden könnte. Allerdings hätte das zur Folge, dass vergleichende Bewertungen von Produktionssystemen unterschiedlicher Größe und Kapazität verzerrt würden. Aus diesem Grund verwendet die in Kapitel 2.2.3.3 vorgestellte Definition zur Erweiterungsflexibilität die Formulierung, *wirtschaftlicher Aufwand*. Dieser soll das systemspezifische Kosten-Nutzen-Verhältnis zum Ausdruck bringen, mit denen Erweiterungen möglich sind. Die Schwierigkeit liegt jedoch darin, dieses Verhältnis und somit auch den wirtschaftlichen Aufwand zu quantifizieren. Erschwerend kommt hinzu, dass meist verschiedene Erweiterungsalternativen bestehen, die voneinander abweichende Zeit- und Kostenaufwendungen aufweisen und außerdem zu unterschiedlichen Kapazitätssteigerungen führen. Um den wirtschaftlichen Aufwand dennoch quantifizieren zu können, werden folgende Beschreibungsgrößen hierfür vorgeschlagen:

- *Zielkapazität*, sie repräsentiert den Nutzen der Erweiterung und ist als fixer, benutzerabhängiger Grenzwert anzusehen, der ausgehend von der bisherigen Maximalkapazität die mengenbezogene Erweiterung kennzeichnet.

- *Alternativenspezifischer Break-even-Punkt*, dieser markiert, als spezielle Kenngröße einer potentiellen Erweiterungsalternative, die neue Produktionsmenge des Systems, um durch deren Umsatzerlöse die Gesamtkosten der Erweiterung zu decken. Demzufolge steht er für die Kosten einer Erweiterung.

Das Vorgeben einer Zielkapazität, z.B. +30%, hat bereits den Vorteil der Eliminierung von Erweiterungsalternativen, welche die neue Kapazitätsgrenze nicht erreichen. Alle anderen Alternativen, die der Zielkapazität entsprechen bzw. über sie hinausgehen, werden dagegen auf Basis einer gemeinsamen Bewertungsgrundlage quantifiziert. Dazu wird auf den in Kapitel 4.1.1 erläuterten produktionsmengenbezogenen Flexibilitätsraum zurückgegriffen. Hierbei stellt die zuvor definierte Zielkapazität einen fixen Wert dar, der die neue Kapazitätsgrenze des Systems kennzeichnet, unabhängig davon, ob eine oder mehrere der potentiellen Erweiterungsmöglichkeiten sie überschreiten. Auf diese Weise lässt sich der Aufbau unnötiger Flexibilitätspotentiale vermeiden, da somit der sog. *erweiterungsbezogene Flexibilitätsraum*[8] vom Break-even-Punkt einzelner Erweiterungsalternativen abhängt (vgl. Abbildung 4-3). Je eher eine Alternative diesen Punkt erreicht, desto größer ist ihr erweiterungsbezogener Flexibilitätsraum und dementsprechend besser wirkt sie sich auf das Kosten-Nutzen-Verhältnis des betrachteten Systems aus. Um letztendlich den wirtschaftlichen Aufwand für das Produktionssystem zu bestimmen, wird der erweiterungsbezogene Flexibilitätsraum der Alternative mit dem besten Kosten-Nutzen-Verhältnis in Relation zum *ursprünglichen Flexibilitätsraum*[9] des Systems gesetzt. Die Größe der daraus resultierenden Abweichung beider Flexibilitätsräume voneinander, gibt dann Auskunft über die Erweiterungsflexibilität.

Ausgehend von dieser Art der Bewertung, hat folgende Aussage zur Erweiterungsflexibilität Gültigkeit:

Die Erweiterungsflexibilität eines Produktionssystems ist abhängig von der Erweiterungsalternative mit dem höchsten Kosten-Nutzen-Verhältnis. Je größer deren verhältnismäßige Abweichung zwischen dem Break-even-Punkt und der Zielkapazität ist, desto erweiterungsflexibler das Produktionssystem.

---

[8] Der erweiterungsbezogene Flexibilitätsraum wird durch den Break-even-Punkt einer Erweiterungsalternative und der vorgegebenen Zielkapazität bestimmt. Die Maximalkapazität, die ggf. über dem Wert der Zielkapazität liegt, bleibt hierbei unberücksichtigt.

[9] Der ursprüngliche Flexibilitätsraum eines Systems ist der im Rahmen der Mengenflexibilität zu errechnende Bereich zwischen Break-even-Punkt und Maximalkapazität (vgl. Abbildung 4-1, S. 63). Hierbei wird der gegenwärtige Systemzustand ohne jegliche Erweiterung betrachtet.

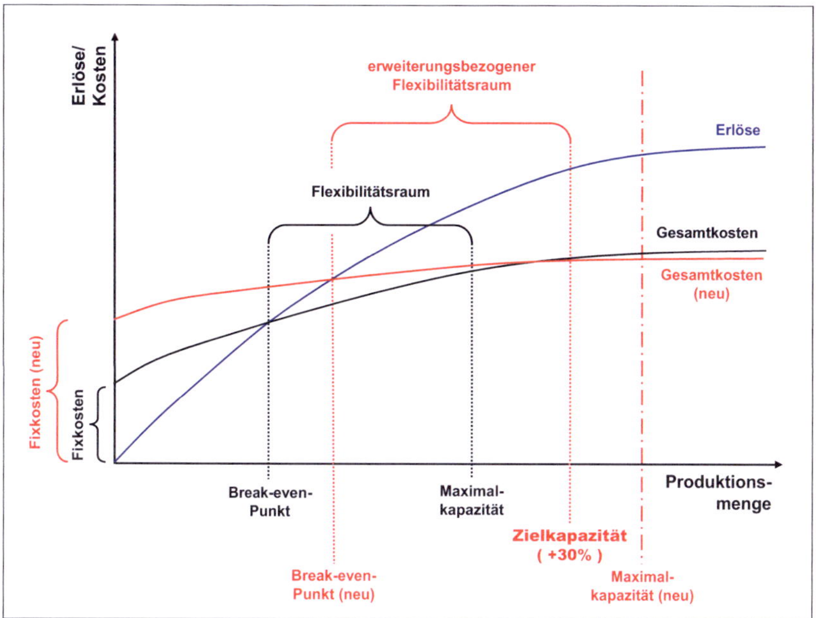

Abbildung 4-3: Ermittlung des Kosten-Nutzen-Verhältnisses einer Erweiterungsalternative

Hinsichtlich der Größenänderung des erweiterungsbezogenen Flexibilitätsraums sind nachstehend drei Fallunterscheidungen zu beachten:

1. *Der erweiterungsbezogene Flexibilitätsraum ist kleiner als der ursprüngliche Flexibilitätsraum*

   Die Realisierung der Erweiterung führt zu einer Verschlechterung der Mengenflexibilität. Ein Produktionssystem für das dies zutrifft, soll daher als „nicht vollständig erweiterungsflexibel" gelten.

2. *Der erweiterungsbezogene Flexibilitätsraum ist gleichgroß oder größer als der ursprüngliche Flexibilitätsraum*

   Infolge der Umsetzung der Erweiterung bleibt die Mengenflexibilität unverändert bzw. verbessert sich sogar. Aus diesem Grund wird ein solches Produktionssystem als „vollständig erweiterungsflexibel" betrachtet.

3. *Der Break-even-Punkt des erweiterungsbezogenen Flexibilitätsraums ist kleiner als der Break-even-Punkt des ursprünglichen Flexibilitätsraums.*

Dies bedeutet, dass einerseits wie im Fall 2 von einem „vollständig erweiterungsflexiblen" System auszugehen ist, da sich der erweiterungsbezogene Flexibilitätsraum größer als der ursprüngliche darstellt. Allerdings weist die Verringerung des Break-even-Punkts auf deutliche Optimierungspotentiale am bestehenden Zustand des Produktionssystems hin.

4.1.4 Vergleichende Betrachtung und Rahmenbedingungen der Bewertungsansätze

Nachdem die konzeptionellen Ansätze zur Berechnung der als relevant erachteten Flexibilitätsarten vorgestellt wurden, sollen sie an dieser Stelle, hinsichtlich ihrer wesentlichen Merkmale, unter Berücksichtigung der Flexibilitätsdimensionen und ihrer Berechnungsvoraussetzungen zusammenfassend herausgestellt werden.

Bei der Bewertung der *Mengenflexibilität* ist die Berechnung des Flexibilitätsraums von zentraler Bedeutung, da dieser Auskunft über den Anpassungsumfang bezüglich der Bewältigung unterschiedlicher Produktionsmengen gibt. Somit repräsentiert er die Varietätsdimension. Die Kostendimension findet dagegen in den beiden Grenzen des Flexibilitätsraumes Berücksichtigung. Ihr gemeinsames Kennzeichen ist es, dass dort die Kosten nicht die Erlöse übersteigen und von einer wirtschaftlichen Fertigung ausgegangen werden kann. Der Break-even-Punkt markiert hierbei die linke Grenze und ist verstärkt von den erzielbaren produktbezogenen Absatzgewinnen[10] abhängig, in die ebenfalls zeitliche Aspekte mit einfließen. Ein Beispiel dafür wären die an die Produktionszeiten gebundenen Personalkosten. Demgegenüber bestimmt die Maximalkapazität die rechte Grenze des Flexibilitätsraumes, welche vor allem durch die jeweiligen Engpassstellen des Produktionsprozesses determiniert wird. Sie korrespondiert mit den organisatorischen Handlungsoptionen, wie z.B. Überstunden, Schichtarbeit oder Personalverschiebungen und dem technischen Leistungsvermögen der Produktionsanlagen. In diesem Zusammenhang ist die Dimension Zeit von besonderer Relevanz, da die Produktionskapazitäten zeitabhängig sind, z.B. Bearbeitungszeiten der Produkte und Betriebszeiten der Anlagen. Im Hinblick auf die Mehrproduktfertigung kann jedoch noch ein weiterer Faktor die Größe des Flexibilitätsraumes beeinflussen, nämlich die Zusammensetzung des Produktmixes. So hat eine Veränderung des Produktmixes insbesondere dann Auswirkungen auf den Break-even-Punkt und die Maximalkapazität, wenn bei großer, heterogener Produktverteilung die wesentlichen Produktionsparameter (z.B. Rüst- und Bearbeitungszeiten) und die

---

[10] Der produktbezogene Absatzgewinn ergibt sich aus dem Verkaufspreis des jeweiligen Produktes und dessen korrespondierenden Gesamtkosten (variable und fixe Kosten).

Gewinnmarge der Produkte stark voneinander abweichen. Daher bilden entsprechende Kenntnisse über die *Zusammensetzung des Produktmixes* der *produktbezogenen Veräußerungspreise* eine notwendige Voraussetzung zur Bewertung der Mengenflexibilität.

Das Konzept zur Bewertung der **Mixflexibilität** schließt ebenfalls alle drei Flexibilitätsdimensionen ein. Hierbei spiegelt sich die Dimension der Varietät in der durchschnittlichen Produktionsgewinnabweichung wider. Sie gibt Auskunft über den Umfang an Gestaltungsmöglichkeiten zur Zusammensetzung des Produktmixes, der aus dem Fertigungsspektrum eines Produktionssystems resultiert. Bedingt dadurch, dass dies auf Basis ökonomischer Betrachtungen, also dem Gegenüberstellen von erzielbaren Produktionsgewinnen erfolgt, kommt der Kostendimension eine besondere Bedeutung zu, was eine Einschätzung zum wirtschaftlichen Risiko von Produktmixschwankungen überhaupt erst möglich macht. Dabei sind für die jeweiligen Gewinnermittlungen einerseits die produktabhängigen Herstellungskosten, die sich aus variablen und fixen Kosten zusammensetzen, relevant und andererseits die einzelnen Erlöse der Produkte. Letztere setzen *bekannte Veräußerungspreise* voraus. In engem Bezug zur Dimension Kosten stehen, ähnlich wie bei der Bestimmung der Mengenflexibilität, auch zeitliche Aspekte. Denn je mehr Ressourcenzeiten (z.B. Personal- und Maschinenzeit) für die Fertigung eines Produkts anfallen, desto höher sind dessen Fertigungskosten. Somit findet die dritte Flexibilitätsdimension, die Zeit, hier ebenfalls Berücksichtigung.

Angelehnt an das Berechnungskonzept der Mengenflexibilität werden auch bei der Bewertung der **Erweiterungsflexibilität** alle drei Dimensionen beachtet. Die Varietät zeigt sich hier in dem erweiterungsbezogenen Flexibilitätsraum, der Aufschluss über den wirtschaftlichen Aufwand der Struktur- und Elementanpassungen eines Produktionssystems zum Erreichen einer nachhaltig gesteigerten Kapazität gibt. Zu diesem Zweck erfolgt unter Bezugnahme auf die Kostendimension das Festlegen der Kosten-Nutzen-Verhältnisse einer jeden zulässigen Erweiterungsalternative. Das Vorgehen ähnelt dabei dem der Mengenflexibilität, allerdings wird anstelle der Maximalkapazität eine sog. *Zielkapazität* vorgegeben. Sie stellt eine vom Benutzer zu definierende Produktionsanforderung dar und muss nicht zwangsläufig durch die Engpassstellen im Produktionsprozess begrenzt sein. Jedoch bedingt dieses Vorgehen im Fall von Mehrproduktfertigung ein zuvor festgelegtes Produktmixverhältnis, um potentielle Erweiterungsalternativen evaluieren zu können. Weiterhin ist es notwendig, dass auch die Veräußerungspreise der im Fertigungsspektrum enthaltenen Produkte bekannt sind, damit sich in Verbindung mit den Gesamtkosten (variable und fixe Kosten), die linke Grenze des Flexibilitätsraumes (Break-even-Punkt) bestimmen lässt. Die Einbeziehung der Dimension Zeit erfolgt innerhalb dieses Berechnungskonzeptes auf unterschiedliche Weise. So korrespondiert sie einerseits, wie bei der Mengen- und Mixflexibilität auch, mit der Kostendimension, indem erforderliche Ressourcenzeiten in Form von Kosten ausgedrückt werden. Beispiele dafür wären die anfallenden Arbeitszeiten zur Umsetzung einer

Erweiterungsalternative oder die sich daraus ergebenden, veränderten Fertigungszeiten zur Produkterstellung. Andererseits ist die Zeit ebenfalls als ein zu definierender Rahmen für die Realisierung der Erweiterungsmaßnahmen zu verstehen. Im Gegensatz zur Mengen- und Mixflexibilität liegt hier ein längerfristiger Betrachtungshorizont zugrunde.

Tabelle 4-1 fasst noch einmal die relevanten Aspekte der drei hier vorgestellten Berechnungskonzepte zusammen.

	Mengenflexibilität	Mixflexibilität	Erweiterungs-flexibilität
qualitative Beschreibung	Fähigkeit zur wirtschaftlich sinnvollen Anpassung an mengenbezogene Nach-frageschwankungen	wirtschaftliches Risiko durch Produktmix-veränderungen den Produktionserfolg zu gefährden	Fähigkeit zur wirtschaftlich sinnvollen und nachhalti-gen Steigerung der Produktionskapazitäten
quantifizierbare Beschreibungsgrößen	- Break-even-Punkt - wirtschaftliche Maximalkapazität	- systemoptimaler Produktionsgewinn - produktspezifische Gewinnabweichung	- alternativenspezifischer Break-even-Punkt - Zielkapazität
berücksichtigte Dimensionen	Kosten, Zeit, Varietät	Kosten, Zeit, Varietät	Kosten, Zeit, Varietät
Betrachtungshorizont	kurzfristig	kurzfristig	langfristig
Berechnungs-voraussetzungen	- bekannte Veräußerungs-preise der Produkte - vorgegebener Produktmix	- bekannte Veräußerungs-preise der Produkte	- bekannte Veräußerungs-preise der Produkte - vorgegebener Produktmix - Erweiterungsbedarf/-ziel

Tabelle 4-1: Zusammenfassender Überblick über die wesentlichen Merkmale der Berechnungskonzepte

4.2 Berechnungsvorgehen zur Flexibilitätsmessung

Ausgehend von der zuvor erläuterten grundsätzlichen Herangehensweise zur Bewertung der Mengen-, Mix- und Erweiterungsflexibilität von Produktionssystemen, stützt sich das Konzept der Flexibilitätsmessung auf quantifizierbare Beschreibungsgrößen. Sie werden dazu benutzt, um in Abhängigkeit von der Flexibilitätsart spezifische Kennzahlen zu errechnen. Allerdings sind diese Beschreibungsgrößen oftmals an variierende zeitliche wie auch kosten- und produktbezogene Restriktionen gebunden. So können sie, aufgrund des Vorhandenseins verschiedener Fertigungsmöglichkeiten eines oder mehrerer Produkte, bspw. infolge mehrerer existierender gleicher oder ähnlicher Ressourcen und Fertigungsflüsse, unterschiedliche Geltungsbereiche aufweisen. Das birgt die Gefahr uneinheitlicher bzw. sogar widersprüchlicher Flexibilitätsbewertungen. Deshalb ist es erforderlich, die entsprechenden

Beschreibungsgrößen auf Basis ihrer Grenzwerte (Minima oder Maxima) zu ermitteln, die sich auf einen gültigen Produktionsplan zurückführen lassen. Er erfüllt die jeweils geltenden Restriktionen und gilt somit als optimal. Ein solcher Produktionsplan, häufig auch Produktionsprogramm genannt, beschreibt die Systemressourcen hinsichtlich ihrer Art und ihres Umfangs der Verwendung für eine festgelegte Periode, was zu einer bestimmten Anzahl an produzierten Erzeugnissen führt.

Eine grundsätzliche Gemeinsamkeit bei der Berechnung der verschiedenen Flexibilitäten innerhalb der zu entwickelnden Bewertungsmethodik bildet demnach die Bestimmung restriktionskonformer, optimaler Produktionsprogramme zur Ermittlung produktionswirtschaftlicher Grenzwerte. Daraus resultieren Optimierungsprobleme, die prinzipiell als linear angenommen werden können. Ihre Lösung wird in der Regel mit Hilfe des *Simplex-Algorithmus* (vgl. Kapitel A.2) erreicht, der als das wichtigste Lösungsverfahren linearer Optimierungsprobleme in der Praxis anzusehen ist. Bevor dieser jedoch zur Anwendung kommen kann, ist es notwendig das betreffende Optimierungsproblem lösungsgerecht zu formulieren, was ein mathematisches Modell an Berechnungsparametern, Ergebnisvariablen und mathematisch-logischen Beziehungen (Neben- bzw. Randbedingungen) voraussetzt.

Bevor im Weiteren auf die Berechnungen der einzelnen Flexibilitäten eingegangen wird, soll nachfolgend ein spezieller Basisalgorithmus definiert werden, der ein einheitliches simplexkonformes Optimierungsproblem beschreibt, auf dem die Bewertungsmethoden der Mengen-, Mix- und auch der Erweiterungsflexibilität aufbauen. Die Bezeichnungen *Flexibilitätsbewertungsmethode* bzw. *Flexibilitätsmetrik* beziehen sich hierbei auf die Zusammenfassung aller notwendigen Berechnungen zum Ermitteln einer, auf eine bestimmte Flexibilitätsart bezogene Kennzahl.

Zur besseren Nachvollziehbarkeit des nachstehend geschilderten Berechnungsvorgehens, innerhalb einer solchen Bewertungsmethode, erfolgt ein Rückgriff auf geeignet erscheinende Verständnisbeispiele, die sich auf das im Anhang D vorgestellte Beispielproduktionssystem beziehen.

4.2.1 Basisalgorithmus

Der Basisalgorithmus selbst besteht aus fünf aufeinander folgenden Rechnungsschritten, welche im Folgenden formal beschrieben und gleichzeitig mit entsprechenden, überschaubaren Beispielen belegt werden.

4.2.1.1   Definieren der Berechnungsparameter (Schritt 1)

Existentielle Voraussetzung für den Einsatz des Basisalgorithmus ist das Vorhandensein der für die Berechnungen erforderlichen Parameter, über die sich die flexibilitätswirksamen Eigenschaften von Produktionssystemen abbilden lassen. Diese Parameter sind als veränderliche Elemente zu verstehen, die für jedes Produktionssystem gleichermaßen gelten, jedoch infolge der spezifischen Merkmalsausprägungen von System zu System unterschiedliche Werte annehmen. Die konkrete Wertzuweisung erfolgt nach vorgegebenen Kriterien und ist für gewöhnlich durch automatisierte oder manuelle Rückgriffe auf produktionsbezogene Systeme möglich, wie z.B. Systeme zur Betriebsdatenerfassung (BDE), zur Produktionsplanung und -steuerung (PPS) oder zum Enterprise Resource Planning (ERP).

Nachfolgend sind sämtliche für die Flexibilitätsberechnungen erforderlichen Parameter mit ihren Kriterien der Wertzuweisung tabellarisch aufgeführt. Die drei dafür vorgesehenen Tabellen unterscheiden sich in ihrer Auflistung hinsichtlich nicht-kostenbezogener Parameter (Tabelle 4-2), kostenbezogener Parameter (Tabelle 4-3) und benutzerabhängiger Parameter (Tabelle 4-4).

Parameter	Einheit	Beschreibung/Kriterien der Wertzuweisung
EP	-	Menge an Endprodukten, wobei ein Endprodukt ein Erzeugnis ist, für das ein Markt zur Veräußerung besteht; es kann ebenfalls Bestandteil eines im Produktionsprozess nachgeordneten Erzeugnisses sein, was es zu einem sog. veräußerungsfähigen Zwischenprodukt macht
ZP	-	Menge an Zwischenprodukten, wobei ein Zwischenprodukt, ein durch das Produktionssystem selbst hergestelltes Erzeugnis kennzeichnet, das nicht veräußerungsfähig ist und als Bestandteil in ein im Produktionsprozess nachgeordnetes Erzeugnis eingeht
E	-	Menge von Erzeugnissen mit $E = \{EZG_1, EZG_2, EZG_3, ...\}$, die sich aus der Menge an Endprodukten EP und der Menge von Zwischenprodukten ZP zusammensetzt
W	-	Menge von Arbeitsplätzen mit $W = \{AP_1, AP_2, AP_3, ...\}$, an denen Erzeugnisse hergestellt werden
R	-	Relation $R = \{r_1, r_2, r_3, ...\} \subset E \times W$ die angibt, ob eine gegebene Erzeugnis-Arbeitsplatz-Kombination $r_i = (EZG, AP)$ gültig ist; es kann ein Erzeugnis EZG auf einem Arbeitsplatz AP hergestellt werden
AZM	-	Arbeitszeitmodell, das für das Produktionssystem gilt
t_{max}	s	Betriebszeit, die für das betrachtete AZM maximal zur Verfügung steht
$t_{PZ}(r_i)$	s	Prozesszeit für eine Erzeugnis-Arbeitsplatz-Kombination r_i, die angibt, wie viel Zeit innerhalb des gewählten Arbeitszeitmodells AZM benötigt wird, um eine Mengeneinheit des Erzeugnisses EZG am Arbeitsplatz AP herzustellen
$t_{zLi}(AP)$	s	zusätzliche Liegezeit (vgl. dazu auch Anhang C.3), die für einen Arbeitsplatz AP angibt, über welche Zeitdauer dieser infolge von Unterbrechungen, bei dem gewählten Arbeitszeitmodell AZM, nicht produzieren kann
$a(r_i)$	%	Ausschussrate für eine Erzeugnis-Arbeitsplatz-Kombination (EZG, AP), innerhalb des betrachteten Arbeitszeitmodells AZM
$e(EZG)$	GE/ME	Verkaufserlös/-preis für eine Mengeneinheit des Erzeugnisses EZG

Legende: s = Sekunde; GE = Geldeinheit; ME = Mengeneinheit; % = Prozent

Tabelle 4-2: Nicht-kostenbezogene Berechnungsparameter

Parameter	Einheit	Beschreibung/Kriterien der Wertzuweisung
$K_{var}(r_i)$	GE/ME	variable Produktionskosten für eine Erzeugnis-Arbeitsplatz-Kombination r_i, für das gewählte Arbeitszeitmodell AZM ; sie geben an, wie viel es kostet, eine Mengeneinheit des Erzeugnisses EZG am Arbeitsplatz AP herzustellen (vgl. Formel 4-35, S. 127)
K_{Fix}	GE	Fixkosten, die auf eine Periode P normiert und über alle Betrachtungsebenen eines Systemobjekts aufsummiert sind, bei Verwendung des Arbeitszeitmodells AZM (vgl. Formel 4-36, S. 130)

Legende: GE = Geldeinheit

Tabelle 4-3: Kostenbezogene Berechnungsparameter

Parameter	Einheit	Beschreibung/Kriterien der Wertzuweisung
v	-	Vektor zur Kennzeichnung des verlangten Produktmixes; bezieht sich auf das gewünschte Mengenverhältnis der veräußerbaren Endprodukte EP

Tabelle 4-4: Benutzerabhängiger Berechnungsparameter

Verständnisbeispiel:

Betrachtet seien in diesem hier verwendete Verständnisbeispiel die beiden Arbeitsplätze *AP1.1.1* und *AP 1.1.2* des im Anhang D vorgestellten Beispielproduktionssystems, welche die Bezeichnung AP_1 und AP_2 erhalten sollen.

Ausgehend von den gegebenen Berechnungsparametern des Beispielproduktionssystems werden an den Arbeitsplätzen drei verschiedene Erzeugnisarten produziert, ein Zwischenprodukt EZG_1, ein veräußerbares Zwischenprodukt EZG_2 und ein Endprodukt EZG_3. Hierbei kann AP_1 die beiden Zwischenprodukte EZG_1 und EZG_2 herstellen, AP_2 ermöglicht dagegen die Produktion von EZG_2 und dem Endprodukt EZG_3, was zu folgenden Erzeugnis-Arbeitsplatz-Kombinationen führt:

$$R = \left\{ (EZG_1, AP_1), (EZG_2, AP_1), (EZG_2, AP_2), (EZG_3, AP_2) \right\}$$

Für die Fertigung von EZG_3 werden allerdings zwei Mengeneinheiten von EZG_2 und eine Mengeneinheit von EZG_1 benötigt, wobei es zu beachten gilt, dass auch für die Herstellung von jedem EZG_2 zusätzlich ein EZG_1 erforderlich ist. Hieraus ergibt sich folgende Bestandteilmatrix:

	EZG_1	EZG_2	EZG_3
EZG_1	0	0	0
EZG_2	1	0	0
EZG_3	1	2	0

Tabelle 4-5: Bestandteilmatrix des Beispiels

Der Verkaufserlös für das veräußerbare Zwischenprodukt EZG_2 beläuft sich auf 4 GE/ME und für das Endprodukt EZG_3 auf 11 GE/ME. Dagegen existiert für das Zwischenprodukt EZG_1 kein Markt an dem es verkauft werden kann, weswegen der Erlös mit 0 GE/ME anzunehmen ist. Daraus leitet sich für die Beispielrechnung folgende Erlösfunktion ab:

$$e(x) = (0€, 4€, 11€)^T$$

Weiterhin sind folgende Parameter durch das Beispielproduktionssystem gegeben (vgl. Anhang D.2):

Systemobjekt	AP_1		AP_2	
E_{AP}	EZG_1	EZG_2	EZG_2	EZG_3
$K_{var}(EZG, AP)$	0,50 GE	0,80 GE	1,00 GE	1,50 GE
a_{AP}	1%	2%	1%	5%
$t_{PZ}(EZG, AP)$	1 s	2 s	4 s	5 s
$t_{zLi,AP}$	4500 s		3000 s	
$K_{Fix}(E)$	250 GE		310 GE	
$t_{max}(AP)$	144.000 s			

Tabelle 4-6: Berechnungsparameter der im Beispiel betrachteten Arbeitsplätze

In Anlehnung an das vom Beispielproduktionssystem vorgegebene Veräußerungsverhältnis ist doppelt soviel von EZG_3 wie von EZG_2 herzustellen, während das EZG_1 nicht veräußert werden kann. Somit wird es innerhalb dieses Verhältnisses mit 0 angenommen, woraus nachstehender Produktmixvektor resultiert:

$$v = \left(0 \times EZG_1, 1 \times EZG_2, 2 \times EZG_3\right)^T = \left(0,1,2\right)^T$$

4.2.1.2   Formulierung der Zielfunktion (Schritt 2)

Mit dem Definieren der notwendigen Berechnungsparameter werden die Ergebnisvariablen in Form eines Vektors $x \in \mathbb{R}^{|R|+1}$ bestimmt. Dieser beschreibt einen Produktionsplan, der zu jedem Erzeugnis $EZG \in E$ und zu jedem Arbeitsplatz $AP \in W$ die dort hergestellte Produktionsmenge $x(EZG, AP)$ angibt. Er enthält als letzte Komponente eine zusätzliche Hilfsvariable, auf deren Bedeutung erst an späterer Stelle eingegangen wird (vgl. Formel 4-9, S. 83). Für die Berechnung der verschiedenen Ergebnisvariablen des Vektors bedarf es einer Zielfunktion, nach der das jeweilige Optimierungsproblem im Hinblick auf die Ermittlung des optimalen Produktionsplans zu lösen ist. Sie lässt sich durch einen Vektor $c \in \mathbb{R}^{|R|+1}$ darstellen, wobei R die Menge aller möglichen Erzeugnis-Arbeitsplatz-Kombinationen r angibt. Der Zielwert dieser Funktion c, für einen ermittelten Produktionsplan x, bildet somit nach Formel 4-1 das Skalarprodukt aus c und x.

$$c(x) = c^T \cdot x \ = \ c_1 \cdot x_1 + c_2 \cdot x_2 + \ldots + c_{|R|} \cdot x_{|R|}$$

Formel 4-1: Allgemeine Formulierung der Zielfunktion

Jede Vektorkomponente c_i repräsentiert hier den Zielwert, der für die Herstellung eines Erzeugnisses EZG am Arbeitsplatz AP steht. In Abhängigkeit vom Vorgehen zur Berechnung der Mengen-, Mix- oder Erweiterungsflexibilität (der jeweiligen Flexibilitätsberechnungsmethode) kann diese Zielfunktion variieren, was auf spezielle Kriterien zurückzuführen ist, nach denen sich die jeweilige Flexibilitätsart ermittelt.

Wäre es beispielsweise Ziel des Optimierungsproblems einen Produktionsplan zu berechnen, für den der erzielbare Gesamtgewinn des Produktionssystems maximal würde, so müsste die Zielfunktion aus Formel 4-1 dahingehend umformuliert werden, dass sie für jede Vektorkomponente c_i den Deckungsbeitrag angibt, der durch die Produktion $r_i = (AP, EZG)$ eines Erzeugnisses EZG am Arbeitsplatz AP erzielt wird. Dazu ist, wie in Formel 4-2 dargestellt, der Produkterlös e_{EZG} mit der Rate der erfolgreichen Produktionen $(1 - a_{AP})$ zu multiplizieren, woraus ein mittlerer Erlös resultiert. Von diesem sind einerseits die Bestandteilopportunitätskosten $K_{Opp}(EZG)$ abzuziehen, welche sich aus der Summe der Erlöse aller Erzeugnisse EZG_j ergeben, die in das Erzeugnis EZG_i eingehen. Andererseits müssen ebenfalls die variablen Kosten $K_{var}(EZG, AP)$ der zugehörigen Erzeugnis-Arbeitsplatz-Kombination r herausgerechnet werden.

$$c_i = (1 - a_{AP}) \cdot e_{EZG} - K_{Opp}(EZG) - K_{var}(r_j)$$

<u>wobei:</u>

$$r_i = (AP, EZG);$$

$$K_{Opp}(EZG) = \sum_{j=1}^{|P|} C_{i,j} \cdot e_j$$

Formel 4-2: Zielwertberechnung zum erzeugnisbezogenen Deckungsbeitrag für eine Erzeugnis-Arbeitsplatz-Kombination

Dieser Formel 4-2 entsprechend, ermittelt sich aus dem Skalarprodukt vom Zielfunktionsvektor c und einem gegebenen Produktionsplan-Vektor x der Gesamtdeckungsbeitrag für einen gesuchten Produktionsplan. Um allerdings daraus den Gesamtgewinn zu erhalten, sind vom Gesamtdeckungsbeitrag zusätzlich noch die Fixkosten für die zu betrachtende Periode P zu subtrahieren, wie Formel 4-3 belegt.

$$c(x) = c^T \cdot x - K_{Fix}$$

Formel 4-3: Zielfunktion zur Optimierung des Gesamtgewinns

Verständnisbeispiel:

Ziel der Beispielberechnungen zum Basisalgorithmus soll es sein, einen Produktionsplan zu bestimmen, durch den der erzielbare Gewinn maximal wird, unter Einbeziehung des vorgegebenen Produktmixes, für die beiden isoliert zu betrachtenden Arbeitsplätze AP_1 und AP_2.

Als erstes ist für jede Erzeugnis-Arbeitsplatz-Kombination r der erzeugnisbezogene Deckungsbeitrag, je Mengeneinheit gemäß der Formel 4-2 zu bestimmen.

Für die Erzeugnis-Arbeitsplatz-Kombination (EZG_3, AP_2) lassen sich dadurch folgende Werte errechnen:

- mittlerer Erlös: $e'(EZG_3, AP_2) = (1 - 5\%) \times 11\,GE = 10,45\,GE$

- Bauteilopportunitätskosten:
  $K_{Opp}(EZG_3) = 1 \times e(EZG_1) + 2 \times e(EZG_2) = 1 \times 0 + 2\,GE \times 4\,GE = 8\,GE$

- variable Kosten: $K_{var}(EZG, AP) = 1,5\,GE$

Der sich hieraus errechnende Deckungsbeitrag für die Zielfunktionskomponente c_{EZG_3, AP_2} ist folglich:

$$10,45\,GE - 8\,GE - 1,5\,GE = 0,95\,GE$$

Die Deckungsbeiträge der anderen Erzeugnis-Arbeitsplatz-Kombinationen sind der letzten Zeile nachstehender Tabelle zu entnehmen.

Systemobjekt	AP_1			AP_2		
E_{AP}	EZG_1	EZG_2	EZG_3	EZG_1	EZG_2	EZG_3
$e(EZG)$ in GE/ME	0,00	4,00	-	-	4,00	11,00
$e'(EZG, AP)$ in GE/ME	0,00	3,92	-	-	3,96	10,45
$K_{Opp}(EZG)$ in GE/ME	0,00	0,00	-	-	0,00	8,00
$K_{var}(EZG, AP)$ in GE	0,50	0,80	-	-	1,00	1,50
$c_{EZG,AP}$ in GE/ME	**-0,50**	**3,12**	-	-	**2,96**	**0,95**

Tabelle 4-7: Ausgangsdaten zur Ermittlung der Zielfunktion für das Bezugsbeispiel

Mit der Ermittlung der einzelnen Deckungsbeiträge lässt sich (laut Formel 4-3) die Zielfunktion wie folgt aufstellen:

$$\begin{aligned}
c(x) &= c_{1,1} \cdot x_{1,1} + c_{2,1} \cdot x_{2,1} + c_{2,2} \times x_{2,2} + c_{3,2} \times x_{3,2} - K_{Fix} \\
&= -0,50 \cdot x_{1,1} + 3,12 \cdot x_{2,1} + 2,96 \cdot x_{2,2} + 0,95 \cdot x_{3,2} - (250 + 310) \\
&= -0,50 \cdot x_{1,1} + 3,12 \cdot x_{2,1} + 2,96 \cdot x_{2,2} + 0,95 \cdot x_{3,2} - 560
\end{aligned}$$

Hinweis:

Aus Einfachheitsgründen erfolgt die Indexierung der (noch unbekannten) Mengenanteile je Erzeugnis-Arbeitsplatz-Kombination in der Form $x_{EZG.AP}$, wobei EZG die Nummer des Erzeugnisses und AP die Nummer des produzierenden Arbeitsplatzes ist. Gleiches trifft ebenfalls auf die Indexierung der Zielfunktionskomponenten zu.

4.2.1.3 Formulierung der Nebenbedingungen (Schritt 3)

Um den Gültigkeitsbereich der flexibilitätsbezogenen Optimierungsprobleme richtig zu bestimmen, bedarf es Nebenbedingungen, welche die mathematisch-logischen Beziehungen festlegen. Diese können allerdings, ähnlich wie die Zielfunktion, in Abhängigkeit zur Berechnung von Mengen-, Mix- oder Erweiterungsflexibilität variieren. Innerhalb des Basisalgorithmus lassen sich zwei grundsätzliche Gruppen von Nebenbedingungen unterscheiden, die ebenfalls für die Flexibilitätsbewertungsmethoden Gültigkeit besitzen. Sie betreffen zum einen die *Zeitbedingungen* und zum anderen die *Verhältnisbedingungen*.

Zeitbedingungen:

Die erste wesentliche Gruppe von Nebenbedingungen für die flexibilitätsartbezogenen Optimierungsprobleme stellen die Zeitrestriktionen dar. Sie basieren auf der Tatsache, dass für die Herstellung einer Mengeneinheit des Erzeugnisses EZG am Arbeitsplatz AP eine gewisse Prozesszeit $t_{PZ}(EZG, AP)$ (vgl. Anhang C.3) benötigt wird. Darüber hinaus ist die maximale Betriebszeit für jeden Arbeitsplatz $t_{max}(AP)$ pro Periode P durch das jeweilige Arbeitszeitmodell AZM und die zusätzlichen arbeitsplatzspezifischen Liegezeiten[11] $t_{zLi}(AP)$ beschränkt. Hieraus ergibt sich für jeden im Produktionssystem enthaltenen Arbeitsplatz eine Ungleichungsbedingung, die zusammengenommen gemäß Formel 4-4 in einer Matrixungleichung erfasst werden.

$$\widetilde{T}x \leq T_{max}$$

Formel 4-4: Zeitbedingungen des Basisalgorithmus

---

[11] Sofern in einer Arbeitsplatzverkettung (vgl. Kapitel 2.1.3.2) zusätzliche Liegezeiten auftreten, wird diese Zeitdauer nicht allen davon betroffenen Arbeitsplätzen angelastet, sondern nur dem, von welchem diese zusätzliche Liegezeit ausgeht. Sollte das Verkettungs-/Transportsystem der Auslöser für zusätzliche Liegezeiten sein, werden diese dem Arbeitsplatz zugeschrieben, der dem betreffenden Verkettungssystem vorgelagert ist. Sind aber mehrere Arbeitsplätze davon betroffen, erfolgt eine gleichmäßige Verteilung der Dauer des zusätzlichen Liegens auf diese Arbeitsplätze.

$\widetilde{T}$ beschreibt hierbei eine Matrix der Größe $|W| \times (|R| + 1)$. Jeder Wert $T_{i,j}$ der Matrix $\widetilde{T}$ steht für die Prozesszeit, die der Arbeitsplatz AP_i benötigt, um das Produkt aus $r_{i,j}$ herzustellen. Sofern sich $r_{i,j}$ nicht auf den Arbeitsplatz AP_i bezieht, weist der zugehörige Matrixeintrag den Wert 0 als Prozesszeit aus. $T_{\max}$ stellt dagegen einen Vektor dar, der zu jedem Arbeitsplatz AP dessen maximale Betriebszeit $t_{\max}(AP)$ abzüglich der hierfür anfallenden zusätzlichen Liegezeiten $t_{zLi}(AP)$ angibt. Folglich gilt für die Berechnung der real verfügbaren Betriebszeit zu einem Arbeitsplatz die Formel 4-5.

$$T_{\max} = \left[t_{\max}(AP) - t_{zLi}(AP) \right]_{AP \in W}$$

Formel 4-5: Berechnung der real verfügbaren Betriebszeit eines Arbeitsplatzes

Gemäß der Ungleichung $\widetilde{T}x \leq T_{\max}$ darf somit für jeden Arbeitsplatz die Summe der Prozesszeiten für alle dort gefertigten Produkte nicht größer als die maximal zur Verfügung stehende Betriebszeit sein, abzüglich der arbeitsplatzspezifischen zusätzlichen Liegezeiten.

Verständnisbeispiel:

Für die beiden isoliert zu betrachtenden Arbeitsplätze AP_1 und AP_2 aus dem Beispielproduktionssystem sollen die zeitbezogenen Ungleichungsbedingungen aufgestellt werden.

Das verlangt einerseits die Berechnung ihrer real verfügbaren Betriebszeiten und andererseits die Berechnung der erzeugnisabhängigen Prozesszeiten für jeden Arbeitsplatz, die sich auf Basis der in Tabelle 4-6 (S. 75) angegebenen Berechnungsparameter wie folgt ermitteln:

- real verfügbare Betriebszeit für AP_1: $T_{\max,1} = 144.000s - 4.500s = 139.500s$

- real verfügbare Betriebszeit für AP_2: $T_{\max,2} = 144.000s - 3.000s = 141.000s$

- gültige Prozesszeiten für AP_1: $\widetilde{T}_1 = 1s \cdot x_{1,1} + 2s \cdot x_{2,1}$

- gültige Prozesszeiten für AP_2: $\widetilde{T}_2 = 4s \cdot x_{2,2} + 5s \cdot x_{3,2}$

Mit Hilfe der erhaltenen Betriebs- und Prozesszeiten lassen sich die zwei zeitbezogenen Ungleichungsbedingungen folgendermaßen formulieren:

- $$1s \cdot x_{1,1} + 2s \cdot x_{2,1} \leq 139.500s$$

- $$4s \cdot x_{2,2} + 2s \cdot x_{3,2} \leq 141.000s$$

Laut Formel 4-4 sind diese beiden Ungleichungsbedingungen als Matrixungleichung $\widetilde{T}x \leq T_{max}$ zusammenzufassen:

$$\begin{pmatrix} 1s & 2s & 0s & 0s & 0s \\ 0s & 0s & 4s & 5s & 0s \end{pmatrix} \leq \begin{pmatrix} 139.500 \\ 141.000 \end{pmatrix}$$

Hinweis:

Die Matrix $\widetilde{T}x$ (die linke Seite der Matrixungleichung) bezieht sich in ihrer letzten Spalte nicht auf eine mögliche Erzeugnis-Arbeitsplatz-Kombination r, sondern auf die bereits angesprochene Hilfsvariable (vgl. dazu Formel 4-9, S. 83).

Verhältnisbedingungen:

Die Verhältnisbedingungen, als zweite grundlegende Gruppe an Nebenbedingungen, resultieren einerseits aus dem für die Flexibilitätsberechnungen vorzugebenden Produktmix (vgl. Tabelle 4-1, S. 70) und anderseits aus den Bestandteilabhängigkeiten der einzelnen Erzeugnisse. Letztere lassen sich durch eine sog. Bestandteilmatrix $C \in \mathbb{R}^{|P| \times |P|}$ beschreiben. Sie gibt an, wie viele Mengeneinheiten von einem Erzeugnis in eine Mengeneinheit eines anderen Erzeugnisses direkt eingehen (vgl. dazu auch Tabelle 4-5, S. 75). Da hierbei kein Erzeugnis direkter oder auch indirekter Bestandteil von sich selbst sein kann, muss der durch C induzierte, gerichtete Graph zyklenfrei sein. Der Produktmix selbst, der das Mengenverhältnis der Endprodukte hinsichtlich ihrer Veräußerung repräsentiert, wird über den Vektor $v \in \mathbb{R}^{|P|}$ beschrieben. Für nichtveräußerbare Erzeugnisse $EZG_i \in ZP$ gilt hier $v_i = 0$. Diesem Vektor folgend, müssen die durch den Simplex-Algorithmus ermittelten Produktionsmengen der zum Verkauf vorgesehenen Erzeugnisse ein Vielfaches von v sein. Das bedeutet, die veräußerbare Produktionsmenge x'_i und x'_j zweier Erzeugnisse $(EZG_i, EZG_j) \in E$ haben die Beschränkung $x'_i : x'_j = v_i : v_j$ zu erfüllen. Weil allerdings selbst hergestellte Erzeugnisse, laut der Bestandteilmatrix C, in andere Erzeugnisse eingehen können und ein Ausschuss einzukalkulieren ist, kann es durchaus möglich sein, dass die Gesamtproduktionsmengen von diesem Verhältnis abweichen.

Damit die vom Produktmix stammenden Verhältnisbedingungen in einer einfachen mathematischen Form beschrieben werden können, ist eine Verhältnismatrix $V \in \mathbb{R}^{|P| \times (|R|+1)}$ zu definieren, die sämtliche Produktmixabhängigkeiten zusammenfasst. Zudem soll sie verhindern, dass keine Mengeneinheiten in das Verhältnis mit eingehen, die aufgrund von Ausschussproduktion oder Weiterverarbeitung nicht mehr zur Verfügung stehen. Das setzt einerseits das Wissen um die jeweilige Gesamtproduktionsmenge x_{EZG_i} zu jedem einzelnen Erzeugnis EZG_i über alle Arbeitsplätze AP voraus. Andererseits muss ebenfalls der Gesamtbedarf eines jeden Erzeugnisses $EZG_i \in ZP$ bekannt sein, der für die Herstellung nachgeordneter Erzeugnisse im Produktionsprozess benötigt wird. Der Basisalgorithmus berechnet die erzeugnisbezogene Gesamtproduktionsmenge x_{EZG}, indem er (laut Formel 4-6) für jede gültige Erzeugnis-Arbeitsplatz-Kombination r die am Arbeitsplatz AP produzierte Menge $x(EZG, AP)$ des Erzeugnisses EZG aufsummiert, unter Einbeziehung des erzeugnis-arbeitsplatzbezogenen Ausschusses $a(EZG, AP)$.

$$x_{EZG} = \sum_{(EZG,AP) \in R} \left(1 - a(EZG, AP)\right) \cdot x(EZG, AP)$$

Formel 4-6: Berechnung der Gesamtproduktionsmenge eines Erzeugnisses

Zur Berechnung der erzeugnisbezogenen Gesamt-Zwischenproduktmenge $x_{ZP}(EZG_i)$, d.h. der Menge von jedem Erzeugnis, die aus Sicht der Gesamtproduktion für die Herstellung anderer Erzeugnisse erforderlich ist, wird die Bestandteilmatrix C verwendet. Dabei bestimmt der Basisalgorithmus anhand der Einträge $C_{i,j}$ die Anzahl an Mengenanteilen, die von EZG_i zur Herstellung eines Erzeugnisses EZG_j notwendig sind. Die dort vorgegebene Anzahl multipliziert sich dann mit der Produktionsmenge des Erzeugnisses EZG_j an jedem Arbeitsplatz AP, die sich gleichzeitig über alle Arbeitsplätze addieren. Diesen Rechnungszusammenhang beschreibt Formel 4-7.

$$x_{ZP}(EZG_i) = \sum_{(EZG_j,AP) \in R} C_{i,j} \cdot x(EZG_j, AP)$$

Formel 4-7: Berechnung der Gesamt-Zwischenproduktmenge eines Erzeugnisses

Nachdem durch den Basisalgorithmus die Gesamtproduktionsmenge x_{EZG_i} und die Gesamt-Zwischenproduktmenge $x_{ZP}(EZG_i)$ von einem Erzeugnis EZG_i ermittelt wurde, berechnet dieser den letztendlich zur Veräußerung verfügbaren Mengenanteil y_i für das entsprechende Erzeugnis. Dazu wird die Gesamt-Zwischenproduktmenge $x_{ZP}(EZG_i)$ von der Gesamt-produktionsmenge x_{EZG_i} abgezogen (vgl. Formel 4-8).

$$y_i = x_{EZG_i} - x_{ZP}(EZG_i)$$

Formel 4-8: Berechnung der für den Produktmix verfügbaren Menge eines Erzeugnisses

Da die verschiedenen Mengenanteile y_i das im Produktmix vorgegebene Verhältnis untereinander einhalten müssen, ist der Vektor y ein Vielfaches des Produktmixvektors v. Dieses Mengenverhältnis kann über die Hilfsvariable t ausgedrückt werden, so dass Formel 4-9 gilt.

$$y = t \cdot v$$

Formel 4-9: Beschreibung des Mengenverhältnisses mittels der Hilfsvariable „t"

Davon ausgehend ergibt sich für alle Erzeugnisse der in nachstehender Formel 4-10 dargestellte Rechnungszusammenhang:

$$y_i = t \cdot v_i$$

$$\Leftrightarrow x_{EZG_i} - x_{ZP}(EZG_i) = t \cdot v_i$$

$$\Leftrightarrow \left(\sum_{(EZG_i,AP)\in R} a_{AP} \cdot x(EZG_i, AP) \right) - \left(\sum_{(EZG_i,AP)\in R} C_{i,j} \cdot x(EZG_j, AP) \right) = t \cdot v_i$$

$$\Leftrightarrow \left(\sum_{(EZG_i,AP)\in R} a_{AP} \cdot x(EZG_i, AP) \right) - \left(\sum_{(EZG_i,AP)\in R} C_{i,j} \cdot x(EZG_j, AP) \right) - t \cdot v_i = 0$$

Formel 4-10: Rechnungszusammenhang der Mengenverhältnisse

Die linke Seite, der in Formel 4-10 stehenden Gleichung, kann als Skalarprodukt zwischen einem Vektor $V_i' \in \mathbb{R}^{|R|+1}$ und dem Vektor des Produktionsplans x geschrieben werden. Dadurch ergibt sich für jedes Erzeugnis EZG_i die Verhältnisgleichung $V_i' \cdot x = 0$. Im Basisalgorithmus werden diese einzelnen Verhältnisgleichungen gemäß Formel 4-11 zu einer Matrixgleichung zusammengefasst:

$$V \cdot x = 0$$

Formel 4-11: Verhältnisbedingungen des Basisalgorithmus

Mit Hilfe dieser Matrixgleichung lässt sich ein optimaler Produktionsplan berechnen, der jedoch nicht alle Produktionskapazitäten vollständig ausschöpfen muss, da der Produktmix einzuhalten ist. Den begrenzenden Faktor bildet somit das Erzeugnis, welches zuerst an seine Kapazitätsgrenze stößt.

Verständnisbeispiel:

Zur Erfassung der sich aus dem Produktmix ableitenden Verhältnisbedingungen für die beiden isoliert zu betrachtenden Arbeitsplätze AP_1 und AP_2 des Beispielproduktionssystems, soll die zugehörige Verhältnismatrix aufgestellt werden.

Entsprechend Formel 4-8 ist die Menge der für den Produktmix verfügbaren Erzeugnisse y_{EZG_1}, y_{EZG_2}, y_{EZG_3} zu ermitteln. Sie stellt sich für die drei im Beispiel betrachteten Erzeugnisse wie folgt dar:

- Das Erzeugnis EZG_1 wird am Arbeitsplatz AP_1 mit einem Ausschuss von 1% hergestellt. Es lassen sich daher $0,99 \cdot x_{1,1}$ Mengeneinheiten weiterverwenden. Jedes hergestellte EZG_2 und jedes EZG_3 verbraucht jeweils ein Stück von EZG_1. Daher muss die entsprechende Anzahl $x_{2,1}, x_{2,2}$ und $x_{3,2}$ hiervon abgezogen werden. Demzufolge bleiben für $y_{EZG_1} = 0,99 \cdot x_{1,1} - 1 \cdot (x_{2,1} + x_{2,2}) - 1 \cdot x_{3,2}$ Mengeneinheiten zur Veräußerung übrig. Weil EZG_1 ein nichtveräußerungsfähiges Zwischenprodukt ist, das keine Erlöse erzielt, sind nur so viele Mengeneinheiten zu produzieren, wie für die Fertigung der anderen Erzeugnisse verlangt wird. Hieraus ergibt sich nachstehende Gleichung:

$$0,99 \cdot x_{1,1} - 1 \cdot (x_{2,1} + x_{2,2}) - 1 \cdot x_{3,2} = 0$$

- Mit den Ausschussraten von 2% am Arbeitsplatz AP_1 und 1% am Arbeitsplatz AP_2 lässt sich das Erzeugnis EZG_2 herstellen. Jedes produzierte EZG_3 verbraucht jedoch 2 Mengeneinheiten von EZG_2. Deshalb ist die doppelte Anzahl der hergestellten EZG_3 von der Gesamtproduktionsmenge EZG_2 abzuziehen. Die Menge der für die Veräußerung verbleibenden EZG_2 entspricht somit:

$$y_{EZG_2} = 0,98 \cdot x_{2,1} + 0,99 \cdot x_{2,2} - 1 \cdot x_{3,2}$$

- Weil das Erzeugnis EZG_3 kein Bestandteil eines anderen Erzeugnisses bildet, ergibt sich hier die Zahl der veräußerbaren Menge direkt aus der Ausschussrate am herstellenden Arbeitsplatz AP_2. Es gilt:

$$y_{EZG_3} = 0,95 \cdot x_{3,2}$$

Ausgehend von dem in diesem Berechnungsbeispiel einzuhaltenden Produktmix der Veräußerung, welcher durch den Vektor $v = (0,1,2)^T$ vorgegeben wird, fassen sich die beschriebenen Verhältnisabhängigkeiten wie folgt zusammen:

$$0:1:2 \; = \; 0,99 \cdot x_{1,1} - 1 \cdot (x_{2,1} + x_{2,2}) - 1 \cdot x_{3,2} \; : \; 0,98 \cdot x_{2,1} + 0,99 \cdot x_{2,2} - 1 \cdot x_{3,2} \; : \; 0,95 \cdot x_{3,2}$$

Unter Einbeziehung der in Formel 4-9 eingeführten Hilfsvariable t, kann dieser Verhältniszusammenhang zur Vermeidung komplizierter Brüche umformuliert werden. Für einen zulässigen Produktionsplan existiert somit ein Wert $t \in \mathbb{R}$, für den gilt:

$$0 \cdot t = 0,99 \cdot x_{1,1} - 1 \cdot (x_{2,1} + x_{2,2}) - 1 \cdot x_{3,2}$$
$$1 \cdot t = 0,98 \cdot x_{2,1} + 0,99 \cdot x_{2,2} - 1 \cdot x_{3,2}$$
$$2 \cdot t = 0,95 \cdot x_{3,2}$$

Diese Zusammenhänge lassen sich durch Anwendung der Formel 4-11 in die vorgegebene Matrixgleichung $V \cdot x = 0$ überführen, was folgendermaßen geschieht:

$$
\begin{aligned}
0 \cdot t &= 0,99 \cdot x_{1,1} - 1 \cdot (x_{2,1} + x_{2,2}) - 1 \cdot x_{3,2} \\
1 \cdot t &= 0,98 \cdot x_{2,1} + 0,99 \cdot x_{2,2} - 1 \cdot x_{3,2} \\
2 \cdot t &= 0,95 \cdot x_{3,2}
\end{aligned}
\quad \Leftrightarrow \quad
\begin{aligned}
0,99 \cdot x_{1,1} - 1 \cdot (x_{2,1} + x_{2,2}) - 1 \cdot x_{3,2} - 0 \cdot t &= 0 \\
0,98 \cdot x_{2,1} + 0,99 \cdot x_{2,2} - 1 \cdot x_{3,2} - 1 \cdot t &= 0 \\
0,95 \cdot x_{3,2} - 2 \cdot t &= 0
\end{aligned}
$$

$$
\Leftrightarrow
\begin{pmatrix}
0,99 & -1 & -1 & -1 & 0 \\
0 & 0,98 & 0,99 & -2 & -1 \\
0 & 0 & 0 & 0,95 & -2
\end{pmatrix}
\cdot
\begin{pmatrix}
x_{1,1} \\ x_{2,1} \\ x_{2,2} \\ x_{3,2} \\ t
\end{pmatrix}
= 0
$$

$$
\Leftrightarrow V \cdot x = 0 \quad \text{mit} \quad V =
\begin{pmatrix}
0,99 & -1 & -1 & -1 & 0 \\
0 & 0,98 & 0,99 & -2 & -1 \\
0 & 0 & 0 & 0,95 & -2
\end{pmatrix}
$$

4.2.1.4 Formulierung des linearen Optimierungsproblems (Schritt 4)

Entsprechend der bis hierher vorgenommenen Berechnungsschritte ist eine Formulierung des Optimierungsproblems für den Basisalgorithmus folgendermaßen möglich:

Gesucht wird ein Produktionsplan $x \in \mathbb{R}^{|R|}$ für den die Zielfunktion $c(x) = c^T x$ maximal wird,
unter Berücksichtigung der Nebenbedingungen:

- $\tilde{T}x \leq T_{max}$

- $V \cdot x = 0$

- $x \geq 0$ (Nichtnegativitätsbedingung)

Da das Simplex-Standard-Lösungsverfahren für lineare Optimierungsprobleme aber keine lineare Gleichungen akzeptiert, sondern nur lineare Ungleichungen als Nebenbedingung erlaubt, müssen die in der Verhältnismatrix formulierten linearen Gleichheitsbedingungen ein weiteres Mal umformuliert werden. Dies geschieht indem unter Verwendung der Äquivalenzbedingung jede Verhältnisgleichung V_i der Verhältnismatrix V in je zwei Ungleichungen umgeformt wird, denn eine Gleichung $a = b$ ist äquivalent zu $a \leq b \wedge (-a) \leq (-b)$. Demnach trifft für die Verhältnismatrix Formel 4-12 zu.

$$V \cdot x = 0$$

$$\Leftrightarrow V \cdot x \leq 0 \wedge V \cdot x \geq 0$$

$$\Leftrightarrow V \cdot x \leq 0 \wedge -V \cdot x \leq 0$$

Formel 4-12: Umformung der Matrixgleichung zur Matrixungleichung

Die Anwendung der Formel 4-12 ermöglicht es, die für den Basisalgorithmus geltenden Nebenbedingungen, wie in Abbildung 4-4 dargestellt, simplexadäquat zusammenzufassen.

Anforderung	Suche einen Produktionsplan $x \in \mathbb{R}^{|R|}$ für den die Zielfunktion maximal wird!
Zielfunktion	$c(x) = c^T x$
Nebenbedingungen	• $\tilde{T}x \leq T_{max}$ • $V \cdot x \leq 0$ und $-V \cdot x \leq 0$ • $x \geq 0$

Abbildung 4-4: Simplexkonformes Optimierungsproblem für den Basisalgorithmus

4.2.1.5 Lösung des linearen Optimierungsproblems (Schritt 5)

Infolge der Umformung der Verhältnisbedingungen in linearere Ungleichungen hat das für den Basisalgorithmus geltende mathematische Modell, bestehend aus Berechnungsparametern, Ergebnisvariablen und Nebenbedingungen eine gültige Form angenommen, die eine Anwendung des Simplex-Standard-Lösungsverfahrens erlaubt, um einen optimalen Produktionsplan zu ermitteln (vgl. dazu auch Anhang A.2).

Verständnisbeispiel:

Auf Basis der bis hierher berechneten Werte für die beiden isoliert zu betrachtenden Arbeitsplätze AP_1 und AP_2 im Beispielproduktionssystem, wird das Optimierungsproblem wie folgt formuliert:

Anforderung	Suche einen Produktionsplan $x = \left(x_{1,1}, x_{2,1}, x_{2,2}, x_{3,2}\right)^T$ für den der Gesamtgewinn aus beiden Arbeitsplätzen AP_1 und AP_2 maximal wird!
Zielfunktion	$c(x) = -0{,}50 \cdot x_{1,1} + 3{,}12 \cdot x_{2,1} + 2{,}96 \cdot x_{2,2} + 0{,}95 \cdot x_{3,2} - 560$
Nebenbedingungen	$\bullet\ \begin{pmatrix} 1s & 2s & 0s & 0s & 0s \\ 0s & 0s & 4s & 5s & 0s \end{pmatrix} \leq \begin{pmatrix} 139.500 \\ 141.000 \end{pmatrix}$ $\bullet\ \begin{pmatrix} 0{,}99 & -1 & -1 & -1 & 0 \\ 0 & 0{,}98 & 0{,}99 & -2 & -1 \\ 0 & 0 & 0 & 0{,}95 & -2 \end{pmatrix} \cdot \begin{pmatrix} x_{1,1} \\ x_{2,1} \\ x_{2,2} \\ x_{3,2} \\ t \end{pmatrix} \leq 0$ $\bullet\ \begin{pmatrix} -0{,}99 & 1 & 1 & 1 & 0 \\ 0 & -0{,}98 & -0{,}99 & 2 & 1 \\ 0 & 0 & 0 & -0{,}95 & 2 \end{pmatrix} \cdot \begin{pmatrix} x_{1,1} \\ x_{2,1} \\ x_{2,2} \\ x_{3,2} \\ t \end{pmatrix} \leq 0$ $\bullet\ x \geq 0$

Tabelle 4-8: Simplexkonforme Formulierung des Optimierungsproblems für das Berechnungsbeispiel

Die Anwendung des Simplex-Standard-Lösungsverfahrens auf dieses Optimierungsproblem errechnet nachstehenden Vektor x als optimalen Produktionsplan für die beiden Arbeitsplätze AP_1 und AP_2:

$$x = \begin{pmatrix} x_{1,1} \\ x_{2,1} \\ x_{2,2} \\ x_{3,2} \\ t \end{pmatrix} = \begin{pmatrix} 67.297 \\ 36.103 \\ 11.587 \\ 18.930 \\ 8.992 \end{pmatrix}$$

Daraus ergibt sich für den Arbeitsplatz AP_1 die Anzahl der herzustellenden Mengeneinheiten von:

- $EZG_1 = 67.294\,\text{ME}$

- $EZG_2 = 36.103\,\text{ME}$

Der Arbeitsplatz AP_2 hingegen hat die nachstehend aufgeführten Mengeneinheiten zu produzieren:

- $EZG_2 = 11.587\,\text{ME}$

- $EZG_3 = 8.992\,\text{ME}$

Somit ermittelt sich für beide Arbeitsplätze, unter Einhaltung des vorgegebenen Produktmixes ein (isoliert betrachteter) Gesamtgewinn von:

$$c(x) = 131.276\,\text{GE}$$

4.2.2 Flexibilitätsbewertungsmethode der Mengenflexibilität

Laut dem in Kapitel 4.1.1 erläuterten Bewertungsansatz sind zur Quantifizierung der Mengenflexibilität die Maximalkapazität, der Break-even-Punkt und daraus hervorgehend der Flexibilitätsraum zu bestimmen. Das Vorgehen zur Berechnung dieser Größen bildet Gegenstand nachfolgender Ausführungen, wobei dies für jedes Systemobjekt (Gesamtsystem und Subsysteme) der in Kapitel 2.1.3 festgelegten Betrachtungshierarchie gewährleistet sein muss und zwar von der Fabrik über das Segment und die Linie bis hin zum Arbeitsplatz.

4.2.2.1 Maximalkapazität

Die Maximalkapazität kennzeichnet die größtmögliche erreichbare Ausbringungsmenge eines Systemobjekts, innerhalb eines gültigen Arbeitszeitmodells unter Einhaltung eines vorgegebenen Produktmixes. Sie ist für jedes bewertungsrelevante Objekt unter Einbeziehung von Ausschussraten wie auch zusätzlichen Liegezeiten zu ermitteln und darf die Wirtschaftlichkeit der Gesamtproduktion nicht gefährden. Hierdurch kann es unter Umständen auch zu einer Auslastung weniger bzw. ineffizienter Produktionsbereiche führen. Aufgabe der nachstehenden Berechnungen ist demnach, für jedes einzelne Systemobjekt einen Produktionsplan zu ermitteln, der einem vorgegebenen Produktmix folgend, eine möglichst große Ausbringungsmenge liefert, so dass der erzielbare Gewinn des Gesamtsystems nicht negativ wird. Hierbei muss jedoch zwischen dem Berechnungsvorgehen für das Gesamtsystem einerseits und den darin enthaltenen Subsystemen andererseits unterschieden werden. Grund dafür ist der für das Gesamtsystem verlangte Produktmix, der sich nicht zwangsläufig für die Subsysteme einhalten lässt, weil diese nicht unbedingt alle der geforderten Erzeugnisse allein herstellen. Abweichungen sind hierfür somit zulässig, solange die Möglichkeit zum Ausgleich durch andere Subsysteme besteht.

Berechnung der Maximalkapazität für das Gesamtsystem

Die Berechnung der Maximalkapazität für das Gesamtsystem erfolgt als lineares Optimierungsproblem unter Verwendung des zuvor beschriebenen Basisalgorithmus. Dazu bedarf es jedoch geringfügiger Anpassungen am Basisalgorithmus. Sie betrifft zum einen die Zielfunktion c, die als eine konstant positive Funktion umzuformulieren ist, damit die über den Produktionsplan-Vektor x repräsentierten erzeugnis-arbeitsplatzbezogenen Ausbringungsmengen x_i in ihrer Gesamtheit maximal werden. Von daher sind die einzelnen Zielwerte von c mit $+1$ anzunehmen ($c_i = 1$), was Formel 4-13 ausdrückt.

$$c(x) = x_1 + x_2 + \ldots + x_{|R|} \rightarrow \text{Max.}$$

Formel 4-13: Zielfunktion zur Berechnung der Maximalkapazität (konstant positiv)

Zum anderen wird zusätzlich zum Basisalgorithmus eine zusätzliche Nebenbedingung benötigt, die sicherstellt, dass nur solche Produktionsprogramme als Lösung akzeptiert werden, die keinen negativen Gesamtgewinn ergeben. Aus diesem Grund erfolgt ein Rückgriff auf die in Formel 4-3 (S. 77) vorgestellte Zielfunktion zur Optimierung des Gesamtgewinns, die als begrenzende Gewinnfunktion die Bezeichnung $g(x)$ erhält (vgl. Formel 4-14) und innerhalb der Nebenbedingungen Anwendung findet (vgl. Abbildung 4-4).

$$g(x) = g^T \cdot x - K_{Fix}$$

Formel 4-14: Gewinnfunktion als ergänzende Nebenbedingungen zum Basisalgorithmus

Unter Berücksichtigung dieser beiden Modifikationen am Basisalgorithmus stellt sich das Optimierungsproblem zur Berechnung der Maximalkapazität für das Gesamtsystem wie in Abbildung 4-5 dar.

Anforderung	Suche einen Produktionsplan $x \in \mathbb{R}^{\|R\|}$ für den die Zielfunktion maximal wird!
Zielfunktion	$c(x) = x_1 + x_2 + \ldots + x_{\|R\|}$
Nebenbedingungen	<ul><li>$g^T \cdot x - K_{Fix} \geq 0$</li><li>$\widetilde{T}x \leq T_{max}$</li><li>$V \cdot x \leq 0$ und $-V \cdot x \leq 0$</li><li>$x \geq 0$</li></ul>

Abbildung 4-5: Simplexkonformes Optimierungsproblem zur Berechnung der Maximalkapazität für das Gesamtsystem

Verständnisbeispiel:

Wird das zuvor beschriebene Berechnungsvorgehen auf das in Anhang D vorgestellte Beispielproduktionssystem angewendet, ergibt sich für das Gesamtsystem „Fabrik" eine periodenbezogene Maximalkapazität $x_{MAX}(Fabrik)$ von 209.876 Mengeneinheiten. Der damit verbundene Produktionsplan lässt sich der Zeile $x(EZG, AP)$ in nachstehender Tabelle 4-9 entnehmen.

Systemobjekt	$AP1.1.1$		$AP1.1.2$		$AP1.0.1$	$AP2.1.1$	$AP2.1.2$	$AP2.1.3$
E_{AP}	EZG_1	EZG_2	EZG_2	EZG_3	EZG_4	EZG_4	EZG_5	EZG_6
$x(EZG, AP)$ in ME	41.851	29.680	0	11.752	10.326	70.000	34.875	11.392
$\sum x(AP)$ in ME	71.531		11.752		10.326	72.000	34.875	11.392
Systemobjekt	$L1.1$				-	$L2.1$		
$\sum x(Linie)$ in ME	93.609				-	116.267		
Systemobjekt	$S1$					$S2$		
$\sum x(Segment)$	93.609 ME					116.267 ME		
Systemobjekt	*Fabrik*							
$x_{MAX}(Fabrik)$	**209.876 ME**							

Tabelle 4-9: Produktionsmengenangaben bei Maximierung der Kapazität für das Systemobjekt „Fabrik" im Beispielproduktionssystem

Berechnung der Maximalkapazität für die Subsysteme

Wie bereits erwähnt, ist es nicht zweckmäßig, auch für Subsysteme die Einhaltung des Produktmixes vom Gesamtsystem zu verlangen. Deshalb muss für die subsystemspezifischen Objekte ggf. ein neuer Produktmix definiert werden. Ausgehend vom Produktionsplan des übergeordneten Systems wird lediglich der für das Subsystem relevante Teil betrachtet. Dieser beinhaltet das Mengenverhältnis zwischen den Erzeugnissen, die das Subsystem ebenfalls produzieren kann. Basierend auf den Berechnungsergebnissen in Tabelle 4-9, würde sich dementsprechend der neue Produktmixvektor für Segment $S1$ des Beispielproduktionssystems in Anhang D, wie im nachstehenden Verständnisbeispiel erläutert, ermitteln:

Verständnisbeispiel:

Das übergeordnete System von $S1$ ist die Fabrik selbst, deren Produktmixvektor $v = (0;1;2;1,5;0;2)^T$ entspricht. Die Berechnung der Maximalkapazität des Systemobjekts „Fabrik" ergab für das Segment $S1$ die Produktionszahlen von:

$$EZG_1 = 41.851 \text{ ME}, \quad EZG_2 = 29.680 \text{ ME}, \quad EZG_3 = 11.752 \text{ ME}, \quad EZG_4 = 10.326 \text{ ME}$$

Eine Fertigung der beiden Erzeugnisse EZG_5 und EZG_6 ist im Segment $S1$ nicht möglich, weshalb folgendes Stückzahlenverhältnis für das Segment gilt:

$$EZG_1 : EZG_2 : EZG_3 : EZG_4 = 41.851 : 29.680 : 11.752 : 10.326$$

Hieraus leitet sich der neue auf Segment $S1$ bezogene Produktmixvektor ab:

$$v = (3,56;2,53;1;0,88)^T$$

Der Vorteil dieses Vorgehens liegt einerseits darin, dass jedes Subsystem mindestens so viel produziert, wie sein übergeordnetes System für das Erreichen seiner Kapazitätsgrenze benötigt, denn der neue Produktmix lässt die dortige Produktzusammensetzung auf jeden Fall zu. Andererseits können zusätzlich freie Kapazitäten genutzt werden, sofern solche vorhanden sind, da das Subsystem nicht mehr durch andere Subsysteme beschränkt wird, wie z.B. durch einen anderen Systembereich der Fabrik, der benötigte Zwischenprodukte nur begrenzt liefern kann. Nach dem Ermitteln des neuen Produktmixes für ein Subsystem, lässt sich für dieses ein eigenes, lineares Optimierungsproblem formulieren, das sich wiederum auf den Basisalgorithmus stützt. Dabei sind jedoch zwei wesentliche Aspekte zu beachten:

- Die Zielfunktion entspricht der, die auch zur Berechnung der Maximalkapazität für das Gesamtsystem verwendet wurde (vgl. Formel 4-13, S. 90), jedoch mit dem Unterschied, dass sie nur die erzeugnis-arbeitsplatzbezogenen Ausbringungsmengen x_i beinhaltet, die das Subsystem selbst betreffen.

- Die Bestandteilabhängigkeiten sind zu vernachlässigen, weil der Anteil der Zwischenprodukte im neuen Produktmix bereits erfasst ist. Dementsprechend sind die Verhältnisbedingungen des Basisalgorithmus (vgl. Kapitel 4.2.1.3) ohne das Herausrechnen der Gesamt-Zwischenproduktmengen $x_{ZP}(EZG)$ zu formulieren. In Anlehnung an Formel 4-10 (S. 83) ergibt sich nachstehender Rechnungszusammenhang:

$$V_i \cdot x_i = 0$$

$$\Leftrightarrow \quad x_{EZG_i} - t \cdot v_i = 0$$

$$\Leftrightarrow \left(\sum_{(EZG_i, AP) \in R} a_{AP} \cdot x(EZG_i, AP) \right) - t \cdot v_i = 0$$

Formel 4-15: Darstellung des Rechnungszusammenhangs der Verhältnisbedingungen für Subsysteme

Um Verwechslungen mit den ursprünglichen Verhältnisbedingungen des Basisalgorithmus ausschließen zu können, müssen die modifizierten Verhältnisgleichungen $V_i \cdot x = 0$ als $\widetilde{V}_i \cdot x = 0$ beschrieben werden. Gemäß der Formel 4-11 (S. 83) wird die Matrixgleichung $\widetilde{V} \cdot x = 0$ mittels der bereits angesprochenen Umformungsregeln (vgl. Formel 4-12, S. 86), wie Formel 4-16 zeigt, in die simplexkonforme Schreibweise überführt.

$$\widetilde{V} \cdot x \leq 0 \text{ und } -\widetilde{V} \cdot x \leq 0$$

Formel 4-16: Verhältnisbedingung zur Berechnung der Maximalkapazität für Subsysteme

Den Anpassungen am Basisalgorithmus entsprechend, nimmt das Optimierungsproblem zur Berechnung der Maximalkapazität für Subsysteme die in Abbildung 4-6 dargestellte Form an.

Anforderung	Suche einen Produktionsplan $x \in \mathbb{R}^{|R|}$ für den die Zielfunktion maximal wird!
Zielfunktion	$c(x) = x_1 + x_2 + \ldots + x_{|R|}$
Nebenbedingungen	<ul><li>$\widetilde{T}x \leq T_{max}$</li><li>$\widetilde{V} \cdot x \leq 0$ und $-\widetilde{V} \cdot x \leq 0$</li><li>$x \geq 0$</li></ul>

Abbildung 4-6: Simplexkonformes Optimierungsproblem zur Berechnung der Maximalkapazität für Subsysteme

Verständnisbeispiel:

Ausgehend von dem erläuterten Berechnungsvorgehen für Subsysteme errechnet sich für das Segment *S1* des Beispielproduktionssystems (vgl. Anhang D) eine Maximalkapazität $x_{MAX}(S_1)$ von 150.579 ME je Periode. **Tabelle 4-10** zeigt den dazugehörigen Produktionsplan $x(EZG, AP)$.

Systemobjekt	*AP1.1.1*		*AP1.1.2*		*AP1.0.1*
E_{AP}	EZG_1	EZG_2	EZG_2	EZG_3	EZG_4
$x(EZG, AP)$ in ME	67.374	36.062	11.600	18.919	16.624
$\sum x(AP)$ in ME	103.436		30.519		16.624
Systemobjekt	*L1.1*				-
$\sum x(Linie)$ in ME	133.955				-
Systemobjekt	*S1*				
$x_{MAX}(S_1)$ in ME	**150.579**				

Tabelle 4-10: Produktionsmengenangaben bei der Maximierung der Kapazität für das Systemobjekt Segment S1 im Beispielproduktionssystem

4.2.2.2 Break-even-Punkt

Ziel der Berechnung des Break-even-Punkts ist das Bestimmen einer Mindestproduktionsmenge (Break-even-Menge) für ein gewähltes Systemobjekt innerhalb der zulässigen Arbeitszeitmodelle. Diese Menge hat, unter Berücksichtigung des vorgegebenen Produktmixes und der kausalen Zusammenhänge zwischen den verschiedenen Subsystemen zu gewährleisten, dass die Veräußerungserlöse den Gesamtkosten des Produktionssystems entsprechen. Der erzielbare Gesamtgewinn muss also den Wert 0 annehmen. Auch hierbei bedarf es, ähnlich dem Berechnungsvorgehen der Maximalkapazität, einer Unterscheidung zwischen dem Ermitteln des Break-even-Punkts für Subsysteme und dem für das Gesamtsystem.

Berechnung des Break-even-Punktes für das Gesamtsystem

Die Berechnung der Break-even-Menge für das Gesamtsystem lässt sich relativ einfach unter Verwendung des zuvor beschriebenen Basisalgorithmus vornehmen. Dabei ist jedoch die zu maximierende Zielfunktion c als eine konstant negative Funktion umzuformulieren, damit der über den Vektor x repräsentierte Produktionsplan hinsichtlich seiner erzeugnis-arbeitsplatzbezogenen Ausbringungsmengen x_i minimal gehalten wird. Zu diesem Zweck erhalten die einzelnen Zielwerte c_i den Wert -1 ($c_i = -1$), wie Formel 4-17 zeigt.

$$c(x) = -x_1 - x_2 - \ldots - x_{|R|} \rightarrow \text{Max.}$$

Formel 4-17: Zielfunktion zur Break-even-Punkt-Berechnung (konstant negativ)

Allerdings reicht die Anwendung dieser Zielfunktion in Verbindung mit dem Basisalgorithmus allein nicht aus, um den Break-even-Punkt zu bestimmen, da ebenfalls Produktionspläne Gültigkeit haben, durch die das Gesamtsystem wirtschaftliche Nachteile erleidet, also Verluste einfährt. Deshalb ist eine zusätzliche Nebenbedingung hinzuzufügen, nach der nur solche Produktionsprogramme als Lösung akzeptiert werden, die keinen negativen Gesamtgewinn annehmen. Zu diesem Zweck, wird, wie bei der Berechnung der Maximalkapazität für das Gesamtsystem auch, die Gewinnfunktion $g(x) = g^T \cdot x - K_{Fix}$ verwendet (vgl. Formel 4-14). Somit leitet sich das in Abbildung 4-7 dargestellte Optimierungsproblem zur Berechnung des Break-even-Punktes für das Gesamtsystem ab.

Anforderung	Suche einen Produktionsplan $x \in \mathbb{R}^{|R|}$ für den die Zielfunktion maximal wird!
Zielfunktion	$c(x) = -x_1 - x_2 - \ldots - x_{|R|}$
Nebenbedingungen	• $g^T \cdot x - K_{Fix} \geq 0$ • $\widetilde{T}x \leq T_{max}$ • $V \cdot x \leq 0$ und $-V \cdot x \leq 0$ • $x \geq 0$

Abbildung 4-7: Simplexkonformes Optimierungsproblem zur Berechnung des Break-even-Punkts für das Gesamtsystem

Verständnisbeispiel:

Für das Gesamtsystem Fabrik des in Anhang D angegebenen Beispielproduktionssystems würde die Lösung des Break-even-Optimierungsproblems eine Menge $x_{BE}(Fabrik)$ von 152.278 Mengeneinheiten pro Periode ergeben, die auf den Produktionsplan in Tabelle 4-11 zurückgeht.

Systemobjekt	*AP1.1.1*		*AP1.1.2*		*AP1.0.1*	*AP2.1.1*	*AP2.1.2*	*AP2.1.3*
E_{AP}	EZG_1	EZG_2	EZG_2	EZG_3	EZG_4	EZG_4	EZG_5	EZG_6
$x(EZG, AP)$ in ME	30.335	21.513	0	8.518	0	58.377	25.278	8.257
$\sum x(AP)$ in ME	51.848		8.518		0	58.377	25.278	8.257
Systemobjekt	*L1.1*					*L2.1*		
$\sum x(Linie)$ in ME	60.366					91.912		
Systemobjekt	*S1*					*S2*		
$\sum x(Segment)$	60.366 ME					91.912 ME		
Systemobjekt	*Fabrik*							
$x_{BE}(Fabrik)$	**152.278 ME**							

Tabelle 4-11: Produktionsmengenangaben bei der Break-even-Punkt-Berechnung für das Systemobjekt „Fabrik" im Beispielproduktionssystem

Berechnung des Break-even-Punktes für die Subsysteme

Im Gegensatz zum Gesamtsystem, stellt sich das Bestimmen des Break-even-Punkts für Subsysteme komplizierter dar, weil nicht zwangsläufig von der Veräußerungsfähigkeit aller der dort hergestellten Erzeugnisse auszugehen ist. So könnte bspw. ein Subsystem ausschließlich unveräußerliche Zwischenprodukte für ein anderes Subsystem produzieren. In einem solchen Fall wäre nach Vorbild der Break-even-Punkt-Berechnung zum Gesamtsystem die Nichtproduktion unveräußerbarer Zwischenprodukte die beste Lösung für ein betroffenes Subsystem. Weil der Gewinn mit jedem dieser produzierten Zwischenprodukte kleiner wird, steigen anstelle der Erlöse die Kosten. Solche Überlegungen machen jedoch wenig Sinn, da derartige Zwischenprodukte an anderen Stellen der Produktion benötigt werden. Somit bedarf es eines anderen Vorgehens, um die Break-even-Mengen für Subsysteme zu berechen, wobei zwei grundsätzliche Überlegungen mit einzubeziehen sind:

- Stellt ein Subsystem ein Erzeugnis teurer her als ein anderes, so muss sich dies vergleichbar ungünstig auf dessen Break-even-Punkt auswirken, da in Anlehnung an das Kostenverhältnis entsprechend mehr Erzeugnisse herzustellen sind als im günstigeren Subsystem.

- Zur Bestimmung eines solchen Kostenverhältnisses empfiehlt sich eine Betrachtung der Durchschnittskosten, weil Subsysteme gleiche Erzeugnisse zu unterschiedlichen Kosten herstellen können, z.B. in einem Segment durch die parallele Fertigung an verschiedenen Arbeitsplätzen.

Den beiden Vorbetrachtungen gemäß, sind also für jedes Subsystem die Durchschnittkosten von jedem dort produzierbaren Erzeugnis zu bestimmen. Zu diesem Zweck wird die zuvor erfolgte Berechnung der Maximalkapazität des Gesamtsystems einbezogen (vgl. Abbildung 4-5, S. 91), was einen Rückgriff auf repräsentative Mengeneinheiten für die Durchschnittskostenberechnung erlaubt. Dazu ist, wie in Formel 4-18 angegeben, für jede Erzeugnis-Arbeitsplatz-Kombination in einem Subsystem die dafür angegebene Ausbringungsmenge von einem Erzeugnis mit den dortigen erzeugnisbezogenen Produktionskosten zu multiplizieren und über alle Erzeugnis-Arbeitsplatz-Kombinationen des Subsystems aufzuaddieren. Stellt ein Subsystem laut Produktionsplan[12] ein Erzeugnis nicht her, obwohl es theoretisch möglich wäre, so werden als Durchschnittskosten die variablen Kosten der entsprechenden Erzeugnis-Arbeitsplatz-Kombination angenommen. Bei mehreren Erzeugnis-Arbeitsplatz-Kombinationen hingegen wird das arithmetische Mittel aus deren variablen Kosten gebildet. Die hieraus resultierenden subsystembezogenen Gesamtkosten von einem Erzeugnis sind abschließend durch dessen dort angefallene Gesamtmenge zu dividieren.

---

[12] Hier ist der Produktionsplan gemeint, der sich aus der Berechnung für die Maximalkapazität des Gesamtsystems ergibt.

$$K_{avg}(EZG,S) = \frac{1}{n_{EZG,S}} \cdot \sum_{AP \in S} n(EZG,S) \cdot K_{var}(r_k),$$

wobei:

$K_{avg}(EZG,S)$: Durchschnittskosten eines Erzeugnisses EZG im Subsystem S;

$n(EZG,S)$: produzierte Anzahl eines Erzeugnisses EZG in einem Subsystem S;

$K_{var}(r_k)$: variable Produktionskosten für eine Erzeugnis-Arbeitsplatz-Kombination

Formel 4-18: Ermittlung der erzeugnisbezogenen Durchschnittskosten für ein Subsystem

Mittels vorgenommener Berechnung aller Durchschnittskosten lässt sich für jede Systemebene ein subsystembezogenes Kostenverhältnis für die einzelnen Erzeugnisse bilden. Hierfür erfolgt ein Aufaddieren der verschiedenen Durchschnittskosten aller Subsysteme einer Betrachtungsebene, woraufhin die erhaltene Summe durch jeden einzelnen subsystemspezifischen Durchschnittskostenwert geteilt wird (vgl. Formel 4-19).

$$v_K(EZG,S_i) = \frac{K_{avg}(EZG,S_i)}{\sum_{S \in L} K_{avg}(EZG,S)},$$

wobei:

$K_{avg}(EZG,S_i)$: Durchschnittskosten eines Erzeugnisses EZG für das Subsystem S_i;

$v_K(EZG,S_i)$: Kostenverhältnis eines Erzeugnisses EZG für das Subsystem S_i;

L: Betrachtungsebene des Produktionssystems;

$\sum_{S \in E} K_{avg}(EZG,S)$: Summe der Durchschnittskosten aller Subsysteme der

Betrachtungsebene L

Formel 4-19: Berechnung des erzeugnisbezogenen Kostenverhältnisses für Subsysteme

Nachdem die verschiedenen Kostenverhältnisse für jedes Subsystem bestimmt wurden, sind sie in das Optimierungsproblem der Break-even-Punkt-Berechnung für das Gesamtsystem (vgl. Abbildung 4-7, S. 96) einzubinden. Das erfordert ein entsprechendes Erweitern der dort hinterlegten Verhältnisbedingungen, die auf den Basisalgorithmus zurückgehen (vgl. Formel 4-11, S. 83). Hierbei kann der Rechnungszusammenhang aus Formel 4-10 (S. 83) in die Form $x_{EZG_i} = t \cdot v_i + x_{ZP}(EZG_i)$ umformuliert werden, aus dem die Gesamtproduktionsmenge eines bestimmten Erzeugnisses innerhalb des Gesamtsystems hervorgeht. Dementsprechend ermittelt sich die Gesamtproduktionsmenge eines bestimmten Erzeugnisses für ein spezielles Subsystem wie folgt:

$$x_{EZG,AP} = \sum_{(EZG,AP)\in R, AP\in S} (1 - a(EZG, AP)) \cdot x(EZG, AP)$$

Formel 4-20: Berechnung der Gesamtproduktionsmenge eines Erzeugnisses für ein spezielles Subsystem

Ausgehend von Formel 4-20 und unter Berücksichtigung des zuvor ermittelten Verhältnisses $v_K(EZG, S)$ ergibt sich nachstehender Rechnungszusammenhang:

$$x_{EZG,AP} = v_K(EZG, S) \cdot x_{EZG_i} = v_K(EZG, S) \cdot (t \cdot v_i + x_{ZP}(EZG_i))$$

$$\Leftrightarrow \sum_{(EZG,AP)\in R, AP\in S}(1 - a(EZG, AP)) \cdot x(EZG, AP) = v_K(EZG, S) \cdot \left(t \cdot v_i + \sum_{(EZG_j,AP)\in R} C_{i,j} \cdot x(EZG_j, AP) \right)$$

$$\Leftrightarrow \sum_{(EZG,AP)\in R, AP\in S}(1 - a(EZG, AP)) \cdot x(EZG, AP) - v_K(EZG, S) \cdot \left(t \cdot v_i + \sum_{(EZG_j,AP)\in R} C_{i,j} \cdot x(EZG_j, AP) \right) = 0$$

Formel 4-21: Rechnungszusammenhang zur Einbindung der Kostenverhältnisse in die Verhältnisbedingungen des Basisalgorithmus

Die linke Seite von Formel 4-21 kann als Skalarprodukt zwischen einem Vektor $V_i \in \mathbb{R}^{|R|+1}$ und dem Vektor des Produktionsplans x geschrieben werden. Dadurch ergibt sich für jedes Subsystem und jedes Erzeugnis eine Verhältnisgleichung der Form $v \cdot x = 0$. Alle hieraus resultierenden Verhältnisgleichungen lassen sich dann gemäß Formel 4-22 zu einer Matrixgleichung zusammenfassen:

$$V_{BE} \cdot x = 0$$

Formel 4-22: Verhältnisbedingungen zur Ermittlung der Break-even-Punkte für Subsysteme

Mit erfolgter Anpassung der Verhältnisbedingungen ersetzen diese die bestehenden Verhältnisbedingungen des in Abbildung 4-7 (S. 96) beschriebenen Optimierungsproblems, was zu einem neuen in Abbildung 4-8 dargestellten Optimierungsproblem führt, mit dem sich die Break-even-Punkte für Subsysteme bestimmen lassen.

Anforderung	Suche einen Produktionsplan $x \in \mathbb{R}^{|R|}$ für den die Zielfunktion maximal wird!
Zielfunktion	$c(x) = -x_1 - x_2 - \ldots - x_{|R|}$
Nebenbedingungen	<ul><li>$g^T \cdot x - K_{Fix} \geq 0$</li><li>$\tilde{T}x \leq T_{max}$</li><li>$V_{BE} \cdot x \leq 0$ und $-V_{BE} \cdot x \leq 0$</li><li>$x \geq 0$</li></ul>

Abbildung 4-8: Simplexkonformes Optimierungsproblem zur Berechnung der Break-even-Punkte für Subsysteme

Verständnisbeispiel:

Laut der Tabelle 4-9 (S. 92) wurde für das Beispielproduktionssystem aus Anhang D eine Maximalkapazität von 209.876 ME ermittelt, die auch in der Summe für jede einzelne der vier Betrachtungsebenen gleich groß ist. Um hieraus die Break-even-Mengen der beiden Segmente *S1* und *S2* zu erhalten, sind als erstes für jedes Segment die Durchschnittskosten der dort produzierbaren Erzeugnisse zu errechnen. Die konkreten Werte sind nachstehender Tabelle 4-12 zu entnehmen.

Erzeugnis	EZG_1	EZG_2	EZG_3	EZG_4	EZG_5	EZG_6
$K_{avg}(EZG,S_1)$ in GE/ME	0,50	0,80	1,50	2,00	0	0
$K_{avg}(EZG,S_2)$ in GE/ME	0	0	0	1,30	0,90	1,70

Tabelle 4-12: Erzeugnisbezogene Durchschnittkosten auf der Fabrikebene für das Beispielproduktionssystem

Erzeugnis EZG_4 stellt hier eine Besonderheit dar, weil es in beiden Segmenten produziert werden kann. Allerdings fallen die Durchschnittskosten im Segment *S2* um 0,70 GE/ME geringer aus. Durch Anwendung der Formel 4-18 und Formel 4-19 errechnet sich für EZG_4 folgendes segmentbezogenes Produktionskostenverhältnis:

$$v_K(EZG_4, S_1) \: : \: v_K(EZG_4, S_2) = \frac{2}{3,3} : \frac{1,3}{3,3}$$

Auf Basis dieses Verhältnisses wird für die Segmentebene eine Umformulierung der Verhältnisbedingungen nach Formel 4-21 (S. 100) vorgenommen, die dann in das Optimierungsproblem der Break-even-Punkt-Berechnung für Subsysteme (vgl. Abbildung 4-8, S. 101) überführt werden. Bezogen auf die Break-even-Menge von EZG_4 ergibt sich hieraus eine segmentabhängige Mengenverteilung von:

- $\left(EZG_4, S_1\right) = 35.380$ ME

- $\left(EZG_4, S_2\right) = 22.997$ ME

Dies führt somit für das Segment *S1* zu einer Gesamtausbringungsmenge für alle dort produzierten Erzeugnisse von 95.746 ME und für Segment *S2* von 56.532 ME.

Tabelle 4-13 zeigt zusammenfassend die auf diese Weise ermittelten Break-even-Mengen x_{BE} für alle Subsysteme des Beispielproduktionssystems.

Systemobjekt	*AP1.1.1*	*AP1.1.2*	*AP1.0.1*	*AP2.1.1*	*AP2.1.2*	*AP2.1.3*
$x_{BE}(AP)$ in ME	39.896	20.470	35.380	22.997	25.278	8.257
Systemobjekt	*L1.1*		-	*L2.1*		
$x_{BE}(Linie)$ in ME	60.366		-	56.532		
Systemobjekt	*S1*			*S2*		
$x_{BE}(Segment)$ in ME	95.746			56.532		

Tabelle 4-13: Break-Even-Mengen der Subsysteme für das Beispielproduktionssystem

4.2.2.3 Berechnung der Mengenflexibilität

Die vorangegangenen Berechnungen zu den Break-even-Mengen und Maximalkapazitäten des Gesamtsystems und seiner Subsysteme bilden die Voraussetzung für das Bestimmen der verschiedenen Mengenflexibilitäten. Sie ermöglichen es, zu jedem einzelnen Systemobjekt dessen spezifischen Flexibilitätsraum zu ermitteln. Dazu wird die jeweils kleinste Break-even-Menge $x_{BE}(S)$ von der größtmöglichen Produktionsmenge (Maximalkapazität) $x_{MAX}(S)$, aus allen für das Objekt geltenden Arbeitszeitmodellen, gemäß Formel 4-23 subtrahiert.

$$x_{MAX}(S) - x_{BE}(S)$$

Formel 4-23: Berechnung des Flexibilitätsraums für unterschiedliche Systemobjekte

Somit kennzeichnet der Flexibilitätsraum die Größe des wirtschaftlichen, objektabhängigen Produktionsbereichs, in Form eines absoluten Wertes. Um allerdings die Vergleichbarkeit verschiedenenartiger Systemobjekte zu gewährleisten, ist dieser Flexibilitätsraum ins Verhältnis zur Maximalkapazität zu setzen, wie aus Formel 4-24 hervorgeht.

$$F_{Menge}(S) = \frac{x_{MAX}(S) - x_{BE}(S)}{x_{MAX}(S)} \cdot 100\%$$

Formel 4-24: Berechnung der Mengenflexibilität für unterschiedliche Systemobjekte

Verständnisbeispiel:

Die Anwendung der Formel 4-24 auf die verschiedenen Systemobjekte im Beispielproduktionssystem, führt zu den in Tabelle 4-14 angegebenen Mengenflexibilitätskennzahlen.

Systemobjekt	Fabrik					
$F_{Menge}(Fabrik)$	27,44 %					
Systemobjekt	S1			S2		
$F_{Menge}(Segment)$	36,42 %			51,38 %		
Systemobjekt	L1.1		-	L2.1		
$F_{Menge}(Linie)$	54,94 %		-	51,38 %		
Systemobjekt	AP1.1.1	AP1.1.2	AP1.0.1	AP2.1.1	AP2.1.2	AP2.1.3
$F_{Menge}(AP)$	61,43 %	32,93 %	21,95 %	67,15 %	27,52 %	29,22 %

Tabelle 4-14: Mengenflexibilität der Systemobjekte im Beispielproduktionssystem

Den Berechnungen zur Mengenflexibilität zufolge, wäre gemäß der Kennzahl für das Systemobjekt „Fabrik" das Beispielproduktionssystem in der Lage, rund 27,5% an Nachfrageschwankungen zu kompensieren (ausgehend von der Kapazitätsgrenze und für den gegebenen Produktmix $EZG_2 : EZG_3 : EZG_4 : EZG_6 = 1 : 2 : 1,5 : 2$), ohne dadurch die Wirtschaftlichkeit und Realisierbarkeit der Produktion zu gefährden. Im Vergleich dazu weisen die beiden Segmente eine höhere Mengenflexibilität aus. Allerdings überträgt sich diese, wegen der gemeinsamen Produktionsabhängigkeiten zur Einhaltung des Produktmixes, nicht auf das Gesamtsystem. Die dafür verantwortlichen Engpassstellen in der Produktion lassen sich der Arbeitsplatzebene zuordnen, was an dieser Stelle jedoch nicht weiter vertieft werden soll, sondern Gegenstand der praxisbezogenen Anwendung der Bewertungsmethodik sein wird (vgl. Kapitel 5.2.3.1).

4.2.3   Flexibilitätsbewertungsmethode der Mixflexibilität

Dem in Kapitel 4.1.2 vorgestellten Bewertungsansatz zur Mixflexibilität entsprechend, hat deren Quantifizierung anhand des systemoptimalen Produktionsgewinns, den produkteingeschränkten Gewinnoptima und im Weiteren, über die durchschnittliche Produktionsgewinnabweichung zu erfolgen. Hieraus lässt sich für ein Produktionssystem dessen Stabilität, hinsichtlich der Zusammensetzung des Produktmixes ermitteln. Dies gibt Aufschluss über das wirtschaftliche Risiko, durch Änderung des Mixes den Produktionserfolg zu gefährden.

4.2.3.1   Berechnung des systemoptimalen Produktionsgewinns

Der mit der Berechnung des systemoptimalen Produktionsgewinns verfolgte Zweck liegt im Bestimmen des größtmöglich erzielbaren Gewinns für ein System. Er soll als Referenzwert für die anschließende Ermittlung der produktspezifischen Gewinnabweichungen dienen. Dementsprechend ist ein optimaler Produktionsplan zu finden, der unabhängig von einem vorgegebenen Produktmix, die profitabelste Zusammenstellung der zu fertigenden Produkte nach Art und Umfang enthält. Ein solcher Produktionsplan muss nicht für jedes Systemobjekt einzeln errechnet werden, sondern ausschließlich für das Gesamtsystem, wobei er sich auf das ertragreichste der dort zulässigen Arbeitszeitmodelle bezieht. Das Berechnungsvorgehen hierzu stützt sich auf den Basisalgorithmus (vgl. Kapitel 4.2.1), der aufgrund veränderter Rahmenbedingungen leichten Anpassungen unterliegt.

Betroffen davon ist einerseits die Zielfunktion, die sicherzustellen hat, dass der mit dem Produktionssystem erreichbare Gesamtgewinn maximal wird. Daher erfolgt ein Rückgriff auf die bereits in Formel 4-3 (S. 77) vorgestellte Zielfunktion, die es erforderlich macht, für jede zulässige Erzeugnis-Arbeitsplatz-Kombination die zugehörigen Deckungsbeiträge c_i zu ermitteln (vgl. Formel 4-2, S. 76). In Verbindung mit dem optimalen Produktionsplan, der die jeweiligen erzeugnis-arbeitsplatzbezogenen Ausbringungsmengen x_i liefert, errechnet sich der Gesamtdeckungsbeitrag, der wie in Formel 4-25 abgebildet nach Abzug der Fixkosten zum systemoptimalen Produktionsgewinn führt.

$$c(x) = c^T \cdot x - K_{Fix} \rightarrow \text{Max.}$$

Formel 4-25: Zielfunktion zur Berechnung des systemoptimalen Produktionsgewinns

Neben der Zielfunktion werden andererseits aber auch die Verhältnisbedingungen beeinflusst, was aus dem Entfallen der Einschränkung hinsichtlich eines vorgegebenen Produktmixes resultiert. Im Gegensatz zum ursprünglichen Rechnungszusammenhang innerhalb der Verhältnismatrix (vgl. Formel 4-10, S. 83) wird somit das über die Hilfsvariable t repräsentierte Mengenverhältnis bedeutungslos. Es fallen ausschließlich die Bestandteilabhängigkeiten ins Gewicht, an die sich drei Bedingungen knüpfen:

- Von jedem Erzeugnis muss mindestens so viel hergestellt werden, wie es die Fertigung anderer Erzeugnisse, deren Bestandteil es ist, verlangt.

- Eine Überschussproduktion von nichtveräußerungsfähigen Zwischenprodukten ist unzulässig. Sie sind nur in der Menge herzustellen, die unter Berücksichtigung des Ausschusses, als Erzeugnisbestandteil benötigt wird.

- Die Herstellung von Endprodukten kann in einem beliebigen Umfang erfolgen.

In Anlehnung an die Formel 4-8 (S. 83) ergeben sich somit zwei verschiedene Arten von Bedingungen, hinsichtlich der zur Veräußerung verfügbaren Mengenanteile y_i:

- Für nichtveräußerungsfähige Erzeugnisse gilt $y_i = 0$, was dazu führt, dass sie im ausreichenden Maße als Bestandteil für übergeordnete Erzeugnisse zur Verfügung stehen. Eine Überschussproduktion von diesen ist ausgeschlossen.

- Bezüglich der veräußerungsfähigen Erzeugnisse hat hingegen $y_i \geq 0$ Gültigkeit, was die Produktion von diesen in einem beliebigen Umfang gewährleistet, vorausgesetzt es werden mindestens soviel von ihnen hergestellt, wie die Produktion übergeordneter Erzeugnisse erfordert.

Um die Bedingung $y_i = 0$ sämtlicher nichtveräußerungsfähiger Erzeugnisse zusammenzufassen, wird eine Matrix $V_{nv} \in \mathbb{R}^{|ZP| \times |R|}$ definiert, deren einzelne Zeilen sich aus dem Skalarprodukt eines Vektors y_i mit dem Produktionsplan x ergeben. Hieraus leitet sich die Matrixgleichung $V_{nv} \cdot x = 0$ ab, die in eine simplexkonforme Schreibweise, gemäß Formel 4-26 , zu überführen ist (vgl. dazu auch Formel 4-12, S. 86).

$$V_{nv} \cdot x \le 0 \quad \text{und} \quad -V_{nv} \cdot x \le 0$$

Formel 4-26: Verhältnisbedingung für nichtveräußerungsfähige Erzeugnisse zur Berechnung des systemoptimalen Produktionsgewinns

Dem entsprechend wird für die veräußerungsfähigen Erzeugnisse ebenfalls eine Matrix $V_v \in \mathbb{R}^{|E| \times |R|}$ definiert, mittels der die geltenden Ungleichungsbedingungen $y_i \ge 0$ über die Matrixungleichung $V_v \cdot x \ge 0$ zusammenfassend abgebildet werden können. Weil diese Ungleichung aufgrund des Größer-Gleich-Zeichens einer simplexkonformen Darstellung widerspricht, muss eine Umformung zur Matrixungleichung nach Formel 4-27 erfolgen.

$$-V_v \cdot x \le 0$$

Formel 4-27: Verhältnisbedingung für veräußerungsfähige Erzeugnisse zur Berechnung des systemoptimalen Produktionsgewinns

Die zum Bestimmen des systemoptimalen Produktionsgewinns notwendigen Modifikationen an den Verhältnisbedingungen des Basisalgorithmus sollen anhand des nachstehenden Verständnisbeispiels noch einmal veranschaulicht werden:

Verständnisbeispiel:

Laut dem Beispielproduktionssystem aus Anhang D gelten ausschließlich die Erzeugnisse EZG_1 und EZG_5 als nichtveräußerungsfähig. Ihre Mengenanteile y_i errechnen sich wie folgt:

- $y_{EZG_1} = 0{,}99 \cdot x_{1,1} - 1 \cdot x_{2,1} - 1 \cdot x_{2,2} - 1 \cdot x_{3,2}$

- $y_{EZG5} = 0{,}98 \cdot x_{5,5} - 3 \cdot x_{6,6}$

Beim Aufstellen der Matrix V_{nv} bilden y_{EZG_1} und y_{EZG_5} die Zeilen dieser Matrix, die mit dem Produktionsplanvektor x zu multiplizieren sind:

$$V_{nv} \cdot x = \begin{pmatrix} 0.99 & -1 & -1 & -1 & 0 & 0 & 0 & 0 \\ 0 & 0 & 0 & 0 & 0 & 0 & 0,98 & -3 \end{pmatrix} \cdot \left(x_{1,1}, x_{2,1}, x_{2,2}, x_{3,2}, x_{4,3}, x_{4,4}, x_{5,5}, x_{6,6} \right)^T$$

Um die für nichtveräußerungsfähige Erzeugnisse geltende Bedingung $y_i = 0$ zu erfüllen, muss auch $V_{nv} \cdot x = 0$ sein. Es gilt:

$$\begin{pmatrix} 0.99 & -1 & -1 & -1 & 0 & 0 & 0 & 0 \\ 0 & 0 & 0 & 0 & 0 & 0 & 0,98 & -3 \end{pmatrix} \cdot \left(x_{1,1}, x_{2,1}, x_{2,2}, x_{3,2}, x_{4,3}, x_{4,4}, x_{5,5}, x_{6,6} \right)^T = 0$$

Nach der gleichen Vorgehensweise wird anschließend die Matrix V_v zu den veräußerungsfähigen Erzeugnissen aufgestellt, welche der Bedingung $y_{EZG_2}, y_{EZG_3}, y_{EZG_4}, y_{EZG_6} \geq 0$ zu entsprechen haben. Somit stellt sich die für das Beispielproduktionssystem geltende Matrixungleichung $V_v \cdot x \geq 0$ folgendermaßen dar:

$$\begin{pmatrix} 0 & 0,98 & 0,99 & -2 & 0 & 0 & 0 & 0 \\ 0 & 0 & 0 & 0,95 & 0 & 0 & 0 & 0 \\ 0 & 0 & 0 & 0 & 0,99 & 0,97 & -2 & 0 \\ 0 & 0 & 0 & 0 & 0 & 0 & 0 & 0,98 \end{pmatrix} \cdot \left(x_{1,1}, x_{2,1}, x_{2,2}, x_{3,2}, x_{4,3}, x_{4,4}, x_{5,5}, x_{6,6} \right)^T \geq 0$$

Im Anschluss an die auf den Basisalgorithmus bezogenen Anpassungen der Zielfunktion und der Verhältnisbedingungen lässt sich das Berechnungsvorgehen zum systemoptimalen Produktionsgewinn über ein Optimierungsproblem wie in Abbildung 4-9 ausdrücken.

Anforderung	Suche einen Produktionsplan $x \subset \mathbb{R}^{|R|}$ für den die Zielfunktion maximal wird!
Zielfunktion	$c(x) = c^T \cdot x - K_{Fix}$
Nebenbedingungen	• $\tilde{T}x \leq T_{max}$ • $V_{nv} \cdot x \leq 0$ und $-V_{nv} \cdot x \leq 0$ • $-V_v \cdot x \leq 0$ • $x \geq 0$

Abbildung 4-9: Simplexkonformes Optimierungsproblem zur Berechnung des systemoptimalen Produktionsgewinns

Verständnisbeispiel:

Die Anwendung des Optimierungsproblems aus Abbildung 4-9 auf das Beispielproduktionssystems (vgl. Anhang D) liefert einen periodischen systemoptimalen Produktionsgewinn G_{opt} von 286.965,55 GE, der mit dem Produktionsplan aus Tabelle 4-15 korrespondiert:

Systemobjekt	$AP1.1.1$		$AP1.1.2$		$AP1.0.1$	$AP2.1.1$	$AP2.1.2$	$AP2.1.3$
E_{AP}	EZG_1	EZG_2	EZG_2	EZG_3	EZG_4	EZG_4	EZG_5	EZG_6
$x(EZG, AP)$ in ME	70.470	34.515	35.250	0	45.333	70.000	0	0
G_{opt}	**286.965,55 GE**							

Tabelle 4-15: Produktionsplan zum systemoptimalen Produktionsgewinn

4.2.3.2 Berechnung des produkteingeschränkten Gewinnoptimums

Über das produkteingeschränkte Gewinnoptimum ist für jedes Systemobjekt anzugeben, welchen Gewinn ein Produktionssystem noch maximal erzielen kann, wenn eines der dort herstellbaren Erzeugnisses nicht produziert wird. Das verlangt sowohl für das Gesamtsystem als auch für dessen Subsysteme die Formulierung eines eigenen system-erzeugnisbezogenen Optimierungsproblems. Dessen Lösung verlangt ein ähnliches Vorgehen wie bei der zuvor erläuterten Berechnung des systemoptimalen Produktionsgewinns (vgl. Kapitel 4.2.3.1). Das Ziel ist es, ebenfalls den erreichbaren Gesamtsystemgewinn über alle dort zulässigen Arbeitszeitmodelle zu maximieren, ohne an einen vorgegebenen Produktmix gebunden zu sein. Die einzige Modifikation bezieht sich auf das Hinzufügen der zusätzlichen Nebenbedingung $x(EZG, S) = 0$. Sie gibt die Nichtproduktion für ein gewähltes Erzeugnis EZG innerhalb eines bestimmten Systemobjekts S vor, so dass dessen Produktionsmenge x den Wert 0 annimmt. Um diese Restriktion in die simplexadäquate Form der Formel 4-28 zu bringen, sind die in Formel 4-12 (S. 86) aufgeführten Umformungsregeln anzuwenden.

$$x(EZG, S) \leq 0 \quad \text{und} \quad -x(EZG, S) \leq 0$$

Formel 4-28: Ergänzende Restriktion zur Gewährleistung der Nichtproduktion eines Erzeugnisses innerhalb eines Systemobjekts

Durch das Einbinden dieser zusätzlichen Nebenbedingung in das Optimierungsproblem aus Abbildung 4-9 (S. 107) errechnet sich ein neues Gewinnmaximum für das Gesamtsystem, welches aufgrund der zusätzlichen Restriktion geringer ausfallen kann. So etwas tritt dann auf, wenn die Nichtproduktion ein Zwischenprodukt betrifft, das für die Herstellung anderer Erzeugnisse existenziell ist. Abbildung 4-10 stellt das simplexkonforme Berechnungsmodell zur Ermittlung des erzeugniseingeschränkten Gewinnoptimums mit seinen geltenden Bedingungen noch einmal zusammenfassend dar, dessen Ergebniswert die Bezeichnung $G_e(EZG, S)$ erhält.

Anforderung	Suche einen Produktionsplan $x \in \mathbb{R}^{|R|}$ für den die Zielfunktion maximal wird!
Zielfunktion	$c(x) = c^T \cdot x - K_{Fix}$
Nebenbedingungen	<ul><li>$\tilde{T}x \leq T_{max}$</li><li>$V_{nv} \cdot x \leq 0$ und $-V_{nv} \cdot x \leq 0$</li><li>$-V_v \cdot x \leq 0$</li><li>$x(EZG, S) \leq 0$ und $-x(EZG, S) \leq 0$</li><li>$x \geq 0$</li></ul>

Abbildung 4-10: Simplexkonformes Optimierungsproblem zur Berechnung des produkteingeschränkten Gewinnoptimums

Verständnisbeispiel:

Wäre bspw. das produkteingeschränkte Gewinnoptimum für EZG_4 aus Sicht des Segments *S2* zu berechnen (vgl. Beispielproduktionssystem aus Anhang D), so liefert die Lösung des Optimierungsproblems aus Abbildung 4-10 einen maximal erreichbaren Gewinn von $G_e(EZG_4, S_2) = 174.265{,}55\,GE$. Dieser korrespondiert mit nachstehendem Produktionsplan aus Tabelle 4-16.

Systemobjekt	*AP1.1.1*		*AP1.1.2*		*AP1.0.1*	*AP2.1.1*	*AP2.1.2*	*AP2.1.3*
E_{AP}	EZG_1	EZG_2	EZG_2	EZG_3	EZG_4	EZG_4	EZG_5	EZG_6
$x(EZG, AP)$ in ME	70.470	34.515	35.250	0	45.333	0	0	0
$G_e(EZG_4, S_2)$	**174.265,55 GE**							

Tabelle 4-16: Produktionsplan des erzeugniseingeschränkten Gewinnoptimums für das Erzeugnis EZG₄ im Segment S2

4.2.3.3   Berechnung der Mixflexibilität

Die Berechnung der Kennzahl für die Mixflexibilität für ein beliebiges Systemobjekts in einem Produktionssystem erfolgt auf Basis der durchschnittlichen Produktionsgewinn-abweichung. Sie ist, dem Berechnungsansatz in Kapitel 4.1.2 entsprechend, aus der mittleren quadratischen Abweichung aller zuvor errechneten produkteingeschränkten Gewinnoptima zu bilden. Hierbei gilt es zu berücksichtigen, dass ausschließlich die produkteingeschränkten Gewinnoptima in die Berechnung mit einfließen, deren Erzeugnisse auch im betreffenden Systemobjekt hergestellt werden können, wie nachstehende Formel 4-29 verdeutlicht.

$$\Delta G_m(S) = \sqrt{\frac{1}{n_E(S)} \cdot \sum_{EZG \in S} \left(G_e(EZG, S) - G_{opt} \right)^2}$$

<u>wobei:</u>

$n_E(S)$: Anzahl der verschiedenen Erzeugnisarten E des Systemobjekts S;

$G_e(EZG, S)$: erzeugniseingeschränktes Gewinnoptimum des Erzeugnisses EZG im Systemobjekt S;

$\Delta G_m(S)$: durchschnittliche Produktionsgewinnabweichung im Systemobjekt S;

G_{opt}: systemoptimaler Produktionsgewinn des Gesamtsystems

Formel 4-29: Berechnung der durchschnittlichen Produktionsgewinnabweichung für ein Systemobjekt

Um die Vergleichbarkeit dieser durchschnittlichen Produktionsgewinnabweichung für verschiedene Systemobjekte eines oder sogar mehrerer Produktionssysteme zu gewährleisten, wird sie, der Formel 4-30 entsprechend, ins Verhältnis zum Optimalgewinn gesetzt und anschließend vom Wert 1, der für vollständige Mixflexibilität steht, abgezogen.

$$F_{Mix}(S) = 1 - \frac{\Delta G_m(S)}{G_{opt}} \cdot 100\%$$

<u>wobei:</u>

$\Delta G_m(S)$: durchschnittliche Produktionsgewinnabweichung im Systemobjekt S;

$F_{Mix}(S)$: Kennzahl der Mixflexibilität des Systemobjekts S;

G_{opt}: systemoptimaler Produktionsgewinn

Formel 4-30: Berechnung der Mixflexibilität für ein Systemobjekt

Es sei an dieser Stelle nochmals auf den Gültigkeitsbereich zur Anwendung der Mixflexibilität hingewiesen. Sie liefert ausschließlich bei einer Mehrproduktproduktion sinnvolle Ergebnisse. Systemobjekte, die lediglich Einproduktfertigung erlauben, erhalten den Wert 0.

Verständnisbeispiel:

Die Berechnungen zur Mixflexibilität für die verschiedenen Systemobjekte im Beispielproduktionssystem aus Anhang D ergeben die in Tabelle 4-17 aufgeführten Kennzahlen.

Systemobjekt	Fabrik					
$F_{Mix}(Fabrik)$	**58.02 %**					
Systemobjekt	S1			S2		
$F_{Mix}(Segment)$	55,77 %			77,33 %		
Systemobjekt	L1.1		-	L2.1		
$F_{Mix}(Linie)$	49,70 %		-	77,33 %		
Systemobjekt	AP1.1.1	AP1.1.2	AP1.0.1	AP2.1.1	AP2.1.2	AP2.1.3
$F_{Mix}(AP)$	51,09 %	86,29 %	0%	0%	0%	0%

Tabelle 4-17: Mixflexibilität der Systemobjekte im Beispielproduktionssystem

Gemäß dieser Kennzahlen weist das Gesamtsystem eine Mixflexibilität von 58,02% auf. Demnach würden Veränderungen am optimalen Produktmixes dazu führen, dass durchschnittliche Gewinneinbußen von 41,98% zu erwarten sind. Somit ist die Zusammensetzung des Produktmixes hier nicht unerheblich für die Wirtschaftlichkeit des Systems, was auf die Existenz bestimmter Produkte innerhalb des Fertigungsspektrums hindeutet, die einen entscheidenden Einfluss auf den Produktionserfolg nehmen. Dabei sind insbesondere beim Arbeitsplatz *AP1.1.1* Flexibilitätsdefizite auszumachen, deren Mixflexibilität maßgeblich vom Erzeugnis EZG_1 abhängt. Nur er kann dieses Erzeugnis EZG_1 produzieren, das ein Bestandteil anderer, veräußerbarer Erzeugnisse darstellt. Demgegenüber wäre der Arbeitsplatz *AP1.1.2* wesentlich unempfindlicher hinsichtlich der Art der Produkterstellung und deshalb auch mixflexibler. Die Konsequenzen aus einer solchen Bewertung sollen allerdings nicht hier, sondern an anderer Stelle in Kapitel 5.2.3.3 diskutiert werden.

4.2.4 Flexibilitätsbewertungsmethode der Erweiterungsflexibilität

Den vorausgegangenen Überlegungen in Kapitel 4.1.3 folgend, orientiert sich das Berechnungsvorgehen zum Quantifizieren der Erweiterungsflexibilität von Produktionssystemen an dem der Mengenflexibilität. Zu diesem Zweck ist ein erweiterungsbezogener Flexibilitätsraum zu bestimmen, der den wirtschaftlichen Aufwand einer nachhaltigen Steigerung der Ausbringungsmengen messbar macht. Er bezieht sich auf das Kosten-Nutzen-Verhältnis der besten Erweiterungsalternative. Dafür notwendige Berechnungen betreffen die erweiterungsbezogene Zielkapazität, die für den Nutzenaspekt steht und die alternativenspezifischen Break-even-Punkte, die unterschiedliche Kostenaspekte repräsentieren.

4.2.4.1 Berechnung der Zielkapazität

Mit dem Definieren einer Zielkapazität wird die mengenbezogene Erweiterung eines betrachteten Produktionssystems oder auch einzelner seiner Subsysteme, gegenüber der bisherigen Maximalkapazität festgelegt. Dadurch lassen sich einerseits Erweiterungsmaßnahmen im Vorfeld ausschließen, die die angestrebte Zielkapazität nicht erreichen. Andererseits ermöglicht dies verschiedene zulässige Erweiterungsalternativen auf einen konkreten Wert festzulegen, was den Aufbau unnötiger, mengenbezogener Flexibilitätspotentiale vermeidet, weil ausschließlich der Break-even-Punkt das Kriterium für die Wahl einer Alternative darstellt (vgl. Kapitel 4.1.3).

Das Berechnen der Zielkapazität erfolgt für alle Systemobjekte eines Produktionssystems gleichermaßen, indem, unter Berücksichtigung eines gegebenen Produktmixes, vom Benutzer der Bewertungsmethodik eine prozentuale Kapazitätserweiterung festlegt wird. Diese multipliziert sich dann mit der bisherigen, auf diesen Produktmix bezogenen Maximalkapazität, wie Formel 4-31 verdeutlicht.

$$ZK(S) = (1 + k) \cdot x_{MAX}(S)$$

<u>wobei:</u>

$ZK(S)$: Zielkapazität des Systemobjekts S ;

$x_{MAX}(S)$: Maximalkapazität für das Systemobjekt S ;

k : durch den Benutzer vorgegebene Kapazitätserweiterung des Systemobjekts S in Prozent

Formel 4-31: Berechnung der Zielkapazität für ein Systemobjekt

Mit dem Errechnen der Zielkapazität lassen sich, wie bereits erwähnt, die Erweiterungsalternativen identifizieren deren Ausbringungsmengen zu gering sind. Dazu wird nach Vorbild der Maximalkapazitätsberechnungen zur Mengenflexibilität vorgegangen (vgl. Kapitel 4.2.2.1) und für jede potentielle Alternative deren Maximalkapazität ermittelt. In Abhängigkeit davon, ob die geplanten Erweiterungen das Gesamtsystem oder ein Subsystem betreffen, ergibt sich ein alternativenspezifisches Optimierungsproblem nach Abbildung 4-5 (S. 91) bzw. Abbildung 4-6 (S. 94). Zu dessen Lösung kommt der Simplex-Algorithmus zur Anwendung. Durch das Vergleichen der errechneten Maximalkapazitäten mit der Zielkapazität lassen sich anschließend die Erweiterungsalternativen eliminieren, die den Zielwert nicht erreichen.

Verständnisbeispiel:

Zur besseren Nachvollziehbarkeit des zuvor geschilderten Zusammenhangs soll auf das Segment *S2* des Beispielproduktionssystems (vgl. Anhang D) zurückgegriffen werden, dessen bisherige Maximalkapazität um 15 Prozent zu erhöhen ist. Im Anhang D.3 sind diesbezüglich drei Erweiterungsalternativen angegeben, die hinsichtlich ihrer Zielerfüllung zu überprüfen sind. Sie betreffen den Aufbau einer redundanten Fertigungslinie (Alternative 1), den Aufbau eines zusätzlichen Arbeitsplatzes (Alternative 2) und die Modifizierung von Arbeitsplätzen (Alternative 3).

Die Berechnung der Maximalkapazität für das Segment *S2* ergab, für den auf das Gesamtsystem bezogenen Produktmix $EZG_2 : EZG_3 : EZG_4 : EZG_6 = 1 : 2 : 1,5 : 2$, eine maximale Ausbringungsmenge von $x_{MAX}(S_2) = 116.267$ Mengeneinheiten. Da eine 15prozentige Kapazitätserweiterung für das Segment *S2* gefordert wird, nimmt $k = 0,15$ an. Hieraus leitet die sich nachstehende Berechnung ab:

$$ZK(S_2) = (1 + 0,15) \cdot 116.267 \text{ ME}$$

Somit beträgt die Zielkapazität für Segment *S2*:

$$ZK(S_2) = 133.707\,\text{ME}$$

Zur Überprüfung des Erreichens der Zielkapazität durch die drei potentiellen Erweiterungsalternativen, ist für jede von ihnen einzeln die neue Maximalkapazität zu berechnen, die das Segment *S2* bei ihrer Umsetzung erzielen kann. Dementsprechend werden für das Systemobjekt *S2* drei separate, alternative Optimierungsprobleme gemäß Abbildung 4-6 (S. 94) formuliert. Die Anwendung des Simplex-Algorithmus liefert folgende Kapazitätswerte:

- Alternative 1: $x_{MAX}(S_1) = 220.424\,\text{ME}$

- Alternative 2: $x_{MAX}(S_1) = 133.843\,\text{ME}$

- Alternative 3: $x_{MAX}(S_1) = 123.133\,\text{ME}$

Ein Vergleich zwischen den alternativenspezifischen Maximalkapazitäten und dem Wert der Zielkapazität zeigt, dass die Alternative 3 (Modifizierung von Arbeitsplätzen) zu einer unzureichenden Ausbringungsmenge führt. Sie bleibt deshalb für das weitere Vorgehen unberücksichtigt.

4.2.4.2 Berechnung des alternativenspezifischen Break-even-Punkts

Die alternativenspezifische Break-even-Punkt-Berechnung bezweckt, aus den zulässigen, auf ein bestimmtes Systemobjekt bezogenen Erweiterungsalternativen, diejenige zu identifizieren, deren Realisierung das beste Kosten-Nutzen-Verhältnis aufweist. Anhand des Break-even-Punkts, der das Entscheidungskriterium hierfür darstellt, zeigt sich, welche der Alternativen die geringste Mindestproduktionsmenge zur Deckung der Gesamtkosten im betreffenden Produktionssystem erbringt (für einen vorgegebenen Produktmix). Diese Alternative ist dann für die Berechnung einer konkreten Kennzahl zur Erweiterungsflexibilität des betrachteten Systemobjekts heranzuziehen.

Das Ermitteln der verschiedenen Break-even-Punkte $x_{BE_A}(S)$ erfolgt in gleicher Form wie bei der Mengenflexibilität, wonach eine Unterscheidung zwischen dem Berechnungsvorgehen für das Gesamtsystem und der für Subsysteme zu erfolgen hat. Somit wird für jede zulässige Alternative das zugehörige simplexkonforme Optimierungsproblem gemäß Abbildung 4-5

(S. 91) bzw. Abbildung 4-6 (S. 94) aufgestellt und danach mit dem Simplex-Algorithmus gelöst.

Verständnisbeispiel:

Rückblickend auf das zuletzt erörterte Verständnisbeispiel wurde die Erweiterungsalternative 3 zum Beispielproduktionssystems aus Anhang D bereits ausselektiert, da sie die Zielkapazität nicht erreichte. Deshalb müssen lediglich die Break-even-Punkte zur Alternative 1 und zur Alternative 2 bestimmt werden. Unter Einbeziehung der im Anhang D.3 aufgeführten alternativenabhängigen Berechnungsparameter ergeben sich für das Segment $S2$ folgende alternativenspezifische Break-even-Punkte:

- Alternative 1: $x_{BE_1}(S_1) = 60.739\ \mathrm{ME}$

- Alternative 2: $x_{BE_2}(S_1) = 57.383\ \mathrm{ME}$

Der Aufbau eines zusätzlichen Arbeitsplatzes (Alternative 2) stellt demzufolge die Erweiterungsmaßnahme mit dem kleinsten Break-even-Punkt dar und weist somit bei einer 15%igen Kapazitätserweiterung das beste Kosten-Nutzen-Verhältnis für das Segment $S2$ auf. Aus diesem Grund ist auch der mit der Umsetzung dieser Erweiterung verbundene Aufwand am wirtschaftlichsten.

4.2.4.3 Berechnung der Erweiterungsflexibilität

Um die Erweiterungsflexibilität eines bestimmten Systemobjekts letztendlich berechnen zu können, muss zuerst der erweiterungsbezogene Flexibilitätsraum von diesem bestimmt und anschließend in Relation zum ursprünglichen Flexibilitätsraum des Systemobjekts gesetzt werden. Während die Größe des ursprünglichen Flexibilitätsraums bereits aus den Berechnungen zur Mengenflexibilität bekannt ist (vgl. Formel 4-23), ermittelt sich der erweiterungsbezogene Flexibilitätsraum aus der Quantifizierung des Kosten-Nutzen-Verhältnisses der besten Erweiterungsmaßnahme. Dazu wird der Formel 4-32 entsprechend, deren Break-even-Punkt von der Zielkapazität subtrahiert.

$$ZK(S) - x_{BE_A}(S)$$

Formel 4-32: Berechnung des erweiterungsbezogenen Flexibilitätsraums für unterschiedliche Systemobjekte

Um von dem so ermittelten erweiterungsbezogenen Flexibilitätsraum die Kennzahl zur Erweiterungsflexibilität des betrachteten Systemobjekts zu ermitteln und deren Vergleichbarkeit mit anderen zu gewährleisten, kommt Formel 4-33 zur Anwendung.

$$F_{Erweiterung}(S) = \frac{ZK(S) - x_{BE_A}(S)}{x_{MAX}(S) - x_{BE}(S)} \cdot 100\%$$

Formel 4-33: Berechnung der Erweiterungsflexibilität für unterschiedliche Systemobjekte

Verständnisbeispiel:

Ausgehend von beiden vorangegangenen Verständnisbeispielen zur Bestimmung der Zielkapazität und der alternativenspezifischen Break-even-Punkte, ist für die Erweiterung der Maximalkapazität des Segments *S2* im Beispielproduktionssystem (vgl. Anhang D) der Aufbau eines zusätzlichen Arbeitsplatzes (Alternative 2) anzustreben. Unter Berücksichtigung des für das Gesamtsystem gegebenen Produktmixes von $EZG_2 : EZG_3 : EZG_4 : EZG_6 = 1 : 2 : 1,5 : 2$ resultiert daraus ein erweiterungsbezogener Flexibilitätsraum, von:

$$ZK(S_2) - x_{BE_A}(S_2) = 133.707\,\text{ME} - 57.383\,\text{ME} = \mathbf{76.324\ ME}$$

Da die Größe des ursprünglichen Flexibilitätsraums mit:

$$x_{MAX}(S_2) - x_{BE}(S_2) = 116.267\,\text{ME} - 56.532\,\text{ME} = \mathbf{59.735\ ME}$$

aus den vorangegangenen Berechnungen zur Mengenflexibilität bereits bekannt ist, ergibt sich für die Erweiterungsflexibilität des Segments *S2* folgende Kennzahl:

$$F_{Erweiterung}(S_2) = \frac{76.324}{59.735} \cdot 100\% = \mathbf{127,77\ \%}$$

Aufgrund der für das Segment *S2* ermittelten Erweiterungsflexibilität von über 100% kann geschlossen werden, dass die vorgesehene Erweiterung bezüglich des Segments zu einer Verbesserung der Mengenflexibilität führt. In Anlehnung an die in Kapitel 4.1.3 beschriebenen Fallunterscheidungen zur Größenänderung des erweiterungsbezogenen Flexibilitätsraums, gilt das Systemobjekt als „vollständig erweiterungsflexibel". Die Auswirkungen derartiger Erweiterungen auf die Flexibilität anderer Systemobjekte sowie eine Detaillierung der Einsatzmöglichkeiten und der Zweckmäßigkeit, der mit diesem Bewertungsvorgehen errechenbaren Kennzahlen, ist Gegenstand von Kapitel 5.2.3.2.

4.3   Definition des kostenrechnerischen Bezugsrahmens

Entsprechend oben genannten Ausführungen zu den Bewertungsmethoden der Mengen-, Mix- und Erweiterungsflexibilität, geht das Ermitteln systemabhängiger Flexibilitätskennzahlen auf spezifische Optimierungsprobleme zurück. Sie sind unter Zuhilfenahme des Simplex-Algorithmus lösbar. Ein solches Optimierungsproblem ist ein mathematisch aufgebautes, logische Beziehungen beinhaltendes Modell, das über Parameter beschrieben wird, die sich auf flexibilitätsbeschreibende Eigenschaften von Produktionssystemen beziehen. Als veränderliche Elemente, denen bestimmte Daten zugewiesen werden, gliedern sich diese Parameter, wie bereits in Kapitel 4.2.1.1 erläutert, in drei grundsätzliche Arten: in nicht-kostenbezogene, kostenbezogene und benutzerabhängige Berechnungsparameter (vgl. Tabelle 4-2, Tabelle 4-3, Tabelle 4-4 auf den Seiten 73-74). Weil deren konkrete Wertermittlung unmittelbar die Qualität der Flexibilitätsberechnungsergebnisse beeinflusst, erfolgt dies nach festgelegten Kriterien. Das betrifft vor allem die kostenbezogenen Berechnungsparameter, deren Wertzuweisungen im Besonderen vom Umfang der produktbezogenen Leistungserstellung (Kosten) und Leistungsveräußerung (Erlöse) abhängen. Um sie im Kontext der Flexibilitätsuntersuchungen möglichst genau berechnen zu können, bedarf es jedoch einer vorausgehenden Erfassung und Strukturierung (Aufschlüsselung) der mit der Wertschöpfung verbundenen, variablen und fixen Kostenelemente in Produktionssystemen. Hierfür eignet sich die in der Betriebswirtschaft etablierte Kosten- und Leistungsrechnung (KLR). Wesentliches Kennzeichen der KLR, oftmals auch nur Kostenrechnung genannt, ist die Berücksichtigung aller wirtschaftlich auswertbaren Vorgänge über durchgeführte oder geplante Geschäftsabläufe, zu deren Zweck ein sog. Kontenrahmen angelegt wird. Dieser folgt einem speziellen Schema, das die Datengrundlage für verschiedene betriebswirtschaftliche Auswertungen bildet (vgl. [Eber-04] [Götz-04]).

Um eine einheitliche, vollständige und transparente Kostenstrukturierung auch für die Bewertungsmethodik zu gewährleisten, die zur Berechnung reproduzierbarer Mengen-, Mix- und Erweiterungsflexibilitäten führt, ist ebenfalls ein solcher Kontenrahmen erforderlich. Dieser, nachfolgend *kostenrechnerischer Bezugsrahmen* genannt, hat zur Aufgabe, die verschiedenen in einem Produktionssystem anfallenden Kostenelemente auf die kostenbezogenen Berechnungsparameter (vgl. Tabelle 4-3, S. 74) der einzelnen bewertungsrelevanten Objekte zu verteilen.

4.3.1   Auswahl eines Kostenrechnungsverfahrens

Aufgrund verschiedener in Theorie und Praxis existierender Kostenrechnungsverfahren, nach denen ein Aufbau des beabsichtigten kostenrechnerischen Bezugsrahmens erfolgen kann, muss zuerst geklärt werden, welches der potentiellen Verfahren sich am besten für die vorgesehenen Belange einer Kostenstrukturierung innerhalb der Bewertungsmethodik eignet. Im Anhang A.1 befindet sich hierzu eine nähere Beschreibung grundlegender Verfahren der KLR, auf deren Grundlage nachstehend die Auswahl für eines von diesen getroffen wird.

4.3.1.1 Auswahl eines Kostenrechnungsverfahrens

Grundsätzlich lassen sich Kostenrechnungsverfahren hinsichtlich ihres Zurechnungsumfangs in Voll- und Teilkostenrechnung unterscheiden (vgl. Anhang A.1.1). Beide Hauptrechnungsarten der KLR würden sich prinzipiell für den kostenrechnerischen Bezugsrahmen eignen, zumal sie auch beide in der Praxis Anwendung finden.

Für die *Vollkostenrechnung* spricht hauptsächlich, dass die KLR ursprünglich aus ihr hervorgegangen ist und der Wahrung des finanziellen Gleichgewichts für jedes Unternehmen dient. Das Ausführen der drei Rechnungsstufen, Kostenarten-, Kostenstellen- und Kostenträgerrechnung (vgl. Anhang A.1.2) führt zu einer Übersicht bzgl. Art, Umfang und Struktur des betrieblichen Werteverzehrs sowie zu Entstehungsorten der Kosten und Leistungen. Der Vorteil liegt in einer angemessenen Kostenaufschlüsselung zur Berechnung der Flexibilitätskennzahlen. Allerdings erweist sich die verursachungsgerechte Aufschlüsslung der Gemeinkosten auf die jeweiligen Kostenstellen als äußerst schwierig, da sehr schnell Ungenauigkeiten und Fehler auftreten können. Hieraus resultiert die nicht zu unterschätzende Gefahr unpräziser Flexibilitätsberechnungsergebnisse. Ebenfalls kritisch ist die fehlende Berücksichtigung der Beschäftigung/Auslastung bei der Gemeinkostenumlage auf die Kostenträger zu sehen. Dies stellt sich zwar nicht als problematisch bei den variablen, wohl aber bei den fixen Kosten heraus, denn im Rahmen der Flexibilitätsbewertungen hängt die Fixkostenbelastung pro Stück von der Auslastung ab. Der gravierendste Einwand besteht jedoch darin, dass sich die Vollkostenrechnung als Grundlage für Unternehmens-entscheidungen nicht eignet und Marktdaten nur unzureichend berücksichtigt (vgl. [Eber-04] [Hofm-04]). Genau das ist aber das Anliegen der zu entwickelnden Bewertungsmethodik, die als Entscheidungshilfe im Produktionsunternehmen verlässliche Einschätzungen über die Flexibilität der Produktionssysteme zur rechtzeitigen Reaktion auf Marktunsicherheiten gewährleisten soll.

Die *Teilkostenrechnung* gilt im Vergleich dazu als wettbewerbsorientierter und gestattet eine verhältnismäßig leichte Aufschlüsselung der anfallenden Kosten in variable bzw. fixe Bestandteile (vgl. Anhang A.1.3). Das erlaubt eine einfache und schnelle Verteilung dieser auf die kostenbezogenen Berechnungsparameter der bewertungsrelevanten Objekte in einem Produktionssystem. Umgekehrt verlangt der Einsatz der Vollkostenrechnung das zusätzliche

Aufstellen einer möglichst praxisnahen Kostenfunktion, die in die verschiedenen, innerhalb Kapitel 4.2 vorgestellten Optimierungsprobleme einzubinden ist. Da jedoch allein das Finden einer solchen Kostenfunktion schon hohe Unsicherheiten birgt, kann von genaueren und weniger fehlerbehafteten Berechnungsergebnissen bei der Teilkostenrechnung ausgegangen werden. Für sie spricht außerdem eine bessere Berücksichtigung von Beschäftigungs-/Auslastungsänderungen, wie auch die leichtere Einbeziehung von szenariobasierten Zusatzkosten, z.B. infolge von Erweiterungsmaßnahmen. Allerdings weist auch die Teilkostenrechnung gewisse Nachteile auf und gilt daher für bestimmte Aufgaben als ungeeignet bzw. nur bedingt anwendbar, wie bei der langfristigen Preispositionierung oder der Stück- und Auftragsgewinnermittlung (vgl. dazu [Götz-04] [NN-05]). Im Kontext dieser Arbeit fallen derartige Defizite jedoch nicht ins Gewicht, weshalb die Entscheidung zu ihren Gunsten ausfällt.

Aufgrund der bestehenden Unterteilung der Teilkostenrechnung in die drei grundsätzlichen Rechnungssysteme Teilkostenrechnung mit globaler Fixkostenbehandlung, Teilkostenrechnung mit differenzierter Fixkostenbehandlung und Relative Einzelkostenrechnung (vgl. Abbildung A 2, S. 207) bedarf es einer zusätzlichen Suche nach dem zweckmäßigsten dieser Rechnungssysteme. Bedingt durch die Anforderungen an die Bewertungsmethodik, eine fokussierbare Flexibilitätsbewertung von der Arbeitsplatz- bis hin zur Fabrikebene vorzunehmen (vgl. Kapitel 3.2), sind verschiedene Organisationshierarchien in einem Produktionssystem zu beachten. Hierdurch fällt eine erhebliche Anzahl an Kostenarten an, deren Komplexität sich durch die Berücksichtigung einer Mehrproduktproduktion zusätzlich erhöht und eine sinnvolle Aufschlüsselung überdies erschwert. Deshalb sollen die drei Teilkostenrechnungssysteme im Folgenden danach beurteilt werden, inwieweit sie sich für eine Kostenerfassung und -strukturierung auf unterschiedlichen Betrachtungsebenen eignen.

4.3.1.2   Auswahl eines Teilkostenrechnungsverfahrens

In der Teilkostenrechnung mit globaler Fixkostenbehandlung (vgl. Anhang A.1.3.1) erfolgt nur eine grobe Kosteneinteilung, die direkt produktabhängige, variable Kosten und globale Fixkosten unterscheidet. Letztere werden allen Produkten angelastet, wodurch eine produkt- und produktgruppenabhängige Verteilung der Fixkosten, wie sie in der Praxis bei Mehrproduktproduktion tatsächlich erforderlich wäre, nicht möglich ist. Darüber hinaus lässt sich wegen des nicht aufschlüsselbaren Fixkostenblocks keine ebenenspezifische Kostenverteilung auf Arbeitsplätze, Linien, Segmente und die Fabrik vornehmen. Daher reicht die Aussagekraft dieses Verfahrens zur Erfüllung der verlangten Aufgabenstellung nicht aus.

Im Vergleich dazu erlauben die Teilkostenrechnung mit differenzierter Fixkostenbehandlung (vgl. Anhang A.1.3.2) und die Relative Einzelkostenrechnung (vgl. Anhang A.1.3.3) eine Fixkostenaufschlüsselung unter Berücksichtigung produkt- und produktgruppenbezogener Abhängigkeiten sowie deren Verteilung auf verschiedene Organisationshierarchien. Somit empfehlen sich beide Rechnungsverfahren für eine Kostenverteilung über mehrere Betrachtungsebenen. Dennoch wird dem Teilkostenrechnungssystem mit differenzierter Fixkostenbehandlung der Vorzug gegeben, weil es im Gegensatz zum anderen eine breite Anwendung in der Praxis findet. Die fehlende Akzeptanz für das Riebelsche Rechnungssystem liegt in der zu starken Differenzierung des Fixkostenblocks, die bei der praktischen Arbeit häufig zu unüberwindlichen Problemen führt und somit die Aufstellung periodischer Betriebsergebnisrechnungen außerordentlich erschwert. Da allerdings die Praxistauglichkeit ein wesentliches Erfolgskriterium der zu entwickelnden Bewertungsmethodik darstellt, ist bei der Definition des kostenrechnerischen Bezugsrahmens auf die Teilkostenrechnung mit differenzierter Fixkostenbehandlung zurückzugreifen.

4.3.2   Bestimmung der Bezugshierarchien

Gemäß der Vorgehensweise beim Teilkostenrechnungsverfahren mit differenzierter Fixkostenbehandlung sind die hier zu strukturierenden variablen und fixen Kostenbestandteile in Zurechnungsobjekte zu unterschieden, die sich hierarchisch von der untersten zur obersten Ebene aufbauen (vgl. Anhang A.1.3.2). Bei der Festlegung dieser Hierarchie ist von den Anforderungen an die Bewertungsmethodik auszugehen, wonach eine ebenenspezifische Auswertbarkeit der Flexibilitätsberechnungen verlangt wird (vgl. Kapitel 3.2). Demzufolge werden die Arbeitsplätze als unterstes Kostenrechnungsobjekt angesehen, dessen nächst höhere Kostenerfassungsebene das Objekt Linie darstellt, welches mehrere Arbeitsplätze einschließen kann. Entsprechend, der in Kapitel 2.1.3 beschriebenen Betrachtungsebenen von Produktionssystemen, bildet das Objekt Segment die gegenüber der Line nächst höhere Ebene. Diesem können verschiedene Linien wie auch einzelne Arbeitsplätze ohne Linienbindung angehören, so dass sich hierüber produktionsbedingte Kostenelemente weiterverteilen, die bislang noch nicht auf Arbeitsplatz- oder Linienebene verrechnet wurden. Die oberste Hierarchie ist das Fabrikobjekt, dem zwangsläufig alle verbleibenden Kosten anzulasten sind.

Abbildung 4-11 fasst noch einmal die einzelnen Hierarchiestufen von Kostenobjekten des kostenrechnerischen Bezugsrahmens zusammen und stellt sie den vorgesehenen Bezugsebenen aus dem Teilkostenrechnungsverfahren mit differenzierter Fixkostenbehandlung gegenüber.

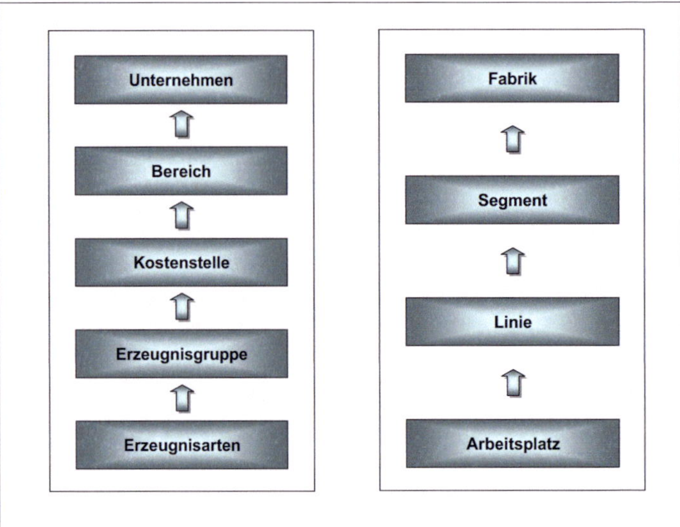

Abbildung 4-11: Vergleichende Betrachtung der Bezugshierarchien des gewählten Teilkostenrechnungsverfahrens (links) und des kostenrechnerischen Bezugsrahmens (rechts)

4.3.3   Definition grundsätzlicher Kostenarten

Entsprechend der erfolgten Einteilung der Bezugshierarchien werden im Weiteren Kostenarten festgelegt, die die wesentlichen Kosteninformationen jeder einzelnen Ebene in einer zweckmäßigen Form zusammenfassen. Berücksichtigung finden hierbei jedoch nur solche Kosten, die entweder direkt oder indirekt mit dem Wertschöpfungsprozess des Produktionssystems in Verbindung stehen. Sofern sie keinen Bezug dazu haben, also produktionsfremd sind, wie bspw. Finanzanlagen oder produktunabhängige Dienstleistungen (z.B. Reparatur-/Wartungsaufträge verwandter Produkte, etc.) bleiben deren Kosten und Leistungen unberücksichtigt. Gleiches gilt ebenfalls für die Produktentwicklung und -konstruktion, die sich nicht im Fokus der hier vorliegenden Arbeit befinden.

Die Auswahl und Gliederung dieser Kostenarten erfolgt auf Basis der in Kapitel 2.1.2 identifizierten Ressourcen von Produktionssystemen und durchgeführter Untersuchungen innerhalb der betrieblichen Praxis, nach einer dem Autor als sinnvoll erachteten Form. Hierfür wurde eine hohe Abstraktionsebene gewählt, um sicherzustellen, dass eine weitgehend allgemeingültige und unternehmensunabhängige Kostenaufschlüsselung möglich ist, die bei Bedarf unternehmensspezifisch detailliert werden kann.

Nachstehend sind die für relevant befundenen Kostenarten aufgeführt, die sich den gewählten Bezugshierarchien entsprechend gliedern. Eine nähere Beschreibung ihrer Bedeutungsinhalte lässt sich dem Anhang C.1 entnehmen:

- **Arbeitsplatzebene:** Wie bereits in Kapitel 2.1.3 dargelegt, wird ausschließlich hier die eigentliche Leistungserstellung, d.h. die physikalische Wertschöpfung, vollzogen. Die hiermit in Verbindung stehenden und dem kostenrechnerischen Bezugsrahmen zuzuordnenden Kostenarten betreffen:

  1. erzeugnisbezogene Materialkosten der Arbeitsplatzebene

  2. erzeugnisbezogene Personalkosten der Arbeitsplatzebene

  3. erzeugnisunabhängige Materialkosten der Arbeitsplatzebene

  4. Betriebsmittelkosten der Arbeitsplatzebene (wird unterschieden in Betriebsmittelkosten für direkte und für indirekte Produktionsbeteiligung)

  5. Instandhaltungskosten der Betriebsmittel der Arbeitsplatzebene

  6. Erweiterungskosten der Arbeitsplatzebene

- **Linienebene:** Auf dieser Hierarchie, deren einheitliches Kennzeichen die Verkettung von Arbeitsplätzen im Interesse eines fließenden Fertigungsablaufes ist (vgl. Kapitel 2.1.3.2), werden folgende Kostenarten als grundlegend erachtet:

  1. erzeugnisunabhängige Materialkosten der Linienebene

  2. erzeugnisunabhängige Personalkosten der Linienebene

  3. Betriebsmittelkosten der Linienebene

  4. Instandhaltungskosten der Betriebsmittel auf Linienebene

  5. Erweiterungskosten auf Linienebene

- **Segmentebene:** Gemäß dem dieser Arbeit zugrunde gelegten Verständnis von Fertigungssegmenten fassen sie, infolge ihrer produktorientierten Eigenständigkeit, verschiedene Produktionseinheiten (Linien und Arbeitsplätze) zusammen (vgl. Kapitel 2.1.3.3). Sie ähneln hierbei im gewissen Sinne den Linien (Verkettung von Arbeitsplätzen), weil die Kostenarten dieser Hierarchie identisch zu denen der Linieebene sind:

1. erzeugnisunabhängige Materialkosten der Segmentebene

2. erzeugnisunabhängige Personalkosten der Segmentebene

3. Betriebsmittelkosten der Segmentebene

4. Instandhaltungskosten der Betriebsmittel auf Segmentebene

5. Erweiterungskosten auf Segmentebene

- **Fabrikebene:** Der Ursprung der Kosten, die hier anfallen, liegt entsprechend den Erkenntnissen aus Kapitel 2.1.3.4, in den indirekten, zentralen Prozessen des Produktionssystems. Sie leisten lediglich einen mittelbaren Beitrag zur Produkterstellung, haben aber dennoch einen untrennbaren Bezug zur Produktion. Daher bedarf es ebenfalls einer Erfassung der durch sie verursachten Kosten. Ausgeschlossen davon bleiben, wie am Anfang des Kapitels erwähnt, produktionsfremde Kosten, die nicht relevant für die Produkterstellung sind, jedoch trotzdem im Kontext der Fabrik anfallen können. Ihr Herausrechnen ist im Vorfeld einer Kostenzuordnung sicherzustellen. Nachfolgend aufgeführte Kostenarten gelten für diese Hierarchie:

1. erzeugnisunabhängige Materialkosten der Fabrikebene

2. erzeugnisunabhängige Personalkosten der Fabrikebene

3. Betriebsmittelkosten der Fabrikebene

4. Instandhaltungskosten der Betriebsmittel auf Fabrikebene

5. Erweiterungskosten auf Fabrikebene

6. Umweltkosten des Produktionssystems

Tabelle 4-18 fasst die Einordnung aller hier aufgeführten Kostenarten einer jeden Bezugsebene im kostenrechnerischen Bezugsrahmen noch einmal zusammen.

Kostenkategorien und Kostenarten		Zurechnungsobjekte (Bezugshierarchien)									
		Arbeitsplatzebene			Linienebene			Segmentebene			Fabrikebene
		AP 1	AP 2	AP x	Linie 1	Linie 2	Linie x	Segmet 1	Segmet 2	Segmet x	Name der Fabrik
variable Kosten	**erzeugnisbezogene Materialkosten**	■	■	■	□	□	□	□	□	□	□
	Rohstoffe	■	■	■	□	□	□	□	□	□	□
	Hilfsstoffe	■	■	■	□	□	□	□	□	□	□
	Werkstoffe	■	■	■	□	□	□	□	□	□	□
	Bauteile/Baugruppen	■	■	■	□	□	□	□	□	□	□
	Energie	■	■	■	□	□	□	□	□	□	□
	erzeugnisbezogene Personalkosten	■	■	■	□	□	□	□	□	□	□
"unechte" Fixkosten	**erzeugnisunabhängige Materialkosten**	■	■	■	■	■	■	■	■	■	■
	erzeugnisunabhängige Personalkosten	□	□	□	■	■	■	■	■	■	■
	Instandhaltungskosten von Betriebsmitteln	■	■	■	■	■	■	■	■	■	■
	Umweltkosten	□	□	□	□	□	□	□	□	□	■
"echte" Fixkosten	**Betriebsmittelkosten**	■	■	■	■	■	■	■	■	■	■
	für direkte Prouktionsbeteiligung	■	■	■	□	□	□	□	□	□	□
	für indirekte Produktionsbeteiligung	■	■	■	■	■	■	■	■	■	■
	Erweiterungskosten	■	■	■	■	■	■	■	■	■	■

Legende: ■ Bezugshierarchie berücksichtigt die Kostenart   □ Bezugshierarchie berücksichtigt die Kostenart nicht

Tabelle 4-18: Ebenenbezogene Einordnung grundsätzlicher Kostenarten innerhalb des kostenrechnerischen Bezugsrahmens

4.3.4   Einordnung der definierten Kostenarten in Kostenkategorien

Mit dem Definieren des kostenrechnerischen Bezugsrahmens ist für ein Produktionssystem festgelegt, welche Kostenelemente seinen auf verschiedenen Hierarchieebenen organisierten Systemobjekten zuzuordnen sind. Um allerdings konkrete Werte zu den kostenbezogenen Berechnungsparametern (vgl. Tabelle 4-3, S. 74) für ein solches Systemobjekt ermitteln zu können, wird zusätzlich eine Kategorisierung der Kostenarten in variable und in fixe Kosten notwendig. Das Vorgehen zum Bestimmen dieser variablen und fixen Parameterwerte, die eine wesentliche Voraussetzung für die Anwendung der Bewertungsmethoden zur Mengen-, Mix- und Erweiterungsflexibilität (vgl. Kapitel 4.2) bildet, soll Gegenstand der weiteren Ausführungen sein.

4.3.4.1   Bestimmung der variablen Kosten

Grundsätzliches Merkmal nach dem erfasste Kostenelemente als variabel gelten, soll ihre *eindeutige Zurechenbarkeit nach Erzeugnis und Arbeitsplatz* sein. Dementsprechend variiert ihr Betrag bei einer Änderung der Art und des Umfangs der Produktion. Aus Sicht der in Kapitel 4.3.3 definierten Kostenarten betrifft dies die erzeugnisbezogenen Materialkosten als auch die erzeugnisbezogenen Personalkosten. Beide fallen ausschließlich für Systemobjekte der Arbeitsplatzebene an und erhöhen sich kontinuierlich mit jedem produzierten Erzeugnis. Ihre variablen Gesamtkosten errechnen sich daher aus der Summe der für ein Erzeugnis benötigten Material- und Personalkosten. Da ihre Höhe davon abhängen kann an welchem Arbeitsplatz ein Erzeugnis produziert wurde, ist die jeweilige Erzeugnis-Arbeitsplatz-Kombination zu beachten (vgl. Formel 4-34).

$$K_{var}(EZG, AP) = K_{Mat}(EZG, AP) + K_{Personal}(EZG, AP),$$

<u>wobei:</u>

$K_{Mat}(EZG, AP)$: Materialkosten für eine bestimmte Erzeugnis-Arbeitsplatz-Kombination;

$K_{Personal}(EZG, AP)$: Personalkosten für eine bestimmte Erzeugnis-Arbeitsplatz-Kombination;

$K_{var}(EZG, AP)$: variable Gesamtkosten für eine bestimmte Erzeugnis-Arbeitsplatz-Kombination

Formel 4-34:Berechnung der variablen Kosten einer Erzeugnis-Arbeitsplatz-Kombination

Problematisch bei der Anwendung der Formel 4-34 ist allerdings die fehlende Einbeziehung verschiedener Arbeitszeitmodelle, die voneinander abweichende, variable Kosten zu einer Erzeugnis-Arbeitsplatz-Kombination hervorrufen, was nachfolgendes Beispiel verdeutlicht:

Verständnisbeispiel:

Ein Produktionssystem wird im Dreischichtbetrieb (24 Stunden je Tag) von Montag bis Freitag betrieben, was variable Gesamtkosten in Höhe von *2 GE* für eine bestimmte Erzeugnis-Arbeitsplatz-Kombination verursacht. Hier hineingerechnet sind bereits die Lohnzulagen für die Nachtarbeit. Sofern sich dieses Arbeitszeitmodell ändert, um bspw. über einen Vier/oder Fünfschichtbetrieb die maximale Betriebsmittelauslastung zu erreichen, kann das zu einer Erhöhung der variablen Kosten des betrachteten Erzeugnisses auf *2+ x GE* führen, da zusätzlich Lohnzulagen für die Wochenendarbeit anfallen.

Weil sich derartige Schwankungen auf die Ergebnisse der Flexibilitätsberechnungen entscheidend auswirken können, bedarf es einer gesonderten Betrachtung der variablen Kosten für jedes anwendbare Arbeitszeitmodell. Dementsprechend wird Formel 4-34 um einen Arbeitszeitmodellindex *AZM* gemäß Formel 4-35 erweitert:

$$K_{var,AZM}(EZG, AP) = K_{Mat,AZM}(EZG, AP) + K_{Personal,AZM}(EZG, AP)$$

Formel 4-35: Berechnung der variablen Kosten einer Erzeugnis-Arbeitsplatz-Kombination in Abhängigkeit vom Arbeitszeitmodell

Ein anderer wichtiger Aspekt, der Einfluss auf die Höhe der variablen Kosten einer Erzeugnis-Arbeitsplatz-Kombination nimmt, betrifft deren spezifische Ausschussrate

$a_{AZM}(EZG, AP)$, die in Abhängigkeit vom verwendeten Arbeitszeitmodell unterschiedlich hoch ausfallen kann. Da sich die Ausschussrate eines Arbeitsplatzes sowohl in seine Produktionskosten als auch in seine Produktionsmenge einkalkulieren lässt, soll ihr im Zuge der Kostenermittlung keine Bedeutung zukommen. Sie findet stattdessen innerhalb der nicht-kostenbezogenen Berechnungsparameter Berücksichtigung (vgl. Tabelle 4-2, S. 73) und nimmt hierüber Einfluss auf die Flexibilitätsbewertungsergebnisse.

4.3.4.2   Bestimmung der fixen Kosten

Nach der vorangegangenen Abgrenzung der variablen Kosten in erzeugnisbezogene Material- und erzeugnisbezogene Personalkosten lassen sich prinzipiell alle verbleibenden Kostenarten in die Kategorie der Fixkosten einordnen. Allerdings setzt dies eine vorherige Unterscheidung zweier verschiedener Gruppen von Fixkosten voraus. Die Ursache hierfür ist, dass in einem Produktionssystem Kostenelemente existieren, deren Aufschlüsselung nach einer Erzeugnis-Arbeitsplatz-Kombination zwar nicht eindeutig erfolgen kann, dennoch verändert sich deren Höhe mit Art und Umfang der Produktion. Derartige Kosten sollen deshalb der Gruppe der *„unechten"* *Fixkosten* zugerechnet werden. Beispiele hierfür können variierende Betriebsstoff- oder Instandhaltungskosten beim Wechsel des Arbeitszeitmodells sein. Die andere Fixkostengruppe setzt sich folglich aus sog. *„echten"* *Fixkosten* zusammen, die unabhängig von einer Veränderung des Produktionsumfangs oder der Zusammensetzung des Produktmixes immer konstant bleiben. Ein typisches Beispiel dafür bilden die Abschreibungskosten der Betriebsmittel.

Tabelle 4-19 soll noch einmal einen zusammenfassenden Überblick zur Kategorisierung der in Kapitel 4.3.3 definierten Kostenarten in „echte" und „unechte" Fixkosten sowie auch in variable Kosten geben.

variable Kosten	„unechte" Fixkosten
erzeugnisbezogene Materialkosten der Arbeitsplatzebene	Erzeugnisunabhängige Materialkosten der Arbeitsplatzebene
erzeugnisbezogene Personalkosten der Arbeitsplatzebene	Instandhaltungskosten der Betriebsmittel auf Arbeitsplatzebene
„echte" Fixkosten	Erzeugnisunabhängige Materialkosten der Linienebene
Betriebsmittelkosten der Arbeitsplatzebene	Erzeugnisunabhängige Personalkosten der Linienebene
Erweiterungskosten auf Arbeitsplatzebene	Instandhaltungskosten der Betriebsmittel auf Linienebene
Betriebsmittelkosten der Linienebene	Erzeugnisunabhängige Materialkosten der Segmentebene
Erweiterungskosten auf Linienebene	Erzeugnisunabhängige Personalkosten der Segmentebene
Betriebsmittelkosten der Segmentebene	Instandhaltungskosten der Betriebsmittel auf Segmentebene
Erweiterungskosten auf Segmentebene	Erzeugnisunabhängige Materialkosten der Fabrikebene
Betriebsmittelkosten der Fabrikebene	Erzeugnisunabhängige Personalkosten der Fabrikbene
Erweiterungskosten auf Fabrikebene	Instandhaltungskosten der Betriebsmittel auf Fabrikebene
	Umweltkosten des Produktionssystems

Tabelle 4-19: Einteilung der im kostenrechnerischen Bezugsrahmen definierten Kostenarten in variable Kosten, „echte" und „unechte" Fixkosten

Um sowohl die „echten" als auch die „unechten" Fixkosten von einem Systemobjekt in einer verwertbaren Form als (fix-) kostenbezogenen Berechnungsparameter (vgl. Tabelle 4-3, S. 74) abzubilden, sind sie auf eine zuvor definierte Auswertungsperiode zu normieren (z.B. Woche oder Quartal). Diese Periode muss einen repräsentativen Durchschnitt des gesamten Betrachtungszeitraums darstellen. Hierfür empfiehlt es sich, alle Fixkosten eines Systemobjekts über ein Betriebsjahr zu bestimmen, um sie danach durch die Anzahl der Gesamtperioden zu dividieren. Dies hat für jedes zulässige Arbeitszeitmodell separat zu erfolgen, wie aus Formel 4-36 hervorgeht.

$$K_{Fix,AZM}(S) = \frac{\sum\limits_{1\,Jahr} K_{Fix,AZM}(S)}{n_P} \,,$$

wobei:

S : Systemobjekt (z.B. Arbeitsplatz oder Segment);

P : Betrachtungsperiode;

n_P : Anzahl der Perioden innerhalb eines Jahres;

$K_{Fix,AZM}(S)$: normierte Fixkosten je Periode P für das Systemobjekt S im Arbeitszeitmodell AZM ;

$\sum\limits_{1\,Jahr} K_{Fix,AZM}(S)$: Summe der Fixkosten („echte" und „unechte") für das Systemobjekt S im Arbeitszeitmodell AZM , bezogen auf ein Jahr

Formel 4-36: Ermittlung der ebenenbezogenen (normierten) Fixkosten

4.4 Konzeption des Produktionssystemmodells

Gegenstand der weiteren Ausführungen ist die Konzeption eines Produktionssystemmodells, nachfolgend PSM genannt, um darüber eine modell- und datentechnische Verbindung zwischen dem realweltlichen Analyseobjekt und den drei in Kapitel 4.2 beschriebenen Flexibilitätsbewertungsmethoden zu erreichen. Gemäß der sich hieran anknüpfenden Anforderungen (vgl. Kapitel 3.3) sind einmal die spezifischen Zusammenhänge und Abhängigkeiten der verschiedenen Systemobjekte abzubilden und zum anderen ist das Bereitstellen aller notwendigen Informationen zur objektabhängigen Flexibilitätsberechnung auf unterschiedlichen Betrachtungsebenen in einer Form zu gewährleisten, die Flexibilitätsmessungen für unterschiedliche Arten von Produktionssystemen, einschließlich ihrer Subsysteme, schnell und flexibel erlaubt. In diesem Zusammenhang stellen vor allem die Fülle möglicher Produkte und die vielfältigen Organisationsformen der Systemobjekte hohe Ansprüche an die freie Konfigurierbarkeit des PSM. Um diesen damit verbundenen Herausforderungen zu entsprechen, soll die Konzeptionsgrundlage des Modells ein sog. objektorientiertes Referenzmodell bilden, welches durch die Anwendung des Vererbungsprinzips dynamische Konfigurationen des PSM an die jeweils zu untersuchende Struktur eines zu bewertenden Produktionssystems erlaubt.

4.4.1   Das objektorientierte Referenzmodell

Die Ausgangsüberlegung zum objektorientierten Referenzmodell geht von einer grundsätzlichen hierarchischen Ordnungssystematik von Produktionssystemen aus, die sich an die in Kapitel 2.1.3 dargestellte Untergliederung in Fabrik, Segment, Linie und Arbeitsplatz anlehnt. Allerdings müssen aber auch, infolge verschiedenartiger Systemstrukturen, Abweichungen davon zulässig sein. Zwar wird, nach dem geltenden Verständnis, durch das Systemobjekt „Fabrik" immer das Gesamtsystem repräsentiert, jedoch ist ein Arbeitsplatz nicht zwangsläufig Bestandteil einer Linie. So kann er genauso ohne Linienbezug eine direkte Zugehörigkeit zu einem Segment oder zur Fabrik haben. Um derartige Zuordnungsbeziehungen im PSM darstellen zu können, wird für das Referenzmodell das im Anhang A.3 näher beschriebene Paradigma der Objektorientierung verwendet. Ein entscheidender Vorteil darin liegt in der relativ großen, branchenunabhängigen Freizügigkeit beim Aufbau und der Parametrisierung der verschiedenen Systemobjekte. Dadurch sind Flexibilitätsbewertungen sowohl bei modellbezogenen Anpassungen als auch bei Anpassungen der Flexibilitätsmetriken leicht ausführbar.

Der generelle Aufbau des Referenzmodells beruht auf der Sichtweise, dass jeder Arbeitsplatz für sich ein Produktionssystem darstellt und unter Einsatz von Produktionsressourcen eine Wertschöpfung ermöglicht. Gebunden an eine systemspezifische Organisationsform, sind diese Arbeitsplätze im Weiteren Bestandteil eines übergeordneten Produktionssystems. Dieses ist, sofern es nicht die Fabrik selbst repräsentiert, wiederum Bestandteil eines anderen, hierarchisch höhergestellten Systems, wie der Line oder dem Segment. Ausgehend von dieser Art der Betrachtung lässt sich schlussfolgern, dass jedes Produktionssystem mehrere untergeordnete Produktionssysteme enthalten kann. Die Umsetzung dieses Sachverhalts erfolgt mit Hilfe des Modellierungsansatzes der Objektorientierung (vgl. Anhang A.3), bei dem die Hauptklasse des Referenzmodells die Klasse „Produktionssystem" ist. Sie beschreibt in Form von Attributen eine eindeutige Bezeichnernummer zur eindeutigen Identifizierung eines Produktionssystems sowie die in Tabelle 4-2 (S. 73), Tabelle 4-3 (S. 74) und Tabelle 4-4 (S. 74) aufgeführten Berechnungsparameter als grundsätzliche Eingabegrößen zur Flexibilitätsberechnung. Neben den Attributen stellt diese Klasse außerdem Funktionen bereit. Sie entsprechen den Metriken zur Berechnung der Mengen-, Mix- und Erweiterungsflexibilität in Produktionssystemen.

Nachstehende Abbildung 4-12 stellt diesen Zusammenhang exemplarisch, unter Rückgriff auf die objektorientierte Modellierungssprache UML, noch einmal anschaulich dar (vgl. dazu auch Anhang A.3.1).

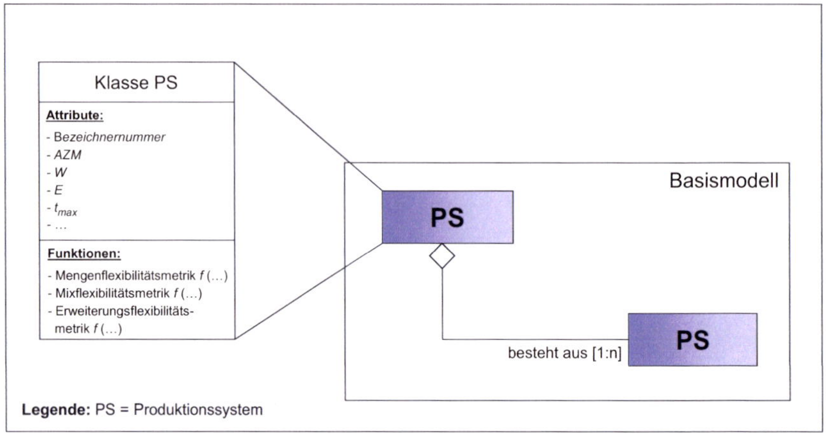

Abbildung 4-12: Referenzmodell des Produktionssystemmodells mit der Klasse „Produktionssystem"

4.4.2   Das Vererbungsprinzip des Referenzmodells

Das Prinzip der Vererbung stützt sich auf das objektorientierte Paradigma, was neben der großen Freizügigkeit bei der Parametrisierung des Referenzmodells ebenfalls das Bilden neuer Klassen erlaubt, die sich unter Verwendung der Hauptklasse „Produktionssystem" hierarchisch aufbauen lassen. Analog zu den in Kapitel 2.1.3 vorgestellten Betrachtungsebenen würden somit die vier Unterklassen „Fabrik", „Segment", „Linie" und „Arbeitsplatz" erzeugt werden. Sie enthalten die vererbten Attribute und Funktionen der Hauptklasse, lassen sich allerdings, je nach Informationsbedarf bei der Flexibilitätsbestimmung um zusätzliche Attribute und Funktionen ergänzen. Wie aus der Abbildung 4-13 hervorgeht, könnte beispielsweise eine zusätzliche Funktion der Klasse „Arbeitsplatz" die Berechnung der Produktionsauslastung sein, um Auskunft darüber zu erhalten, wie viel Restkapazität an einem Arbeitsplatz bei Break-even-Produktion noch besteht.

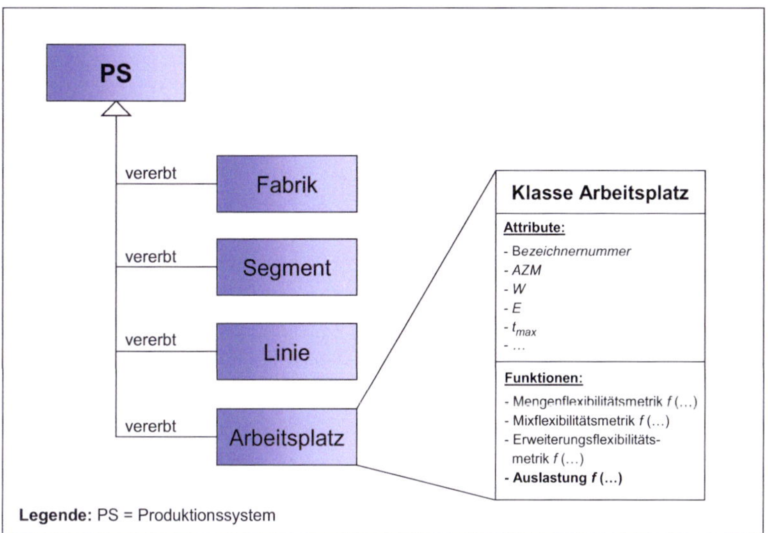

Abbildung 4-13: Vererbungsprinzip des Referenzmodells

Infolge der sich über das Referenzmodell anbietenden Vererbungsmöglichkeiten kann ein Benutzer auch von der in Abbildung 4-13 gezeigten Hierarchie abweichen, indem er neue Klassen erzeugt. Sie lassen sich angesichts der festgeschriebenen Attribute und Funktionen unkompliziert mit den Flexibilitätsmetriken verknüpfen. So wäre bspw. auch der Aufbau eines PSM realisierbar, welches, aufgrund der spezifischen Struktur des zu bewertenden Produktionssystems, verschiedene Arbeitsplätze und ggf. Linien zu einer Fertigungszelle zusammenfasst, die wiederum einem Segment angehört.

Anhand dieses Beispiels wird deutlich, dass das PSM eine spezifische Ausprägung des objektorientierten Referenzmodells darstellt, das universell an das jeweils zu bewertende Produktionssystem anpassbar ist.

5 Verifikation der Bewertungsmethodik

Mit dem Ziel der Verifikation der erarbeiteten Bewertungsmethodik wurde ein erweiterter Softwareprototyp namens *ecoFLEX*[13] entwickelt, in dem die im vorangegangenen Kapitel beschriebenen Mechanismen zur Flexibilitätsbewertung von Produktionssystemen implementiert sind. Die nähere Beschreibung dieses Prototypen in Bezug auf seine Architektur, seine Implementierung und sein Funktionsprinzip soll der erste Themenschwerpunkt sein, mit dem sich dieses Kapitel befasst. Da jedoch die softwaretechnische Realisierung der Methodik allein nicht ausreicht, um ihre Tragfähigkeit unter realen Bedingungen nachzuweisen, wurde der Prototyp im Anschluss seiner Entwicklung anhand eines Fallbeispiels aus der industriellen Praxis getestet. Zweiter Themenschwerpunkt in diesem Kapitel ist daher die ausführliche Darlegung der hieraus hervorgegangenen Anwendungserfahrungen zu den Analysen von Mengen-, Mix- und Erweiterungsflexibilität. Abschließend wird daran anknüpfend die Bewertungsmethodik verifiziert, indem eine ausführliche Überprüfung sämtlicher an sie gestellter Anforderungen hinsichtlich ihrer Erfüllung erfolgt.

5.1 *Prototypische Implementierung der Bewertungsmethodik*

Grundsätzliche Aufgabe bei der Realisierung des Prototypen ecoFLEX war eine gemäß dem Kapitel 3.4 vorgegebene, anforderungsgerechte Softwareimplementierung, auf die im Folgenden eingegangen werden soll. Sie wurde auf Basis moderner Technologien entwickelt, um einerseits verschiedene technische Vorteile zu erreichen, wie einfache Weiterentwicklungsmöglichkeiten oder eine höhere Einsatzvielfalt, z.B. auch in verteilten Umgebungen. Andererseits bieten sich hierdurch auch ergonomische Vorzüge sowohl für die Benutzer als auch für die Entwickler der ecoFLEX-Software.

5.1.1 Software-Architektur des Prototypen ecoFLEX

Der Schwerpunkt bei der Entwicklung von ecoFLEX lag auf dem Bereitstellen der notwendigen Funktionalität, um das in Kapitel 4.2 geschilderte Vorgehen zur Flexibilitätsbewertung von Produktionssystemen weitgehend zu automatisieren. In diesem

---

[13] *ecoFLEX* steht für **„economical Flexibility Mesaurement"**

Rahmen wurde ein Softwarekonzept erarbeitet, dessen Ziel die systemseitige Unterstützung drei aufeinander aufbauender Basisschritte war (vgl. Abbildung 5-1).

Basisschritt 1:

Aufbau des Produktionssystemmodells als abstraktes Abbild der zu untersuchenden Produktionsinfrastruktur

Basisschritt 2:

Erfassung und Strukturierung relevanter Daten zur Flexibilitätsauswertung auf Grundlage der im Produktionssystemmodell gewählten Bewertungsobjekte/Abstraktion

Basisschritt 3:

Flexibilitätsberechnung durch Anwendung der Flexibilitätsmetriken auf die Bewertungsobjekte des Produktionssystemmodells

---

Abbildung 5-1: Durch ecoFLEX automatisierte Basisschritte zur Flexibilitätsbewertung

Softwaretechnisch bislang nicht unterstützt sind eine an die Basisschritte anknüpfende automatische Erkennung von Flexibilitätsdefiziten und eine gleichzeitige Generierung von Lösungsvorschlägen. Ein solcher möglicher *Basisschritt 4* (Flexibilitätsinterpretation/ -auswertung) ist im gegenwärtigen Entwicklungsstand des Prototypen allein dem Benutzer vorbehalten. Nachstehende Abbildung 5-2 zeigt das Systemkonzept der modular aufgebauten Softwarearchitektur von ecoFLEX, das ein größtmögliches Maß an Anwenderunterstützung bei der Flexibilitätsbewertung gewährleistet.

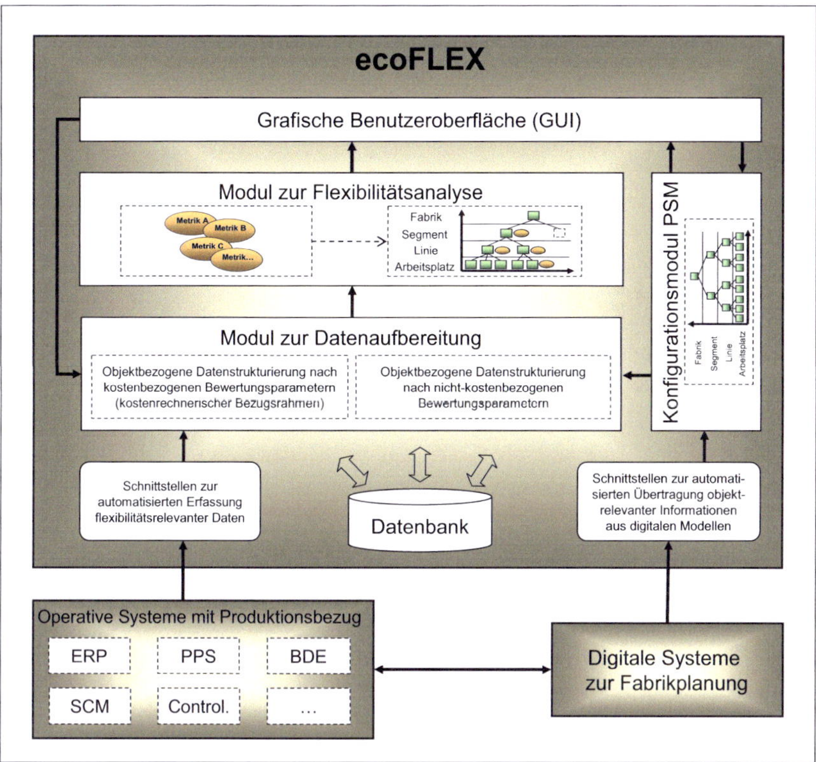

Abbildung 5-2: Systemkonzept der Software-Architektur des Prototypen ecoFLEX und deren Einbindung in die IT-Landschaft der Anwenderunternehmen

Die grundlegenden Bestandteile in der Architektur bilden die Schnittstellen, das Konfigurationsmodul PSM, das Modul zur Datenaufbereitung und das Modul zur Flexibilitätsauswertung sowie das Graphical User Interface (GUI) und die Datenbank, welche sich wie folgt erklären:

- ***Schnittstellen:*** Da der größte Teil an Daten zur Durchführung der Flexibilitätsbewertungen bereits in den verschiedenen betrieblichen Planungs- und Steuerungssystemen vorliegt, bieten sich entsprechende Schnittstellen zu diesen an. Dafür sind, wie in Abbildung 5-2 erkennbar, zwei grundlegende Arten von Schnittstellen bereitzustellen. Zum einen Schnittstellen zur Erfassung flexibilitätsrelevanter Daten aus den operativen Systemen im Produktionsumfeld, mit denen sich planungs- und steuerungsbezogene Funktionen der kurz- und mittelfristigen Produktions- und Geschäftsabwicklung realisieren lassen. An erster Stelle wären hier ERP-Systeme zu nennen, bei denen marktgängige Produkte derartige Funktionalitäten vollständig abdecken. Aber auch PPS-, BDE-, SCM- oder Systeme des Controllings, der Disposition und andere tragen partiell zur Unterstützung des Gesamtfunktionsumfangs bei und halten daher notwendige Flexibilitätsinformationen bereit. Zum anderen sind in ecoFLEX Schnittstellen zu digitalen, meist für die Langfristplanung verwendeten Fabrikplanungswerkzeugen vorgesehen. Mittels dieser sollen aus den dort vorliegenden digitalen Modellen zur Layoutplanung, Linien- und Arbeitsplatzgestaltung etc. objektrelevante Informationen der zu untersuchenden Produktionsinfrastruktur nach ecoFLEX übertragen werden, um das PSM aufzubauen.

- ***Konfigurationsmodul PSM:*** Dieses Modul unterstützt direkt den ersten, der in Abbildung 5-1 aufgeführten drei Basisschritte, den Aufbau des Produktionssystemmodells. Mittels eines hierfür vorgesehenen, konfigurierbaren Regelwerks lässt sich aus den extrahierten Objektinformationen, der in digitalen Fabrikplanungssystemen aufgebauten CAD-Modelle, die hierarchische Struktur des zu bewertenden Produktionssystems automatisiert nachbilden. Modellierte Systemobjekte, wie Arbeitsplätze, Linien und Segmente als auch deren gegenseitige Abhängigkeiten, können infolge der im Regelwerk hinterlegten Semantik, bezüglich der CAD-Fabrikplanungssymbole, aus den jeweiligen Blocknamen, Labeln, Layern, Linientypen usw. erkannt und daraus die korrespondierenden informationstechnischen Objekte erstellt werden. Sofern ein entsprechender manueller Nachbearbeitungsbedarf besteht, bzw. kein automatisierter Modellaufbau möglich ist, hält das Konfigurationsmodul PSM hierfür entsprechende Funktionen bereit, die sich auch zum Aufbau von Szenarioalternativen eignen.

- ***Modul zur Datenaufbereitung:*** Auf dieses Modul gründet sich die Durchführung des zweiten der drei Basisschritte, die Erfassung und Strukturierung relevanter Daten zur Flexibilitätsauswertung. Voraussetzung hierfür bildet das über das Konfigurationsmodul aufgebaute PSM. Weil dieses die Systemobjekte im zu untersuchenden Produktionssystem mit ihren gegenseitigen Abhängigkeiten eindeutig definiert, kann so eine gezielte, objektbezogene Datenzuordnung erfolgen. Hierbei ist jedoch zwischen zwei Arten der Datenstrukturierung zu unterscheiden, weshalb jeweils ein separates Submodul bereitsteht. Das erste dient der objektbezogenen Datenaufbereitung gemäß der in Tabelle 4-3 (S. 74) definierten kostenbezogenen Berechnungsparameter. Dabei werden die extrahierten Kosteninformationen nach dem im Kapitel 4.3 vorgestellten Aufschlüsslungsschema (kostenrechnerischer Bezugsrahmen) in variable und fixe Kostenbestandteile untergliedert, die sich auf die einzelnen Objektparameter verteilen. Im zweiten Submodul, das die nicht-kostenbezogenen Berechnungsparameter definiert (vgl. Tabelle 4-2, S. 73), wird die Zuordnung der in diese Kategorie fallenden Objektdaten vorgenommen, unter Berücksichtigung der im PSM modellierten Zusammenhänge. Grundsätzlich ist die Erfassung und Strukturierung beider Kategorien von flexibilitätsrelevanten Daten über das jeweilige Submodul automatisiert, wie auch manuell möglich. Das bietet bei fehlenden Systemschnittstellen den Vorteil einer dennoch vollständigen Datenerhebung und erlaubt benutzerindividuelle Wertzuweisungen für Szenarioalternativen wie auch die Eingabe der benutzerabhängigen Berechnungsparameter (vgl. Tabelle 4-4, S. 74).

- ***Modul zur Flexibilitätsanalyse:*** Der dritte Basisschritt, die Anwendung der Flexibilitätsmetriken auf die Bewertungsobjekte des Produktionssystemmodells, erfolgt innerhalb dieses Moduls, das sich in zwei Submodule unterteilt. Im ersten sind die in Kapitel 4.2 beschriebenen Bewertungsmethoden zur Bestimmung der Mengen-, Mix- und Erweiterungsflexibilität für Produktionssysteme implementiert. Die eigentliche Anwendung dieser Methoden kommt jedoch im zweiten Submodul zum Tragen, an das die Berechnungsparameter vom Modul zur Datenaufbereitung übergeben werden. Die sich darauf stützende Berechnung liefert dann die einzelnen Flexibilitätskennzahlen zu den laut PSM identifizierten Systemobjekten.

- ***Grafische Benutzeroberfläche (GUI):*** Die grafische Benutzeroberfläche, kurz GUI genannt, beinhaltet zwei grundsätzliche Aufgaben, zum einen die Visualisierung des im Konfigurationsmodul PSM erzeugten Produktionssystemmodells wie auch der durch das Modul zur Flexibilitätsanalyse bereitgestellten, objektbezogenen Berechnungsergebnisse. Zum anderen wird durch das GUI dem Benutzer die Möglichkeit einer einfachen Einflussnahme auf den Aufbau des zu bewertenden PSM und die daran gekoppelte Datenzuweisung gegeben, weil hierüber interaktive Zugriffsmechanismen zum Konfigurationsmodul PSM und dem Modul zur Datenaufbereitung bereitstehen (vgl. die vorangegangene Beschreibung der beiden Module).

- ***Datenbank:*** Die Datenbank bildet die Voraussetzung für die persistente, modellbezogene Ablage aller für die Flexibilitätsanalyse benötigten Informationen eines zu bewertenden Produktionssystems. Sämtliche hierbei erfasste Daten und Strukturen können in der Datenbank dauerhaft gespeichert werden, wodurch sich bspw. Vergleichsbetrachtungen zwischen verschiedenen Produktionssystemen oder unterschiedlichen Entwicklungsständen eines Systems vornehmen lassen. Aber auch Daten der internen Informationsverwaltung von ecoFLEX sind hier abgelegt, wie z.B. semantische Informationen zu CAD- Fabrikplanungssymbolen, die im Regelwerk des Konfigurationsmoduls PSM zur Anwendung kommen.

5.1.2   Implementierung des Prototypen ecoFLEX

Ausgangsbasis für die softwaretechnische Umsetzung der Bewertungsmethodik bildete die offene Entwicklungsplattform *Eclipse*. Das Ergebnis stellt der Prototyp ecoFLEX dar, bei dessen Entwicklung folgende Softwaretechnologien zum Einsatz kamen:

- Es wurde Version 3.4.0 der *Eclipse- Entwicklungsumgebung* verwendet, innerhalb der die Implementierungen mit der Programmiersprache Java, basierend auf dem *Java Development Toolkit* (JDK) in der Version 1.6_10, erfolgten.

- Für den Aufbau der grafischen Benutzeroberfläche wurde die *Rich Client Platform* (RCP) von Eclipse (Eclipse RCP) der Version 3.4.0 eingesetzt.

- Zur persistenten Datenhaltung und Datenverwaltung wurde auf die relationalen Datenbank *MySQL* der Version 5.1 zurückgegriffen, die, unter Verwendung des für Java verwendbaren Open-Source-Persistenz-Framework *Hibernate* der Version 3.3.1, die Speicherung von ecoFLEX-Objekten und deren Assoziationen erlaubt.

Abbildung 5-3 zeigt einen Screenshot des Programmfensters der Entwicklungsumgebung Eclipse, auf dessen linker Seite (1) der *Project Navigator* zu sehen ist, der den Projektordner *ecoFLEX* enthält. Dieser beinhaltet, angelehnt an den modularen Aufbau der entwickelten Software-Architektur (vgl. Abbildung 5-2, S. 137), verschiedene Unterordner, in denen die für die Prototypenerstellung erzeugten Projektdateien abgelegt sind. Sie wiederum beschreiben die spezifische ecoFLEX- Funktionalität in Form des dort abgelegten Programmcodes/Quelltext, wie aus der rechten Seite (2) des Eclipse-Fensters hervorgeht. Dort dargestellt ist der Eclipse Arbeitsbereich mit einem Ausschnitt zum Quelltext der Datei *MengenFlex.java*, des Unterordners *Bewertungsmethoden*. Die Struktur des Quelltextes in den Projektdateien kann den *Outlines* unterhalb des Project Navigators im Eclipse-Fenster (3) entnommen werden.

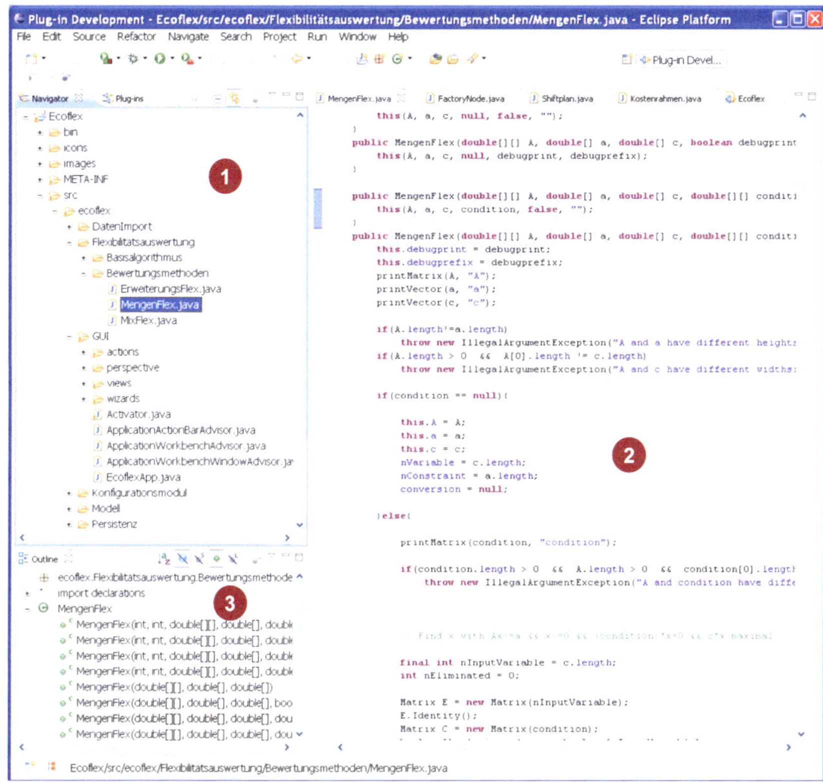

Abbildung 5-3: Projektstruktur des Prototypen ecoFLEX in der Entwicklungsumgebung Eclipse

Wie bereits oben erwähnt, bildete die Programmiersprache Java die Grundlage der vorgenommenen Implementierungen. Entscheidende Gründe dafür lagen einerseits in ihrer Objektorientiertheit, was verschiedenen in der Bewertungsmethodik vorgesehenen Mechanismen sehr entgegenkam (vgl. Kapitel 4.3). Andererseits ließ sich damit auch die Architekturneutralität wahren, aus der sich Vorteile bei der leichteren Integration des Prototypen in die für ihn vorgesehenen IT-Infrastrukturen ergeben. Die in diesem Zusammenhang und im Interesse eines fortschrittlichen, unterstützenden Implementierungsvorgehens eingesetzte Eclipse-Entwicklungsumgebung unterscheidet mehrere Projekttypen. Sie zeichnen sich durch verschiedene Entwicklungsziele (z. B. Datenbankanwendung, Internetanwendung, Eclipse Plug-Ins oder Rich Client Anwendungen) und dementsprechend durch unterschiedliche Quelldateitypen sowie verwendbare Werkzeuge bzw. Plug-ins aus. Für die Entwicklung des Prototypen wurde der Projekttyp *Plug-in Projekt (RCP)* gewählt, zu dessen Zweck das RCP-Framework von Eclipse zum Einsatz kam, um die Modularität sowie eine einfache und übersichtliche Gestaltung der graphischen Oberfläche gewährleisten zu können. Ein weiteres Framework, das ecoFLEX zur Laufzeit benutzt ist *Hibernate*. Es stellt eine objektrelationale Brücke zur Datenbank dar, wodurch sich der Zustand eines ecoFLEX-Objekts in der für große Arbeitslasten überaus geeigneten MySQL-Datenbank speichern und daraus wieder erzeugen lässt.

5.1.3   Funktionsweise des Prototypen ecoFLEX

Damit der Prototyp ecoFLEX in seiner Grundkonfiguration im Praxisbetrieb eingesetzt werden kann, ist ein geeignetes Computersystem erforderlich. Die Minimalvoraussetzungen eines solchen sind das Vorhandensein einer 32-bit Rechnerarchitektur mit einer Prozessorleistung von 1GB und einem Arbeitsspeicher von 512 MB sowie Windows, Linux oder Solaris als zu benutzendes Betriebssystem, das die benötigte Java-Konsole unterstützt. Nach durchgeführter Installation der ecoFLEX-Software erfolgt der Start von dieser über ein eigens dafür vorgesehenes Programmsymbol aus dem Programmordner heraus. Das daran anschließende Vorgehen zur gezielten Flexibilitätsanalyse an Produktionssystemen beschreiben die nachgeordneten Unterkapitel.

5.1.3.1   Aufbau des Programmfensters

Mit dem Start von ecoFLEX öffnet sich ein spezielles Programmfester, das sich aus funktionaler Betrachtungsweise in einen Analysebereich und einen Parameterbereich unterteilt (horizontale Sicht). Aus dem Blickwinkel der Flexibilitätsanalyse gliedern sich diese beiden Bereiche in eine Original- und eine Alternativendarstellung (vertikale Sicht), wie der Abbildung 5-4 entnommen werden kann.

Der *Analysebereich* selbst setzt sich aus drei sog. *Funktionsfeldern* zusammen. Im linken, der Originalsicht zugeordneten Feld (1) wird das Modell des zu untersuchenden Produktionssystems in seiner Ausgangs-/Originalkonfiguration mit den zugehörigen Systemobjekten statisch dargestellt. Dagegen lassen sich über das zur Alternativensicht gehörende Feld (3) verschiedene, vom Originalmodell abweichende Konfigurationen erstellen. Daher ist hier im Unterschied zum Feld (1) eine eigene Symbolleiste mit entsprechender Funktionalität für Modelländerungen integriert. Das mittlere Feld (2), welches sowohl eine Original- und eine Alternativensicht beinhaltet, besteht aus drei Registerkarten. Die erste, mit dem Namen *Results*, erlaubt die Anzeige von objektbezogenen Kennzahlen zum Original- als auch zu den Alternativmodellen. Hierbei handelt es sich nicht allein um

Kennzahlen zur Mengen-, Mix- und Erweiterungsflexibilität der verschiedenen Systemobjekte, sondern auch um produktionswirtschaftliche Kenngrößen wie Break-even-Punkte oder Maximalkapazitäten. Letztere sind als sog. Hilfskenngrößen zu betrachten, die helfen sollen, die einzelnen objektabhängigen Flexibilitäten besser einzuschätzen. In der zweiten Registerkarte *Production Ratio* werden der für die Flexibilitätsberechnungen zugrunde gelegte Produktmix sowie der Produktmix bei Optimalproduktion abgebildet, während die dritte Registerkarte *Production Plan* die verschiedenen systemobjektbezogenen Produktionspläne mit ihren spezifischen Auslastungen auflistet.

Im *Parameterbereich* des ecoFLEX-Programmfesters sind einerseits sämtliche für die Kennzahlenberechnung erforderlichen Daten erfasst. Andererseits besteht hier die Möglichkeit einer Visualisierung der in digitalen Fabrikplanungssystemen aufgebauten CAD-(Simulations-) Modelle zu den im PSM erfassten Systemobjekten. Generell erfolgt dabei, wie im Analysebereich, eine Abgrenzung zwischen der Originalkonfiguration und den Alternativkonfigurationen eines zu untersuchenden Produktionssystems, wodurch sich der Parameterbereich in zwei identische *Funktionsfelder* gliedert. Sie enthalten, im Sinne einer strukturierten Datenauflistung, entsprechende Registerkarten. Das zur Originalsicht zählende Feld (4) hält alle notwendigen Berechnungs- und Visualisierungsinformationen zum Originalmodell bereit, die nicht verändert werden können. Gleiches trifft auch für das rechte Feld (5) der Alternativensicht zu, jedoch mit dem Unterschied, dass die dort aufgeführten Daten den verschiedenen Variationen des Originalmodells zugeordnet sind und sich hierüber auch bearbeiten lassen.

Für das Aufrufen der in ecoFLEX angebotenen Funktionen stehen im oberen Abschnitt des Programmfensters außerdem eine Menü- und eine Symbolleiste bereit sowie weitere logisch angeordnete, kleinere Symbolleisten im Funktionsfeld der Alternativensicht (vgl. Abbildung 5-4).

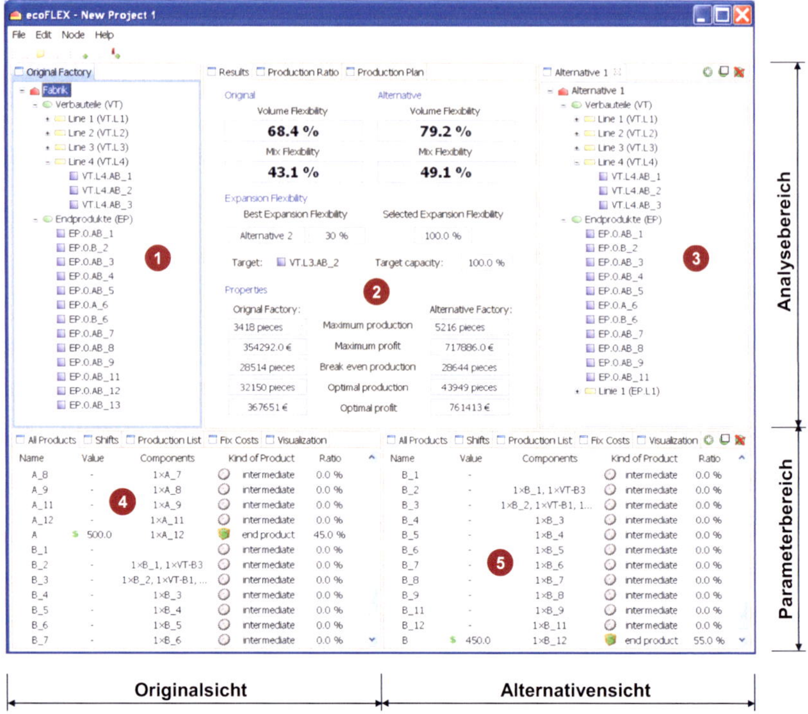

Abbildung 5-4: Grafische Benutzeroberfläche des Prototypen ecoFLEX

5.1.3.2 Vorgehen bei der Flexibilitätsanalyse

Mit ecoFLEX auszuführende Flexibilitätsuntersuchungen an Produktionssystemen werden grundsätzlich als *Analyseprojekte* bezeichnet und ebenfalls als solche gespeichert. Zwischenzeitliche Sicherungen des jeweiligen Bearbeitungsstands können unabhängig von der Benutzeraktivität erfolgen, egal ob der Benutzer sich gerade mit dem Erstellen des PSM, der Datenzuweisung oder der Analyse befasst. Zum Erstellen eines Analyseprojekts wird nach den drei in Abbildung 5-1 (S. 136) angegebenen Basisschritten vorgegangen, weshalb mit dem Aufbau des PSM (*1. Basisschritt*) über das „Konfigurationsmodul PSM" des Prototypen (vgl. Abbildung 5-2, S. 137) zu beginnen ist. Hierzu stehen dem Benutzer zwei Alternativen offen:

- Einmal kann er auf ein digitales Fabrikplanungssystem, über die von ecoFLEX bereitgestellten Schnittstellen zugreifen, um die dort hinterlegten CAD-Modelle des zu bewertenden Produktionssystems automatisiert in die PSM-spezifische Struktur zu übertragen. Dazu hat der Benutzer die *Import*-Funktion im Menü *File* aufzurufen, über die er mittels Wizard auf die von ecoFLEX unterstützten Dateien zugreifen kann. Das sich daraus generierende PSM, wird dann in der Alternativensicht im rechten Feld (3) des Analysebereichs dargestellt (vgl. Abbildung 5-4, S. 144) und lässt sich dort manuell nachbearbeiten.

- Die zweite Möglichkeit besteht für einen Benutzer darin, das PSM vollständig von Hand aufzubauen, was insbesondere dann notwendig ist, wenn digitale Fabrikmodelle unvollständig bzw. gar nicht erst verfügbar sind. Das erfolgt innerhalb der Alternativensicht des Analysebereichs, in der die dafür notwendige Funktionalität zum Modellaufbau bereitsteht.

Nachdem das PSM in ecoFLEX vollständig erstellt ist, werden den darüber erfassten Systemobjekten die für die Flexibilitätsberechnungen erforderlichen Daten zugeordnet (*2. Basisschritt*). Der Benutzer hat hierbei ebenfalls die Möglichkeit automatisiert oder manuell vorzugehen:

- Zur automatisierten Ausführung des zweiten Basisschrittes wird wieder die im Menü *File* abrufbare *Import*-Funktion genutzt. Mittels Wizard-Unterstützung greift der Benutzer auf die an ecoFLEX gekoppelten Systeme aus dem operativen Produktionsumfeld zu, die dann über das „Modul zur Datenaufbereitung" (vgl. Abbildung 5-2, S. 137) hinsichtlich flexibilitätsrelevanter Daten ausgelesen, aufbereitet und dann den im PSM enthaltenen Systemobjekten zugewiesen werden. Sämtliche, auf diese Weise interpretierte Daten lassen sich danach innerhalb des Parameterbereichs der Alternativensicht (vgl. Abbildung 5-4, S. 144) auf eine einheitliche Auswertungsperiode[14] normiert anzeigen.

- Sofern keine automatisierten Datenimporte durchführbar oder aber Nachbearbeitungen infolge fehlerhafter Dateninterpretationen notwendig sind, unterstützt ecoFLEX auch manuelle Datenerfassungen. Dafür stehen im Parameterbereich der Alternativensicht entsprechende Wizard-basierte Funktionen bereit, die sich direkt aus dem Parameterbereich starten lassen (vgl. Abbildung 5-5, S. 147). Zu beachten ist hierbei die Normierung der Eingabedaten auf eine einheitliche Auswertungsperiode.

---

[14] Die Auswertungsperiode steht für eine repräsentative Durchschnittsperiode, auf die sämtliche, für die Flexibilitätsberechnungen notwendigen Parameterdaten (kosten- und nicht-kostenbezogene) auf ein zuvor definiertes Zeitintervall normiert werden, z.B. auf ein Wochen- oder Monatsintervall (vgl. auch Kapitel 4.3.4.2).

Verständnisbeispiel:

Um dem Leser das Vorgehen der manuellen Datenzuordnung verständlicher zu machen, stellt Abbildung 5-5 einen ecoFLEX-Screenshot dar, der die Erfassung flexibilitätsrelevanter Daten anhand des Beispielproduktionssystem aus Anhang D demonstriert. Daraus geht hervor, dass der erste Schritt (1) die Auswahl des zu bearbeitenden Systemobjekts vorsieht, wodurch sich die bereits zugewiesenen Objektdaten über die Registerkarten des Parameterbereichs einsehen lassen. Innerhalb des Screenshot ist der Arbeitsplatz *AP1.1.1* zu sehen, dem bereits ein dort produzierbares Produkt, das *Erzeugnis 1* mit seinen objektspezifischen Eigenschaften wie Produktionszeit, Ausschussrate, variable Kosten etc. zugewiesen wurde. Damit in einem zweiten Schritt (2) diese Daten modifiziert oder aber neue Daten erfasst werden können, stehen in den Symbolleisten entsprechende Icons bereit, über die sich ein spezieller Wizard starten lässt. Der im Screenshot abgebildete Wizard „Add Product" zeigt das Hinzufügen eines zusätzlichen Produktes *Erzeugnis 2*, das mit seinen, für die Flexibilitätsauswertung notwendigen Daten dem Arbeitsplatz *AP1.1.1* zugewiesen wird.

Das gesamte Vorgehen kann sukzessiv für alle anderen Systemobjekte des PSM vorgenommen werden, wobei jedoch die Bearbeitung ausschließlich auf die Alternativensicht beschränkt ist.

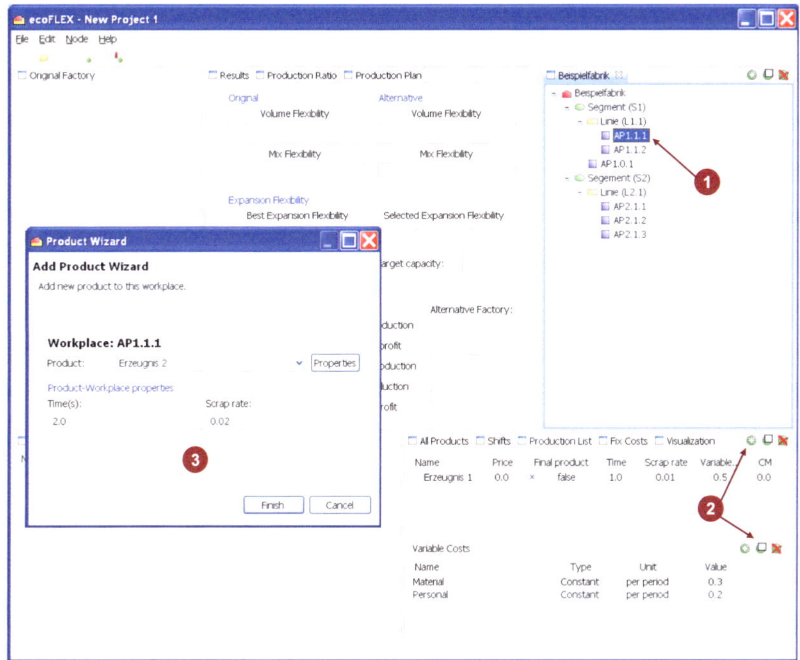

Abbildung 5-5: Manuelle Datenzuordnung in ecoFLEX

Nachdem das PSM und die flexibilitätsrelevanten Daten eines zu untersuchenden Produktionssystems vollständig in ecoFLEX abgebildet sind (die ersten beiden Basisschritte also abgeschlossen wurden), wird der letzte der drei Basisschritte, die Berechnung der objektbezogenen Flexibilitäten, vorbereitet (*3. Basisschritt*). Dazu werden die in der Alternativensicht dargestellten Daten in die Originalsicht übertragen und gleichzeitig der für die Flexibilitätsauswertungen erforderliche Produktmix für die zu veräußernden Produkte festgelegt. Hierfür steht die Funktion „Set Alternative as Original" im Menü „Edit" bereit, mit deren Ausführung die Berechnungen der verschiedenen objektbezogenen Flexibilitätskennwerte automatisch durch das „Modul zur Flexibilitätsanalyse" (vgl. Abbildung 5-2, S. 137) erfolgen. Gleiches geschieht auch während der Szenariobetrachtungen, bei denen die Flexibilitätsberechnungen mit jeder geänderten Wertzuweisung sofort aktualisiert werden.

In Verbindung mit einer Aktualisierung der Flexibilitätskennzahlen werden ebenfalls die zusätzlichen Hilfskenngrößen neu berechnet (vgl. Feld (2) in Abbildung 5-4, S. 144), die den Benutzer dabei unterstützen, Flexibilitätsdefizite schnell zu identifizieren und gezielt nach geeigneten Lösungsalternativen zu suchen. Auf das konkrete Vorgehen wird später im Kapitel 5.2.3 eingegangen.

5.2   *Fallbeispielbezogene Anwendungserfahrungen*

Die bis hierher geschilderten Ausführungen zur Entwicklung und prototypischen Implementierung der Bewertungsmethodik gehen auf die Problemstellungen der Praxis zurück (vgl. Kapitel 1.2). Im Weiteren soll untersucht werden, ob die Methodik dem vorgesehenen Einsatzzweck entspricht. Aus diesem Grund wird nachfolgend ein reales Produktionssystem eines Serienproduzenten für Infotainmentsysteme[15] dafür benutzt, um anhand eines Fallbeispiels die Bewertungsmethodik hinsichtlich der durch sie bereitgehaltenen Flexibilitätsmetriken und des Produktionssystemmodells zu evaluieren. Aufgrund einer bestehenden Geheimhaltungsvereinbarung zwischen dem Autor und dem Anwenderunternehmen werden dem Leser allerdings lediglich normalisierte Informationen zugänglich gemacht.

5.2.1   Ausgangssituation beim Unternehmen

Das für die Verifizierung herangezogene Produktionsunternehmen ist international aufgestellt und beschäftigt mehr als 7000 Mitarbeiter an ca. 30 Standorten, die sich weltweit verteilen. Zum Kerngeschäft zählen die Entwicklung, Produktion und der Vertrieb von Infotainmentprodukten, vorwiegend für namhafte Automobilhersteller. Neben diesem OEM-Geschäftsfeld werden auch eigene Produkte entwickelt und gefertigt. Aufgrund des zunehmenden Konkurrenzdrucks am Weltmarkt stellen sich wachsende Ansprüche an die Wettbewerbsfähigkeit. Hohe Variantenvielfalt, niedrige Kosten in Verbindung mit einem hohen Innovations- und Qualitätsgrad sowie verkürzte Realisierungszeiten bei gleichzeitig kurzfristigen Auftragseingängen führen zu einer großen Planungsunsicherheit. Zusätzlich verstärkt wird diese Unsicherheit durch die weltweite Finanzkrise, die sich seit Mitte des Jahres 2008 verstärkt auf den Automobilsektor auswirkt. Dadurch ist das Unternehmen gezwungen, seine wirtschaftlich vertretbaren Handlungsspielräume in der Produktion richtig

---

[15] Das Wort Infotainment bildet sich aus den beiden Wörtern **Info**rmation und Enter**tainment**, wodurch es die Verknüpfung zwischen dem Vermitteln von Information und Unterhaltung zeigt. Ein Infotainmentsystem verfügt dazu über ein sog. Multi-Media-Interface und findet bspw. in Kraftfahrzeugen Anwendung, indem neben dem Radioprogramm auch komplexe Aufgaben verfügbar sind, wie z.B. eine sekundenschnelle, schriftliche Wiedergabe der aktuellen Verkehrssituation sowie die Darstellung des Kartenmaterials des Navigationssystems bei gleichzeitiger Bedienbarkeit des Telefons und/oder von Komfort-Funktionen des Fahrzeugs.

einzuschätzen, um auf unerwartete Auftragseingänge ausreichend flexibel reagieren zu können. In diesem Zusammenhang stellt sich insbesondere die Frage nach Möglichkeiten zur Beurteilung von Freiheitsgraden des unternehmensspezifischen Produktionssystems und zwar inwieweit:

- dieses auf variierende Nachfragemengen reagieren kann (Mengenflexibilität)

- sich Veränderungen in der Zusammensetzung des Produkt-/Variantenmixes auf dessen Wirtschaftlichkeit auswirken (Mixflexibilität)

- es zur Behebung von Produktionsengpässen kapazitiv erweitert werden kann und auf welche Handlungsalternativen dabei zurückzugreifen ist (Erweiterungsflexibilität)

Vor diesem Hintergrund wurde seitens des Unternehmens bereits damit begonnen, digitale Fabrikplanungswerkzeuge einzusetzen, um hierdurch ein höheres Maß an Planungssicherheit zu gewährleisten. Infolge der damit eröffneten Potentiale der Virtualisierung war es möglich, verschiedene Abläufe in der Fertigungsplanung und Produktion zu simulieren, wodurch wichtige Kosten- und Zeiteinsparpotentiale bei gleichzeitiger Steigerung der Planungsqualität realisiert werden konnten. Als ein Schwachpunkt zeigte sich jedoch das Fehlen einer geeigneten Bewertungsgrundlage zur Quantifizierung von Flexibilitätsspielräumen innerhalb der Produktionsinfrastruktur. Somit sind Untersuchungen zum Finden des richtigen Maßes an Flexibilität nur mittels sog. „Probierens" möglich, weshalb sich Flexibilitätsdefizite meist nur isoliert identifizieren und bewerten lassen. Ein gezieltes Vorgehen zur umfassenden Beherrschung derartiger Defizite unter wirtschaftlichen Gesichtspunkten ist hierdurch aber kaum zu bewerkstelligen, da geeignete quantifizierbare Kenngrößen fehlen.

5.2.2   Objektbereich des Fallbeispiels

Zielsetzung des Fallbeispiels war es, ausgehend von der oben skizzierten Unternehmenssituation, die Bewertungsmethodik durch den Einsatz des Prototypen ecoFLEX an einem deutschen Produktionsstandort des Unternehmens zu testen. Untersuchungsgegenstand bildete hierbei das Produktionssystem eines Fabrikbereichs, in dem zwei Varianten eines bestimmten Infotainmentproduktes für den Einbau in eine Fahrzeugmodellreihe eines namhaften Automobilherstellers produziert werden. Die hierfür geltenden Veräußerungspreise sind über entsprechende Rahmenverträge geregelt, so dass Klarheit über den mit einer Mengeneinheit erzielbaren Erlös herrscht. Allerdings besteht eine große Unsicherheit hinsichtlich der Abnahmemengen und des Variantenmixes. Zwar sind durch die Rahmenverträge Mindestabnahmemengen garantiert, weswegen gewisse Annahmen zum Variantenmix getroffen werden können. Dennoch lassen sich die tatsächlichen Produktionsmengen und deren Abrufzeitpunkte nicht vorherzusagen, was das Produktionsmanagement vor große Herausforderungen hinsichtlich einer wirtschaftlichen Produktfertigung stellt, da das Produktionssystem ausreichend Flexibilität vorhalten muss.

Die Fertigung der zwei Varianten des besagten Infotainmentprodukts, nachfolgend als Variante *A* und Variante *B* bezeichnet, im betrachteten Fabrikbereich teilt sich in zwei Segmente, von denen das eine für die Vorproduktproduktion und das andere für die Endproduktproduktion bestimmt ist. Beide Segmente weisen sowohl manuelle wie auch semiautomatische Arbeitsplätze auf, die dem Fertigungsprinzip der Reihenanordnung folgen. Deshalb besteht zwischen ihnen keine direkte zeitliche Abstimmung, so dass entsprechende Puffer in Form von Containerboxen bereitstehen. Der hierdurch bedingte diskontinuierliche Materialfluss wird über ein automatisches Transportsystem gesteuert. Ablauforganisatorisch sind die beiden Segmente wie folgt aufgebaut (vgl. Abbildung 5-6):

- Im ersten Segment namens *Verbauteile* werden die notwendigen Vorprodukte, nachfolgend Verbauteile *VT* genannt, gefertigt, die als nicht veräußerbar gelten. Dafür stehen vier Linien mit einer unterschiedlichen Anzahl an Arbeitsplätzen bereit. Die Linie *VT.L1* produziert eine Basisvariante namens *Basic-VT*, welche sowohl für Variante *A* als auch für Variante *B* benötigt wird. Diese Basisvariante bildet das Eingangsprodukt der Linie *VT.L2*, innerhalb der teilweise auf Einprodukt-, teilweise auf Zweiproduktarbeitsplätzen die Fertigung der beiden Verbauteile *VT-A1* und *VT-B1* erfolgt, die an das Segment 2 weitergereicht werden. Ähnliches trifft auch für die Linie *VT.L3* zu, aus der die beiden Verbauteile *VT-A2* und *VT-B2* hervorgehen, jedoch ohne die Einsteuerung der Basisvariante. Dagegen befasst sich die Linie *VT.L4* ausschließlich mit der Fertigung der Verbauteile *VT-A3* und *VT-B4* an Zweiproduktarbeitsplätzen.

- Die im zweiten Segment namens *Endprodukte* enthaltenen Arbeitsplätze haben keine Linienunterteilung, können aber wegen ihres Reihenanordnungsprinzips als eine große Linie angesehen werden. Hier erfolgt die Verarbeitung der im ersten Segment erstellten Verbauteile zusammen mit extern beschafften Baugruppen, was letztendlich zur Fertigung der beiden für die Veräußerung vorgesehenen Produktvarianten führt. Dazu erfolgt bspw. die Einsteuerung des Verbauteils *VT-B3* in den zweiten Arbeitsplatz dieses Segments, auf dem es dann manuell mit einer am vorangegangenen Arbeitsplatz vormontierten Zukaufbaugruppe zusammengefügt wird. Die Verarbeitung von *VT-A1/B1*, *VT-A2/B2* und *VT-A3* innerhalb des Segments „Endprodukte" beginnt dagegen erst am dritten, einem manuellen Montagearbeitsplatz.

Nachstehende Abbildung 5-6 zeigt noch einmal den ablauforganisatorischen Materialfluss beider Segmente, deren Arbeitsplätze als nummerierte Quadrate gekennzeichnet sind.

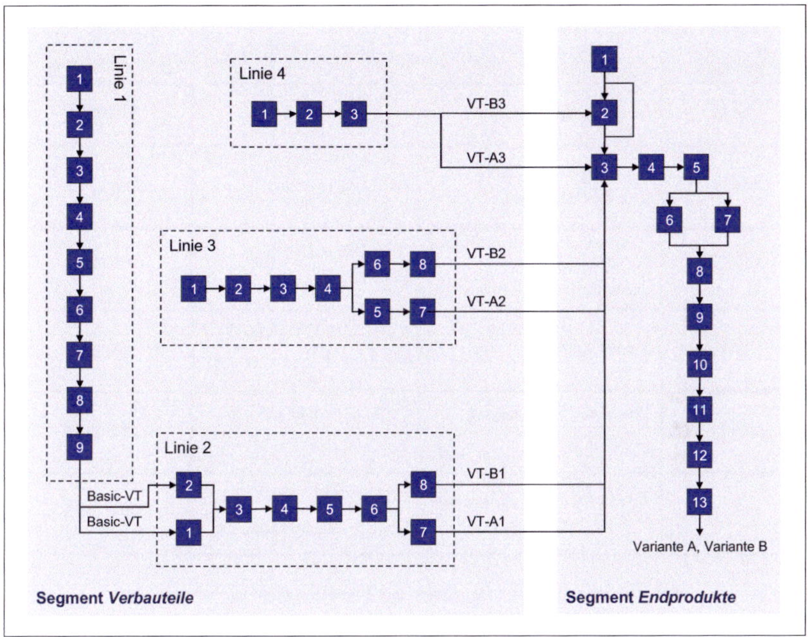

Abbildung 5-6: Vereinfachte Darstellung der Materialflüsse im untersuchten Fabrikbereich des Anwenderunternehmens

Für die Beschaffung und Einrichtung einer dieser Arbeitsplätze fallen je nach Art Kosten von 1000 Euro bis zu 253.000 Euro an, wobei sich die durchschnittlichen Anschaffungskosten auf rund 72.000 Euro je Arbeitsplatz belaufen. Die Abschreibungsdauer beträgt 6 Jahre.

Aufgrund der bestehenden Planungsunsicherheit und dem daraus resultierenden Flexibilitätsbedarf wurde eine variable Arbeitszeitgestaltung eingeführt, die auf *sechs verschiedenartigen Arbeitszeitmodellen* beruht, denen entweder ein Einschicht- oder aber ein Zweischichtbetrieb zugrunde liegt. Eine mögliche dritte Tagesschicht bleibt dagegen unberücksichtigt, da diese für Instandhaltungsaufgaben der Arbeitsplätze und Transportsysteme reserviert ist. Der Tabelle 5-1 können die verschiedenen Arbeitszeitmodelle mit ihren zugehörigen maximalen Betriebszeiten (in Sekunden) je Arbeitswoche und den korrespondierenden Tagesarbeitszeiten entnommen werden.

Arbeitszeit-modell	Bezeichnung	Tagesarbeitszeit	Betriebszeit t_{max} je Arbeitswoche
AZM_1	*Normalschicht*	8-16 Uhr (Mo-Fr)	144.000 s
AZM_2	*Normalschicht - lang* (+ 2 Überstunden)	8-18 Uhr (Mo-Fr)	180.000 s
AZM_3	*Normalschicht - Samstag* (+ 2 Überstunden + Samstag)	8-18 Uhr (Mo-Fr) 8-16 Uhr (Sa)	208.800 s
AZM_4	*Zweischicht*	Früh: 6-14 Uhr (Mo-Fr) Spät: 14-22 Uhr (Mo-Fr)	288.000 s
AZM_5	*Zweischicht - Samstag* (+ Samstag)	Früh: 6-14 Uhr (Mo-Sa) Spät: 14-22 Uhr (Mo-Sa)	345.600 s
AZM_6	*Zweischicht - Wochenende* (+ Samstag + Sonntag)	Früh: 6-14 Uhr (Mo-So) Spät: 14-22 Uhr (Mo-So)	403.200 s

Tabelle 5-1: Arbeitszeitmodelle des betrachteten Fabrikbereichs

Aus Sicht des zur Produkterstellung notwendigen Personalbedarfs sieht die Normalschicht eine Standardbesetzung von 18 Arbeitsplatzmitarbeitern im Segment „Verbauteile" und 10 Arbeitsplatzmitarbeitern im Segment „Endprodukte" vor. Hierbei werden mit Ausnahme von vier speziell ausgebildeten, im Segment „Endprodukte" benötigten Elektrofacharbeitern ausschließlich angelernte Arbeitskräfte eingesetzt. Außerdem überwacht und koordiniert ein Meister pro Schicht die in beiden Segmenten stattfindenden Produktionsabläufe. Zur Realisierung des Zweischichtbetriebs bietet sich die Möglichkeit auf Zeitarbeiter zurückzugreifen, welche sich schnell in den Aufgabenbereich der angelernten Arbeitskräfte einbinden lassen. Die zur Stammbelegschaft zählenden Elektrofacharbeiter verteilen sich zu gleichen Teilen auf die Früh- und Spätschicht, während sich die Tagesarbeitszeit des Meisters um zwei Stunden erhöht (von 9-19 Uhr).

5.2.3 Anwendung der Bewertungsmethodik im Rahmen des Fallbeispiels

Das oben beschriebene Produktionssystem wurde einer ausführlichen Flexibilitätsanalyse unterzogen, die eine vorausgegangene, vollständige Erfassung und Abbildung sämtlicher bewertungsrelevanter Systemobjekte und deren zugehöriger Flexibilitätsinformationen in ecoFLEX zur Folge hatte. Datenquellen bildeten hierbei die am Unternehmensstandort eingesetzten Systeme der digitalen Fabrikplanung, des Enterprise Ressource Planning und der

Betriebsdatenerfassung. Sie lieferten aktuelle und für die Flexibilitätsmessung verwertbare Daten, deren Normierung auf Wochenbasis erfolgte. Als kleinste mögliche Auswertungsperiode ließen sich hierüber alle für den Objektbereich geltenden Arbeitszeitmodelle abbilden, was einer möglichst genauen Datenerfassung entgegenkam. Eine notwendige Bedingung für die durchzuführenden Flexibilitätsuntersuchungen war das Bestimmen des Mengenverhältnisses zur Fertigung beider Produktvarianten. Dieses sog. veräußerungsbezogene Produktmixverhältnis ermittelte sich für das betrachtete Produktionssystem infolge einer im Vorfeld getätigten Auswertung von bereits erfassten Produktionszahlen des aktuellen Geschäftsjahres in Verbindung mit den prognostizierten Umsatzerwartungen des Folgejahres. Daraus ergab sich für das besagte Infotainmentprodukt ein Verhältnis von 45 Prozent für die Produktvariante A und 55 Prozent für Produktvariante B, woraus nachstehender Produktmixvektor resultiert:

$$v = \left(0{,}45 \times EZG_A, 0{,}55 \times EZG_B\right)^T$$

Tabelle 5-2 zeigt die sich darauf gründenden, von ecoFLEX ermittelten Kennzahlen für die Mengen- und die Mixflexibilität verschiedener Systemobjekte des analysierten Fabrikbereichs. Dargestellt werden sowohl ausgewählte Einzelflexibilitäten der Arbeitsplatzebene, von denen einige nachfolgend noch zur Sprache kommen sowie die Kennzahlen zu den Linien, Segmenten und dem Fabrikbereich als Ganzes.

Fabrik: $F_{Menge} = 68{,}4\%$; $F_{Mix} = 43{,}1\%$

Systemobjekt	F_{Menge} (in %)	F_{Mix} (in %)	Systemobjekt	F_{Menge} (in %)	F_{Mix} (in %)
Segment VT	**68,4**	37,4	*Segment EP*	**69,0**	54,2
Linie VT.L1	79,3	0	*EP.0.AB_1*	82,3	54,2
Linie VT.L2	**68,4**	54,2	*EP.0.B_2*	94,9	0
VT.L2.A_1	93,3	54,2	*EP.0.AB_3*	**69,0**	54,2
VT.L2.B_2	90,3	54,2	*EP.0.AB_4*	86,1	54,2
VT.L2.AB_3	83,2	54,2	*EP.0.AB_5*	94,5	54,2
VT.L2.AB_4	89,6	0	*EP.0.A_6*	87,2	0
VT.L2.AB_5	91,1	0	*EP.0.B_7*	81,2	0
VT.L2.AB_6	92,5	54,2	*EP.0.AB_8*	94,6	54,2
VT.L2.A_7	**74,2**	54,2	*EP.0.AB_9*	94,6	54,2
VT.L2.B_8	**68,4**	54,2	*EP.0.AB_10*	91,4	54,2
Linie VT.L3	86,1	54,2	*EP.0.AB_11*	87,5	54,2
Linie VT.L4	86,7	54,2	*EP.0.AB_12*	93,1	54,2
			EP.0.AB_13	93,6	54,2

Tabelle 5-2: Ermittelte Mengen- und Mixflexibilitäten für ausgewählte Systemobjekte des Produktionssystems im untersuchten Fabrikbereich

5.2.3.1 Auswertungen zur Mengenflexibilität

Laut oben stehender Tabelle 5-2 weist der untersuchte Fabrikbereich in seiner Gesamtheit eine Mengenflexibilität von 68,4 Prozent auf. In diesem prozentualen Bereich kann somit die Fertigung der beiden Produktvarianten *A* und *B* im gegebenen Produktmixverhältnis auf Marktnachfrageschwankungen zwischen der Break-even-Menge und der Kapazitätsgrenze reagieren, ohne dass eine wirtschaftliche Produktion gefährdet wäre und Veränderungen an der Elementmenge und Struktur des Produktionssystems vorgenommen werden müssten. In konkreten Produktionszahlen ausgedrückt, bedeutet das eine Fertigung von 289 Stück bis 917 Stück der Infotainmentvariante *A* und von 354 Stück bis 1.121 Stück der Variante *B*. Der Abbildung 5-7 ist dabei zu entnehmen, dass die Break-even-Menge (Feld 1) bereits im Normalschichtbetrieb erreicht wird, während es zum Erreichen der maximalen Ausbringungsmenge den „Zweischicht-Wochenende"-Betrieb (Feld 2) bedarf. Ebenfalls fällt dort bei genauer Betrachtung auf, dass der Arbeitsplatz *EP.0.AP_13*, an dem die beiden

Produktvarianten erst ihre Veräußerungsfähigkeit erreichen, mit 18 Prozent bzw. 20 Prozent[16] eine relativ geringe Auslastung hat (8% bei A; 10% bei B). Dies führt zu einer sehr hohen mengenbezogenen Einzelflexibilität des Arbeitsplatzes mit 93,6 Prozent (vgl. Tabelle 5-2, S. 154), was weit über der des Gesamtsystems liegt und daher auf Flexibilitätsschwachstellen hindeutet. So könnte entweder ein Flexibilitätsengpass innerhalb des Fabrikbereichs vorliegen oder aber das Flexibilitätspotential des Arbeitsplatzes $EP.0.AP\_13$ unnötig groß gewählt worden sein. Da jedoch auch die anderen Arbeitsplätze im Produktionssystem wesentlich höhere Flexibilitäten als 68,4 Prozent aufweisen (vgl. Tabelle 5-2, S. 154), ist von einem Flexibilitätsengpass auszugehen.

Abbildung 5-7: Ausschnitt aus dem Analysebereich des Prototypen ecoFLEX zu den erzeugnis-arbeitsplatzbezogenen Produktionsmengen und Auslastungen

Um im betrachteten Fabrikbereich das Flexibilitätsdefizit zu bestimmen, sind die Einzelflexibilitäten der verschiedenen Systemobjekte zu betrachten, wobei aufgrund der hierarchischen Abhängigkeiten im Produktionssystem dies systematisch erfolgen sollte. Das verdeutlicht ein Blick in Tabelle 5-2 (S. 154), wonach sich Arbeitsplätze mit einer schlechteren Mengenflexibilität nachteilig auf die Flexibilität der ihnen übergeordneten Systemobjekte auswirken. Dadurch wurde im Rahmen der Flexibilitätsanalyse beim Anwenderunternehmen schnell ersichtlich, dass dessen untersuchtes Produktionssystem gleich drei gravierende Flexibilitätsengpässe aufweist. Einmal sind davon die beiden Arbeitsplätze $VT.L2.A\_7$ und $VT.L2.B\_8$ in der Linie $L2$ des Segments „Verbauteile" mit 74,2 bzw. 68,4 Prozent betroffen und zum anderen der Arbeitsplatz $EP.0.AB\_3$ im Segment „Endprodukte" mit 69 Prozent.

---

[16] Im Normalschichtbetrieb 8% bei Variante A und 10% bei Variante B (= 18% Gesamtauslastung), im Zweischicht-Wochenendebetrieb dagegen 9% bei Variante A und 11% bei Variante B (= 20% Gesamtauslastung)

5.2.3.2 Auswertungen zur Erweiterungsflexibilität

Eine im Anschluss an die Mengenflexibilitätsanalyse durchgeführte Bewertung für die identifizierten Flexibilitätsdefizite ergab, dass sie nicht auf einer schlechten Wirtschaftlichkeit bei der Produkterstellung an den drei Arbeitsplätzen beruhen, sondern auf eine zu geringe Maximalkapazität zurückgehen. Die diesbezüglich benötigte Zusatzkapazität der einzelnen Arbeitsplätze konnte mit ecoFLEX wie folgt beziffert werden:

- 26 % für Arbeitsplatz *VT.L2.A_7*

- 54 % für Arbeitsplatz *VT.L2.B_8*

- 51 % für Arbeitsplatz *EP.0.AB_3*

Gemäß dieser Erkenntnisse galt es nach Lösungsalternativen zu suchen, mit denen der erforderliche Kapazitätsbedarf innerhalb eines *Zeithorizonts von 6 Monaten* (Summe aus Entscheidungs- und Realisierungsdauer, vgl. Abbildung 2-7, S. 35) zu gewährleisten ist, um die Flexibilitätsdefizite im Produktionssystem zu beheben. Für den Arbeitsplatz *EP.0.AB_3* stand dabei ausschließlich der Aufbau eines redundanten Arbeitsplatzes zur Disposition. Weitergehende Überlegungen hinsichtlich des Einbringens zusätzlicher maschineller Unterstützungen wurden dagegen wieder verworfen, da sie aufgrund der Besonderheit der dort auszuführenden Arbeitsgänge mit starker manueller Verrichtung nicht zielführend waren. Dagegen ließen sich für die beiden Arbeitsplätze *VT.L2.A_7* und *VT.L2.B_8* drei nachstehend aufgeführte Alternativen ausmachen, die ausschließlich die Linie *VT.L2* betreffen:

- **Erweiterungsalternative 1:** Aufbau der Arbeitsplätze VT.L2.B_8(neu) und VT.L2.A_7(neu) als Duplikate der Arbeitsplätze VT.L2.B_8 und VT.L2.A_7

- **Erweiterungsalternative 2:** Aufbau eines zu VT.L2.B_8 redundanten Arbeitsplatzes VT.L2.B_8(neu) sowie eines zu VT.L2.A_7 redundanten Arbeitsplatzes VT.L2.A_7(neu50%), allerdings mit eingeschränkter Leistungsfähigkeit (50 Prozent vom bereits bestehenden Arbeitsplatz VT.L2.A_7)

- ***Erweiterungsalternative 3:*** Aufbau des Mehrzweckarbeitsplatzes *VT.L2.AB_9(neu)*, an dem sowohl die Arbeitsgänge der Arbeitsplätze *VT.L2.A_7* und *VT.L2.B_8* ausführbar sind

Um die drei aufgeführten Erweiterungsmöglichkeiten vergleichen und somit die beste bestimmen zu können, wurde durch den Einsatz von ecoFLEX die Erweiterungsflexibilität der Linie *VT.L2* betrachtet. Dazu war von einer linienbezogenen Zielkapazität von maximal

23.641 produzierbaren Teilen auszugehen. Sie leitete sich aus der größten, innerhalb der Linie verlangten Zusatzkapazität ab. Dies betrifft den Arbeitsplatz *VT.L2.B_8* mit einer geforderten Erhöhung der Maximalkapazität von plus 54 Prozent. Tabelle 5-3 zeigt die darauf basierenden, alternativenabhängigen Berechnungsergebnisse zur Erweiterungsflexibilität der Linie *VT.L2*, wobei die hierbei zugrunde gelegten kosten- und nicht-kostenbezogenen Berechnungsparameter dem Anhang E zu entnehmen sind. Für den Arbeitsplatz *EP.0.AB_3* bestand keine Notwendigkeit einer Alternativenbetrachtung, da wie bereits erwähnt, nur der Aufbau eines redundanten AP in Betracht zu ziehen war.

Systemobjekt: Linie „VT.L2"	Break-even-Menge (in Stück)	Maximal-kapazität (in Stück)	Ziel-kapazität (in Stück)	Erweiterungs-flexibilität
Erweiterungsalternative 1 Aufbau der Arbeitsplätze *VT.L2.A_7(neu)* und *VT.L2.B_8(neu)*	5.602	28.821		111,5 %
Erweiterungsalternative 2 Aufbau der Arbeitsplätze *VT.L2.B_8(neu)* und *VT.L2.A_7(neu50%)*	5.109	28.144	**23.641** (+54%)	114,6 %
Erweiterungsalternative 3 Aufbau des Mehrzweckarbeitsplatzes *VT.L2.AB_9(neu)*	4.867	24.409		116,1 %
Originalkonfiguration	4.849	*Maximalkapazität:* 15.351 Stück		

Tabelle 5-3: Kennzahlen zur Erweiterungskapazität der Linie „VT.L2"
(alternativenabhängig)

Anhand der ermittelten Kennzahlen zur Erweiterungsflexibilität lässt sich erkennen, dass der Aufbau eines Merzweckarbeitsplatzes (Alternative 3) anzustreben ist. Die hierfür ermittelte Kennzahl von 116,1 Prozent, spricht für eine Verbesserung der Mengenflexibilität in Linie *VT.L2*. Daher kann sie als „vollständig erweiterungsflexibel" angenommen werden (vgl. Fallunterscheidungen in Kapitel 4.1.3). Zwar weisen die anderen beiden Erweiterungs-alternativen eine höhere Maximalkapazität auf, was leicht dazu verleitet, einer von diesen den Vorzug zu geben. Jedoch würde das zum Aufbau unnötiger Flexibilitätspotentiale führen, die als weniger wirtschaftlich anzusehen sind, da sie die für die Linie flexibilitätswirksame Break-even-Menge erst später erreichen (vgl. Tabelle 5-3).

Die Erweiterung des Produktionssystems um die beiden Arbeitsplätze *VT.L2.AB_9(neu)* und *EP.0.AB_3(neu)* hat aus Fabrikbereichssicht eine Erhöhung der Mengenflexibilität auf 79,1 Prozent (plus 10,7 Prozent) und der Mixflexibilität auf 49,1 (plus 6 Prozent) zur Folge. Das macht eine klare Verbesserung gegenüber der bestehenden Systemkonfiguration deutlich.

5.2.3.3   Auswertungen zur Mixflexibilität

Wie aus der eingangs zur Fallbeispielanalyse vorgestellten Tabelle 5-2 (S. 154) hervorgeht, besitzt das untersuchte Produktionssystem insgesamt eine Mixflexibilität von 43,1 Prozent, was ein nicht zu unterschätzendes Risiko einer wirtschaftlichen Fertigung bei Produktmixschwankungen darstellt. Mittels ecoFLEX konnte nachgewiesen werden, dass ein Wegfall der Nachfrage nach Produktvariante *B* Gewinneinbußen von ca. 80 Prozent zur Konsequenz hätte. Ein Nachfragestopp nach der Produktvariante *A* anstelle von Variante *B* zöge sogar noch dramatischere Auswirkungen nach sich, da der mögliche Produktionsgewinn um ca. 95 Prozent sinken würde, was sich gleichzeitig empfindlich auf die Mengenflexibilität des Gesamtsystems auswirkt. Abbildung 5-8 zeigt den Analysebereich des ecoFLEX-Fensters aus dem die Veränderungen der Mengenflexibilität sowie der Break-even- als auch der maximalen Produktionsmenge hervorgehen, als Ergebnis einer Nichtproduktion von Variante *A*.

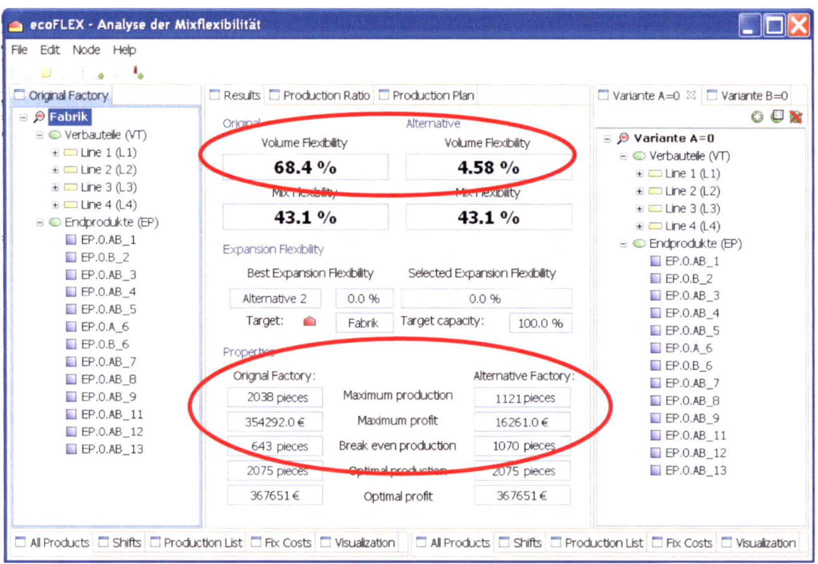

Abbildung 5-8: Ausschnitt aus dem Analysebereich des Prototypen ecoFLEX zur Untersuchung der Auswirkungen bei Nichtproduktion der Produktvariante A

Der Grund für die schlechte Mixflexibilität des betrachteten Fabrikbereichs liegt in der hohen Anzahl von Einproduktarbeitsplätzen, zu denen 20 der insgesamt 41 Arbeitsplätze zählen und die sich zu gleichen Anteilen auf beide Produktvarianten verteilen. Infolge der damit verbunden Anschaffungskosten nehmen sie im Produktionssystem einen relativ hohen

Fixkostenanteil ein, der durch die Verkaufserlöse erst einmal zu decken ist. Im Fall der Nichtproduktion einer von beiden Produktvarianten bleibt dieser Fixkostenanteil weiterhin bestehen, die Erlöse dafür fallen hingegen aus. Die Fixkostendeckung hat daher ausschließlich über die andere Produktvariante zu erfolgen, auch für die Arbeitsplätze, an denen nicht produziert wird.

Tendenziell birgt hierbei ein Nachfragerückgang der Variante A ein höheres wirtschaftliches Risiko. Deshalb kann es innerhalb des Produktionssystems als das wertvollere Produkt angenommen werden. Allerdings sollte dies nicht dazu verführen, die Variante B zu vernachlässigen, denn wegen der eigens hierfür angeschafften Einzelarbeitsplätze ist nur bei Fertigung beider Varianten ein maximaler Produktionserfolg realisierbar. So ergab die Analyse mit ecoFLEX hinsichtlich der *Optimalproduktion* für das Erreichen eines systembezogenen Maximalgewinns, ein Produktmixverhältnis von:

- 51 Prozent der Gesamtproduktionsmenge von Variante A

- 49 Prozent der Gesamtproduktionsmenge von Variante B

In nachstehender Tabelle 5-4 sind die Ausbringungsmengen von verschiedenen Produktmixverhältnissen zur Variante A und Variante B vergleichend gegenübergestellt.

Kenngrößen	angenommener Produktmix	Optimalmix	Nichtproduktion A	Nichtproduktion B
Produktmix-verhätnis	Variante A = 45% Variante B = 55%	Variante A = 51% Variante B = 49%	Variante A = 0% Variante B = 100%	Variante A =100% Variante B = 0%
Break-even-Menge (in Stück/Periode)	Variante A = 289 Variante B = 354	Variante A = 324 Variante B = 314	Variante A = 0 Variante B = 1.070	Variante A = 757 Variante B = 0
max. Produktionsmenge (in Stück/ Periode)	Variante A = 917 Variante B = 1.121	Variante A = 954 Variante B = 1121	Variante A = 0 Variante B = 1.121	Variante A = 1121 Variante B = 0
max. erzielbarer Gewinn (in Euro/Periode)	354.292 €	367.651 €	16.261 €	74.178 €

Tabelle 5-4: Vergleichende Gegenüberstellung von Produktionskenngrößen unterschiedlicher Produktionsszenarien

Anhand dieser Tabelle wird deutlich, dass der Fabrikbereich in seiner derzeitigen Konfiguration relativ gut auf das zugrunde gelegte Produktmixverhältnis von 55:45 Prozent ausgelegt ist, da sich die Gewinneinbußen im Vergleich zum Optimalmix in Grenzen halten. Dennoch ändert diese Tatsache nichts an der schlechten, für das Gesamtsystem geltenden

Mixflexibilität. Um hierfür nach Verbesserungsmöglichkeiten zu suchen, wurden die durch ecoFLEX ermittelten Kennzahlen zur Mixflexibilität der einzelnen Systemobjekte im Fabrikbereich näher untersucht (vgl. Tabelle 5-2, S. 154). Dies ergab, dass sich besonders das Segment „Verbauteile" mit seiner Linie *VT.L1* (Mixflexibilität = 0) nachteilig auf die Mixflexibilität des Gesamtsystems auswirkt, weil dort ausschließlich Einproduktarbeitsplätze zum Einsatz kommen.

Eine sinnvolle Lösungsoption, die im Rahmen des Fallbeispiels zur Behebung dieses Defizits der Mengenflexibilität identifiziert wurde, bezog sich auf die Stilllegung der Linie *VT.L1*. Zwar müsste dann das dort produzierte Zwischenprodukt *Basic-VT* durch Outsourcing-Maßnahmen extern beschafft werden, allerdings steigt hierdurch die Mixflexibilität von 43,1 auf 54,2 Prozent. Somit ließe sich das wirtschaftliche Risiko einer Gefährdung des Produktionserfolgs wegen der Veränderungen des Produkt-/Variantenmixes um 11,1 Prozentpunkte senken. Zudem wären keine negativen Auswirkungen auf die Mengenflexibilität zu befürchten, solange die Kosten der Beschaffung von *Basic-VT* den Betrag von 11 Euro nicht übersteigen.

In Verbindung mit den Erkenntnissen aus Kapitel 5.2.3.3 ist für den betrachteten Fabrikbereich eine Systemerweiterung um die Arbeitsplätze *VT.L2.AB_9(neu)* und *EP.0.AB_3(neu)* anzustreben, bei gleichzeitigem Outsourcing des Zwischenprodukts *Basic-VT*. Das würde, im Vergleich zum Aufbau der beiden neuen Arbeitsplätze, als alleinige Systemverbesserungsmaßnahme die Mengen- wie auch die Mixflexibilität des Fabrikbereichs erneut steigern, was Tabelle 5-5 belegt.

Kenngrößen	Originalkonfiguration	Aufbau der Arbeitsplätze *VT.L2.AB_9(neu)* *+ EP.0.AB_3(neu)*	Stilllegung von *VT.L1* und Aufbau der Arbeitsplätze *VT.L2.AB_9(neu)* *+ EP.0.AB_3(neu)*
Mengenflexibilität	68,4 %	79,1 %	79.8 %
Mixflexibilität	43,1 %	49,1 %	57.3 %

Tabelle 5-5: Vergleich der Flexibilitätskennzahlen zwischen der Originalkonfiguration und den identifizierten Verbesserungsmaßnahmen im betrachteten Produktionssystem

5.2.3.4   Einschätzungen zur erfolgten Flexibilitätsanalyse

In der praktischen Erprobung erwies sich die, in Form des Software-Prototypen ecoFLEX, angewendete Bewertungsmethodik als äußerst erfolgreich. Durch sie ließ sich die Flexibilität des untersuchten Produktionssystems quantifizieren und einzelnen Systemobjekten zuordnen, was Basis einer detaillierten Flexibilitätsanalyse bildete. Aus Sicht der Produktionsplaner und weiterer Benutzer von ecoFLEX innerhalb des Anwenderunternehmens ermöglicht diese Software ein schnelles Identifizieren von Flexibilitätsschwachstellen, die sich richtig einordnen und zielgerecht beseitigen lassen. Das belegten die erkannten Flexibilitätsdefizite an den Arbeitsplätzen *VT.L2.A_7*, *VT.L2.B_8* und *EP.0.AB_3* (vgl. Kapitel 5.2.3.1). Zwar wurde bereits vermutet, dass letztgenannter Arbeitsplatz infolge einer hohen Beanspruchung einen Flexibilitätsengpass darstellen könnte. Die Einschätzung der anderen beiden Arbeitsplätze, hinsichtlich ihrer Auswirkungen auf die Flexibilität des Gesamtsystems, war dagegen falsch. Diese Erkenntnis überraschte das Produktionsmanagement des Unternehmens, weil trotz erfolgter Fertigungssimulationen am digitalen Fabrikplanungssystem keine Informationen dazu vorlagen. Mit Hilfe des Bewertungsvorgehens zur Erweiterungsflexibilität konnte daraufhin sehr einfach über Kennzahlenvergleiche die beste der erkannten Verbesserungsalternativen bestimmt werden (vgl. Kapitel 5.2.3.2), was als eine sehr effiziente Methode erachtet wurde. Ebenfalls positiv beurteilten die involvierten Personen die Ergebnisse aus den Untersuchungen zur Mixflexibilität. Sie bewirkten beim verantwortlichen Management ein verändertes Bewusstsein hinsichtlich künftiger Fabrikplanungen, um Risiken einer Abhängigkeit des Produktionssystems von bestimmten Produkten bzw. Produktvarianten zu minimieren. Darüber hinaus erwies sich der Vorschlag zur Stilllegung der Linie *VT.L1* im Segment „Verbauteile" (vgl. Kapitel 5.2.3.3) als Impulsgeber, über Outsourcing-Maßnahmen zur Verbesserung der Systemflexibilität nachzudenken.

Trotz des Erfolgs in der Anwendung verlief die vorausgegangene Datenübernahme aus den ERP- und BDE-Systemen nur eingeschränkt wunschgemäß. Zwar ließen sich die bewertungsrelevanten Systemobjekte mit ihren Struktur- und Abhängigkeitsinformationen aus dem digitalen Fabrikplanungssystem extrahieren und über das Konfigurationsmodul PSM (vgl. Abbildung 5-2) vollständig in ecoFLEX abbilden. Der Import produktionsbezogener Daten zu den Systemobjekten bereitete allerdings größere Schwierigkeiten. Der Grund dafür war, ungeachtet der im Vorfeld erarbeiteten Schnittstellenspezifikationen, die fehlende Anbindung des Prototypen an die operativen Systeme in der Produktion. Dies sollte im Rahmen der ersten Fallbeispieluntersuchung auf Wunsch der Verantwortlichen im Anwenderunternehmen vermieden werden. Stattdessen wurden diese Daten teils automatisiert, teils manuell in verschiedenen Microsoft Excel-Dateien erfasst und danach automatisch von ecoFLEX übernommen. Nachteilig wirkte sich jedoch aus, dass hierdurch, infolge des Fehlens einer konsistenten, redundanz- und medienbruchfreien Datenhaltung im betrachteten Fabrikbereich, ein hoher Nachpflegeaufwand erforderlich war. So bestand nicht selten die Notwendigkeit, bereits erhobene Daten hinsichtlich ihrer Korrektheit neu zu prüfen und zu korrigieren, weil sie bspw. in unterschiedlichen Systemen mit unterschiedlichen Werten abgelegt waren oder Ablesefehler auftraten. Daher lassen sich auch nicht zweifelsfrei leichte Abweichungen, der mit ecoFLEX errechneten Kenngrößen, von den tatsächlichen

Werten ausschließen, denn die Qualität der Bewertungsergebnisse hängt immer von der Qualität der Eingangsdaten ab.

Im Allgemeinen stieß die Bewertungsmethodik bei seinen Benutzern trotz der Datenübernahmeschwierigkeiten auf breite Akzeptanz. Die wesentlichen Erfolgsfaktoren hierbei bezogen sich einerseits auf die Softwareunterstützung der drei Basisschritte zur systematischen Vorgehensweise bei Flexibilitätsuntersuchungen (vgl. Abbildung 5-1, S. 136). Hierdurch ließ sich der zeitliche Aufwand für die Erfassung der benötigten Systemdaten und für die eigentliche Flexibilitätsbewertung deutlich auf ein dem Nutzen angemessenes Niveau beschränken. Anderseits gründete sich die positive Resonanz auf die in ecoFLEX bereitgehaltenen Analysemöglichkeiten. Beispiele dafür waren das schnelle und unkomplizierte Aufzeigen flexibilitätsbezogener Schwachstellen innerhalb des betrachteten Produktionssystems sowie die Vergleichbarkeit von Lösungsalternativen. Den mit dem Fallbeispiel vertrauten Entscheidungsträgern konnten somit die monetären Vorteile einer ecoFLEX-unterstützten Flexibilitätsanalyse deutlich gemacht werden.

5.3 *Anforderungsbezogene Überprüfung der Bewertungsmethodik*

Auch wenn die Anwendungserfahrungen der Bewertungsmethodik am vorgestellten Fallbeispiel innerhalb der industriellen Praxis als sehr positiv einzuschätzen sind, bedarf es dennoch einer genauen Anforderungsüberprüfung. Nur so lässt sich ein verbindlicher Nachweis der zielsetzungskonformen Entwicklung und Verwendbarkeit der Methodik erbringen, damit in der Zukunft eine Vielzahl von Produktionsunternehmen aus den daraus resultierenden Vorteilen profitieren kann. Im Folgenden ist daher die Erfüllung der definierten Anforderungen detailliert zu diskutieren, wobei jedoch, dem methodisch-zeitlichen Ablauf der Evaluierung entsprechend, in umgekehrter Reihenfolge zur Anforderungsdefinition in Kapitel 3 verfahren wird. Deshalb beginnt die Verifikation mit dem Softwareprototypen und setzt sich über das Produktionssystemmodell und die Flexibilitätsmetriken bis hin zur grundsätzlichen Verwendbarkeit fort.

5.3.1 Verifikation der softwaretechnischen Umsetzung

Das Anliegen der softwareseitigen Umsetzung der Bewertungsmethodik war das Erreichen einer aufwandreduzierten Nutzung der Bewertungsmethodik. Vor diesem Hintergrund entstand der Softwareprototyp ecoFLEX, der bereits vor seinem Einsatz in der Praxis umfangreichen Tests unterzogen wurde, um die Erfüllung der in Kapitel 3.4 definierten Anforderungen zu überprüfen.

ecoFLEX beinhaltet zum Zweck einer *leichten Integrierbarkeit* entsprechende Schnittstellen zur Einbindung der entwickelten Methodik in bestehende IT-Infrastrukturen. Hierfür stehen gegenwärtig eine XML- und eine AutoCAD[17]-Schnittstelle bereit. Mittels der implementierten XML-Schnittstelle können Produktionsdaten aus operativen Systemen, wie z.B. PPS-, BDE- oder ERP, in ecoFLEX übernommen werden, sofern die entsprechenden Adaptoren zur Verfügung stehen. Durchgeführte Testimporte mit mehreren hundert, eigens dafür erzeugten Dummy-Datensätzen, ließen sich in ecoFLEX fehlerfrei verarbeiten. In ähnlicher Weise wurde auch mit der AutoCAD-Schnittstelle verfahren, die ein Auslesen von CAD-Zeichnungen der Formate *.dxf und *.dwg unterstützt. Entsprechende Funktionstests erfolgten mit bis zu 20.000 Dummy-Objekten, die ein speziell hierfür vorbereiteter Algorithmus erzeugte und in dxf-Dateien speicherte. Die daraufhin ausgelesenen AutoCAD-Zeichnungen wurden in XML-Dokumente überführt, wobei die Konfiguration der geometrischen Zeichnungsobjekte nur relevante Informationen für den Aufbau des PSM vorsah, z.B. notwendige Systemobjekte, Linienzugehörigkeiten von Arbeitsplätzen, Materialflussverkettungen etc. Auch diese Testszenarien verliefen äußerst zufriedenstellend, da alle relevanten Zeichnungskomponenten und Verbindungen vollkommen automatisiert generiert werden konnten (entspricht **Anforderung A4.1**). Nachstehende Abbildung 5-9 zeigt das Ergebnis des Exports eines AutoCAD-Objekts des Typs „Arbeitsplatz" in ein XML-Element mit den dazugehörigen Attributen.

```
<AcDbWorkplaceReference
WPName=„EP.0.AB_3" Layer="ID_FFU_06_12_alt"
MaxX="92163.29774753435" MaxY="14157.15433610239"
MinX="90968.29774753435" MinY="13562.15433610239"
PositionX="90965.79774753435" PositionY="13559.65433610239"
PositionZ="0"
Rotation="0"
ScaleFactorX="1" ScaleFactorY="1" ScaleFactorZ="1„
/>
```

Abbildung 5-9: Beispielergebnis zum Export eines AutoCAD-Objekts

Im Interesse der *einfachen und intuitiven Bedienbarkeit* des Softwareprototypen wurde eine grafische Benutzeroberfläche implementiert. Über die dort logisch angeordneten Symbolleisten und die integrierte Menüleiste kann der Benutzer auf die ecoFLEX-spezifische Funktionalität zugreifen, um Flexibilitätsbewertungen an industriellen Produktionssystemen vorzunehmen (vgl. Abbildung 5-5, S. 147). Das Design und die Funktionsanordnungen der

---

[17] AutoCAD ist ein CAD-System der Firma Autodesk zum Erstellen von 2D- und 3D-Zeichnungen.

Benutzeroberfläche resultieren aus den Erfahrungen mit verschiedenen Testpersonen (auch aus dem Produktionsumfeld) während der Prototypenentwicklung. Dabei wurden, in Assoziation zu den drei bereits erläuterten Basisschritten (vgl. Abbildung 5-1, S. 136), immer wieder Anwendungsverbesserungen wie Wizard-Unterstützungen, Tooltips zum Bereithalten weiterer Informationen über GUI-Objekte oder Drag and Drop-Mechanismen vorgenommen. Aktuelle Untersuchungen mit Probanden ergaben einen durchschnittlichen Einarbeitungsaufwand von 1 Stunde bis ein Benutzer mit Produktionshintergrund in die Software eingearbeitet ist, um das in Anhang D vorgestellte Beispielproduktionssystem selbständig in ecoFLEX abzubilden und Analysen daran durchzuführen (entspricht **Anforderung A4.2**).

Der wesentliche Erfolgsfaktor für die *einfache und übersichtliche Darstellung* von Bewertungsobjekten in ecoFLEX beruht auf der Untergliederung der grafischen Benutzeroberfläche in einen Parameter- und einen Analysebereich sowie deren Einteilung in eine Original- und eine Alternativensicht. Dadurch lässt sich ein zu untersuchendes Produktionssystem innerhalb des Programmfensters gemeinsam mit seinen Alternativkonfigurationen visualisieren, was die Identifizierung und Behebung von Flexibilitätsschwachstellen begünstigt. Dazu werden sowohl die verschiedenen systemobjektspezifischen Kennzahlen zur Flexibilitätsanalyse angezeigt, als auch die ihnen zugeordneten Eingabedaten zu ihrer Berechnung. In diesem Zusammenhang wurden umfangreiche Befragungen und Tests mit ausgewählten Benutzern innerhalb der Prototypenentwicklungsphase vorgenommen. Daraus ergaben sich eine Vielzahl von Darstellungs- und Auswertungsansprüchen, die letztendlich zu der in Abbildung 5-4 (S. 144) gezeigten Benutzeroberfläche mit einer Einteilung in Funktionsfelder und Registerkarten führte. Sie fand bei einer erneuten Befragung der Pilotanwender ein hohes Maß an Zustimmung (entspricht **Anforderung A4.3**).

Durch die Verwendung des Persistenz-Frameworks „Hibernate" in Verbindung mit der relationalen Datenbank „MySQL" konnte der Forderung einer *persistenten Speicherung von Flexibilitätsuntersuchungen* entsprochen werden. Dies belegten verschiedene Testspeicherungen, bei denen unter anderem auch das Produktionssystem des Fallbeispiels herangezogen wurde. Dabei erfolgte eine gesonderte Speicherung des Systems im Analyseprojekt „PerformanceTest" auf der Datenbank. Daran vorgenommene Erweiterungen in Form von entarteten Alternativkonfigurationen[18] mit bis zu 20.000 Systemobjekten, einschließlich der zugehörigen Objektinformationen, ließen keine nennenswerten Performanceeinbußen am Prototypen erkennen. Sämtliche Objektdarstellungen, Eingabe- und Berechnungsaktualisierungen konnten trotz des umfassenden Datenvolumens fehlerfrei und

---

[18] Der Aufbau der Alternativkonfigurationen erfolgte mittels Copy-Paste-Technik, indem einzelne Objekte aus dem Originalmodell mit ihren zugehörigen Objektinformationen mehrere hundert Mal vervielfältigt wurden.

ohne ernsthafte Verzögerungen, die Verweildauer betrug in allen Testszenarien unter 1 Sekunde, erreicht werden (entspricht **Anforderung A4.4**).

Auch wenn bislang noch keine Notwendigkeit bezüglich Funktionserweiterungen über die prototypische Implementierung von ecoFLEX hinaus besteht, wie z.B. das Hinzufügen neuer Flexibilitätsmetriken oder Schnittstellen zur Kommunikation mit weiteren Systemen, so ist dennoch davon auszugehen, dass sich darauf beruhende Nach- bzw. Neuimplementierungen nicht auf den gesamten Prototypen auswirken, sondern lediglich einzelne Module betreffen. Dafür spricht der modulare Systemaufbau von ecoFLEX (vgl. Abbildung 5-2, S. 137) sowie das strukturierte Implementierungsvorgehen innerhalb der Eclipse-Entwicklungsumgebung (vgl. Abbildung 5-3, S. 141). Damit sind, im Gegensatz zu monolithischen Implementierungen, eine *leichte Erweiterbarkeit* und deutlich reduzierte Aufwendungen bei der Systempflege gewährleistet (entspricht **Anforderung A4.5**).

5.3.2   Verifikation des Produktionssystemmodells

Das im Rahmen der Konzeptionsphase entwickelte PSM erwies sich im realen Einsatz als äußerst praxistauglich. Alle notwendigen Objekt- und Strukturmerkmale des untersuchten Fabrikbereichs aus dem Fallbeispiel ließen sich hierüber, gemäß der in Kapitel 3.3 definierten Anforderungen, erfassen und in die Flexibilitätsauswertungen einbeziehen.

Die Grundlage dafür bildete das speziell entworfene Referenzmodell (vgl. Abbildung 4-13, S. 133), durch das die verschiedenen Systemobjekte im Fabrikbereich über eine *einheitliche und neutrale Modellnotation* in Abstraktion des zu analysierenden Produktionssystems beschrieben werden können. Somit verlief die vollständige Abbildung des untersuchten Fabrikbereichs in ecoFLEX, als auch seiner Alternativkonfigurationen mit den auf verschiedenen Ebenen organisierten Systemobjekten problemlos, wie unter anderem aus der Abbildung 5-8 (S. 158) hervorgeht (entspricht **Anforderung A3.1**).

Infolge des dem Referenzmodell zugrunde gelegten Paradigmas der Objektorientierung, bietet sich der Vorteil einer *vollständigen Erfassung der bewertungsrelevanten Systemobjekte und ihrer Zuordnungsbeziehungen*. Es lassen sich dadurch die verschiedenartigen, systemeigenen Merkmale, wie Materialflüsse oder hierarchische Abhängigkeiten auf einfache Weise in den geforderten Detaillierungsgraden nachbilden. Das belegt nachstehende Abbildung 5-10, aus der die Struktur des im Fallbeispiel analysierten Produktionssystems mit seinen relevanten Systemobjekten klar hervorgeht (entspricht **Anforderung A3.2**).

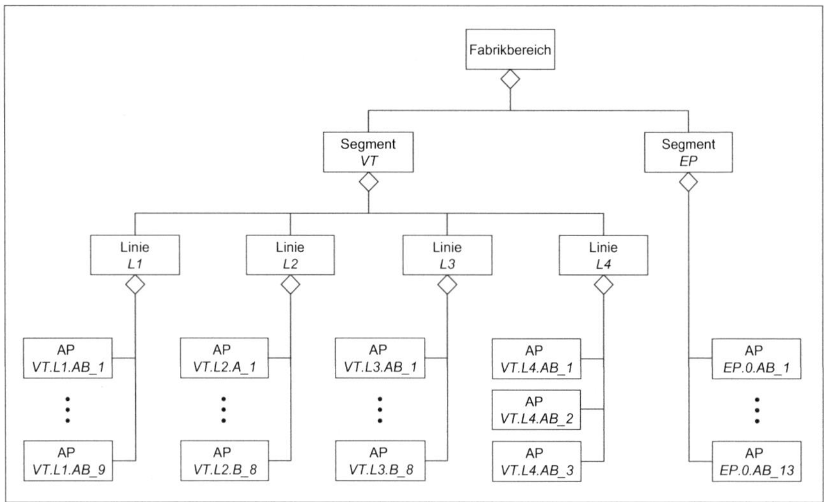

Abbildung 5-10: Darstellung des untersuchten Produktionssystems in Form eines UML-Objektdiagramms

Im Interesse einer korrekten Verknüpfung zwischen den Modellsymbolen und den zugehörigen realweltlichen Systemobjekten zur Vermeidung fehlerbehafteter oder sogar widersprüchlicher Datenzuordnungen wurden *eindeutige Objektbezeichner* vergeben. Die dazu festgelegte Systematik sah innerhalb des Fallbeispiels folgende Bezeichnungslogik vor (entspricht **Anforderung A3.3**):

- Die Kennzeichnung des untersuchten Fabrikbereichs erfolgt mit dem Namen ***Fabrik***.

- ***Segmente*** erhalten, in Anlehnung an die Kategorisierung ihrer Produktarten, als Bezeichner die Abkürzung „VT" für Verbauteile oder „EP" für Endprodukte.

- ***Linien*** werden mit *[Segment].L[x]* betitelt, wobei *[Segment]* das Segment bezeichnet, in dem sich die Linie (Abkürzung „L") befindet, während *[x]* die laufende Nummer der Linie innerhalb des Segments angibt.

- Für die ***Arbeitsplätze*** selbst gilt die Bezeichnung *[Segment].L[x].[Produkt]_[y]*. Diese kennzeichnet mit *[Segment].L[x]* die jeweilige Linie im entsprechenden Segment, die der Arbeitsplatz angehört. *[Produkt]* gibt Auskunft über die Produktvariante, deren Fertigung am betreffenden Arbeitsplatz unterstützt wird. Bezogen auf das Fallbeispiel sind somit die Kombinationen „A", „B" oder „AB" möglich. *[y]* dient dagegen als fortlaufende Nummerierung der Arbeitsplätze innerhalb des übergeordneten Subsystems. Dementsprechend bedeutet *EP.0.AB_3*, dass er der dritte, direkt dem Segment

„Endprodukte" zugeordnete Arbeitplatz ist, ohne eine Linienzugehörigkeit aufzuweisen. Er leistet sowohl einen Beitrag für Produktvariante „A" als auch für Variante „B".

Die mit dem Paradigma der Objektorientierung vorgesehenen Vererbungsprinzipen erlauben ferner eine dynamische Konfiguration und Parametrisierung des PSM. Aufgrund dessen lassen sich die im Referenzmodell zugewiesenen Berechnungsparameter ohne Schwierigkeiten auf darzustellende Systemobjekte übertragen und im Bedarfsfall erweitern. Hierdurch wird ein *schneller und unkomplizierter Aufbau* möglicher Produktionssystemmodelle erreicht, wie sich während der Flexibilitätsanalysen zum Fallbeispiel herausstellte. So war ein leichtes abstrahiertes Nachbilden des untersuchten Fabrikbereichs in ecoFLEX möglich, was auch für die im Rahmen der Analyse benötigten Alternativkonfigurationen zutraf (entspricht **Anforderung A3.4**).

Gleiches hat für die Berechnungsfunktionalität zur Mengen-, Mix- und Erweiterungsflexibilität Gültigkeit, die sich ebenfalls objektbezogen vererben und anschließend um zusätzliche Funktionen erweitern lässt. Wegen der datentechnischen *Verknüpfung der Flexibilitätsmetriken* mit dem PSM ist es in ecoFLEX möglich, zu jedem hier erfassten Systemobjekt separate Auswertungen neben den eigentlichen Flexibilitätsberechnungen vorzunehmen. Beispiele dafür können in der Ausgabe von zusätzlichen, objektbezogenen Kenngrößen zur besseren Einordnung der ermittelten Flexibilitäten (vgl. Feld (2) in Abbildung 5-4, S. 144) oder den bestehenden Möglichkeiten zum Erzeugen neuer, bisher unberücksichtigter Systemhierarchien (vgl. Abbildung 5-11, S. 173) gesehen werden (entspricht **Anforderung A3.5**).

5.3.3 Verifikation der Flexibilitätsmetriken

Der Abgleich, der an die im Kapitel 3.2 gestellten Forderungen mit den innerhalb des Fallbeispiels erhaltenen Analyseergebnissen, zeigt eine überaus zufriedenstellende Erfüllung der Anforderungen an die Flexibilitätsmetriken.

Für alle berücksichtigten Bewertungsobjekte lassen sich deren spezifische *Mix-, Mengen- und Erweiterungsflexibilitäten* ermitteln. In einer einfachen Vorgehensweise können so Schlussfolgerungen zur systembezogenen Reaktionsfähigkeit hinsichtlich Schwankungen der nachgefragten Menge und des Produkt-/Variantenmixes aber auch in Bezug auf kapazitive Erweiterungen getroffen werden. Das belegen die verschiedenen in Kapitel 5.2.3 ausführlich dargelegten, fallbeispielbezogenen Flexibilitätsauswertungen (entspricht **Anforderung A2.1**).

Betrachtungsgegenstand der Methodik bildet nicht allein das Gesamtsystem, sondern auch die darunter zusammengefassten Subsysteme, die sich auf die zur hierarchischen

Systemeinteilung vorgesehenen Betrachtungsebenen *Arbeitsplatz, Linie, Segment* und *Fabrik* verteilen. Flexibilitätsdefizite lassen sich somit leicht den verantwortlichen Systemobjekten zuordnen, was dazu beiträgt, den Handlungsspielraum für Lösungsoptionen schnell und zielgenau einzugrenzen. Das verdeutlicht ebenfalls ein Blick in das Kapitel 5.2.3. Dort wird detailliert auf das Identifizieren einzelner flexibilitätsbezogener Schwachstellen sowie auf das Vorgehen zu ihrer Behebung eingegangen (entspricht **Anforderung A2.2**).

Bei der Identifizierung und Beherrschung von Flexibilitätsdefiziten an Produktionssystemen hilft vor allem das *quantifizierbare Bewertungsvorgehen* mittels dessen, in Abhängigkeit von der Flexibilitätsart, für jedes erfasste Systemobjekt eine spezifische Kennzahl errechnet werden kann. Dies sicherte eine schnelle und objektive Analyse im Anwenderunternehmen. So wurde von subjektiven Einflüssen befreit, der Aufbau des Mehrzweckarbeitsplatzes als zu favorisierende Erweiterungsalternative erkannt, obwohl er augenscheinlich, infolge der geringsten Maximalkapazität eher als am schlechtesten geeignet erschien (vgl. Tabelle 5-3, S. 157). Dies änderte sich auch nicht nach mehrfachen Berechnungsdurchläufen mit leicht modifizierten Parameterwerten der zur Disposition gestandenen Erweiterungsmaßnahmen (entspricht **Anforderung A2.3**).

Als anforderungskonform gilt auch der *multidimensionale Flexibilitätscharakter* der entwickelten Bewertungsmethodik. In jede der drei Flexibilitätsbewertungsmethoden (vgl. Kapitel 4.1.4) gehen die Dimensionen Kosten, Zeit und Varietät gleichermaßen mit ein. Die Bewertungsmethodik ist sowohl für die Mehrproduktproduktion als auch für die Einproduktfertigung anwendbar und erlaubt sinnvolle Rückschlüsse auf eine wirtschaftliche Produkterstellung. Das belegen die verschiedenen Ergebnisse zum Fallbeispiel aus Kapitel 5.2.3, wie nachstehende Darstellungen zur Mengen-, Mix- und Erweiterungs-flexibilität zeigen (entspricht **Anforderung A2.4**):

- Die Mengenflexibilität des analysierten Zweiprodukt-Fabrikbereichs betrug 68,4 Prozent, wobei die wirtschaftliche Schwankungsbreite der Ausbringungsmengen, welche die *Varietätsdimension* kennzeichnet, zwischen 289 Stück und 917 Stück für die Infotainmentproduktvariante *A* und zwischen 354 Stück und 1.121 Stück für die Variante *B* lag. Das Bestimmen der jeweiligen Break-even-Menge und der Maximalkapazität war jedoch nur unter gleichzeitiger Berücksichtigung der *Kosten- und Zeitdimension* möglich. Die konkrete Ausprägung dieser Kenngrößen steht in direkter Beziehung zu den zeitabhängigen Produktionsressourcen und den Kosten ihrer Beanspruchung innerhalb eines definierten Betrachtungszeitraums.

- Innerhalb der Mixflexibilität spiegelt sich die Dimension der *Varietät* über die durchschnittliche Produktionsgewinnabweichung wider. Anhand des Fallbeispiels wurde deutlich, dass eine große durchschnittliche Abweichung ein hohes Risiko für die wirtschaftliche Produktion bei sich verändernden Produktmixzusammensetzungen birgt. Das beweist die für den betrachteten Fabrikbereich relativ geringe Flexibilitätskennzahl von 43,1 Prozent, der zufolge Änderungen am bestehenden Mengenverhältnis der beiden Produktvarianten *A* und *B* größere Gewinneinbußen hervorrufen, wie aus der Tabelle 5-4 (S. 159) hervorgeht. Bedingt durch den wirtschaftlichen Hintergrund dieser Betrachtungen kommt der *Kosten- und der Zeitdimension* eine wesentliche Bedeutung zu, da die Ermittlung der Flexibilitätskennzahl von 43,1 Prozent direkt von den Ressourcenzeiten und den damit korrespondierenden Ressourcenkosten im untersuchten Fabrikbereich abhängt.

- Auch die Erweiterungsflexibilität besitzt einen multidimensionalen Charakter. Ähnlich wie bei der Mengenflexibilität wird hier die *Varietätsdimension* durch die wirtschaftliche Schwankungsbreite an Ausbringungsmengen zum Ausdruck gebracht. Sie bezieht sich immer auf die Erweiterungsmaßnahme, die das bestmögliche Kosten-Nutzen-Verhältnis und somit den geringsten wirtschaftlichen Aufwand hervorruft. Für das Beispiel der Linie *VT.L2* bedeutet das Produktionsmengen zwischen 4.867 Stück (Break-even-Menge) und 23.641 Stück (Zielkapazität), was dem erweiterungsbezogenen Flexibilitätsraum der „Alternative 3" entspricht (vgl. Tabelle 5-3, S. 157). Für diese Berechnung war die Einbeziehung der *Kostendimension* unerlässlich, da unter anderem die objektive Bestimmung einer Break-even-Menge ohne Kosteninformationen nicht möglich ist. Gleiches trifft auch für die *Zeitdimension* zu, die nicht allein Einfluss auf die Ressourcenzeiten nimmt, sondern außerdem den Zeitraum für die Umsetzung einer Erweiterungsmaßnahme festlegt. Im Fallbeispiel umfasste dieser 6 Monate.

Die Frage nach der Erfüllung der letzten, metrikbezogenen Forderung, der *Vergleichbarkeit der Ergebnisse*, ist nicht zweifelsfrei zu beantworten. Zwar sind, wie innerhalb des Fallbeispiels gezeigt, Vergleiche unterschiedlicher Erweiterungsalternativen mit Hilfe der errechneten Flexibilitätskennzahlen möglich (vgl. Tabelle 5-3, S. 157) und es lassen sich auch die für ein bestimmtes Subsystem ermittelten Kennzahlen gegenüberstellen, unabhängig davon, ob sie sich auf einer hierarchisch gleichgestellten Systemebene befinden oder nicht. Als Beleg hierfür sei das Identifizieren und Beheben der Flexibilitätsengpässe an den Arbeitsplätzen *EP.0.AB_3*, *VT.L2.A_7* und *VT.L2.B_8* genannt (entspricht **Anforderung A2.5**). Allerdings kann die Vergleichbarkeit der Flexibilitätskennzahlen von Systemen unterschiedlicher Branchen gegenwärtig nicht konkret nachgewiesen werden, da die Methodik bislang nur in einer Branche zum Einsatz kam. Dennoch ist infolge des quantifizierbaren Bewertungsvorgehens, welches auf produktionswirtschaftlichen Kennwerten basiert, die sich für jedes Produktionssystem ermitteln lassen, davon auszugehen, dass auch derartige Vergleiche durchführbar sind. Mit einer entsprechenden Verbreitung der Bewertungsmethodik sollte sich der Beweis hierfür unschwer erbringen lassen.

5.3.4   Verifikation der grundsätzlichen Verwendbarkeit

Die Verifikation des Softwareprototypen ecoFLEX anhand verschiedener definierter Testszenarien sowie die Verifikation des Produktionssystemmodells und der Flexibilitätsmetriken auf Basis der bisherigen Anwendungserfahrungen in einem Produktionsunternehmen demonstrieren die anforderungsgerechte Entwicklung und fallbeispielbezogene Verwendbarkeit der Bewertungsmethodik. Nachfolgend soll die generelle Eignung der Methodik über das Fallbeispiel hinaus nachgewiesen werden. Grundlage dafür bildet eine eigens dafür im November 2008 einberufene „ecoFLEX-Arbeitskreissitzung", in der die bisherigen Anwendungserfahrungen diskutiert und im Hinblick auf die Erfüllung, der in Kapitel 3.1 beschriebenen grundsätzlichen Verwendbarkeit, bewertet wurden. Hieran beteiligten sich 14 Fachleute, die nicht zwangsläufig aus Produktionsunternehmen kamen, sondern auch aus diversen IT-Unternehmen mit Schwerpunkten im Produkt- und Produktionsdatenmanagements wie auch der Fertigungsvirtualisierung.

Um sicherzustellen, dass sich die Bewertungsmethodik an praxisbezogenen Problemstellungen zur Flexibilitätsbeherrschung orientiert, erfolgten schon während der Konzeptionsphase in unterschiedlichen Abständen intensive Expertengespräche. Somit ließ sich die anforderungsgerechte Entwicklung sicherstellen. Einvernehmlicher Konsens am Ende der „ecoFLEX-Arbeitskreissitzung" bestand hinsichtlich der *Praxistauglichkeit* der Methodik. Voraussetzung für ihren zweckmäßigen Einsatz bildet allerdings die Kenntnis über Zusammensetzung des Produktmixes als auch zu den Veräußerungspreisen der Produkte (vgl. Tabelle 4-1, S. 70). Unabhängig davon wurde der Softwareprototyp ecoFLEX auf der Frankfurter Werkzeugmaschinen-Messe „EuroMOLD 2008" präsentiert und fand dort große Beachtung. Hier waren viele Interessenten vom Praxisbezug der Bewertungsmethodik überzeugt (entspricht **Anforderung A1.1**).

Ein widerspruchsfreier Nachweis zur *branchenübergreifenden Anwendbarkeit* der Methodik konnte im Zusammenhang mit dem bisher erfolgten, praktischen Einsatz von ecoFLEX noch nicht erbracht werden. Das bedarf, wie in dem Fallbeispiel geschehen, einer ähnlich detaillierten Analyse weiterer Produktionssysteme aus verschiedenen Branchen. Diese Chance bot sich dem Autor bisher nicht, was insbesondere auf den noch fehlenden Bekanntheitsgrad der mit dem Softwareprototypen ecoFLEX angebotenen Bewertungsmöglichkeiten zurückgeht. Dennoch ist von der Erfüllung dieses Anforderungskriteriums auszugehen, was sich unter anderem darauf gründet, dass die Entwicklung der Methodik vollkommen losgelöst von dem späteren Fallbeispiel im Infotainmentbereich erfolgte. Eine wichtige Grundlage für das Bewertungskonzept bildeten vorangegangene Gespräche mit Experten aus dem Produktions- und produktionsnahen IT-Bereich, aus denen das in Anhang D vorgestellte Beispielproduktionssystem hervorging. Es berücksichtigt verschiedene Arten von Sonderfällen in real bestehenden Produktionssystemen und diente bei der Konzeptrealisierung als Testinstrument. Das Ergebnis daraus sind Flexibilitätsbewertungen basierend auf quantifizierbaren Beschreibungsgrößen (vgl. Tabelle 4-1, S. 70), die sich für jedes Produktionssystem bestimmen lassen sollten. Demnach ist es, dem Urteil der Arbeitskreisteilnehmer zufolge, unerheblich ob es sich beim Betrachtungsobjekt um ein holz-, metall-, kunststoffverarbeitendes oder anderes Produktionssystem handelt oder ob den dortigen Ausbringungsmengen die Maßeinheiten Stück, Liter oder Tonnen zugrunde liegen (entspricht **Anforderung A1.2**).

Nach übereinstimmender Meinung der am Arbeitskreis beteiligten Experten kann auch bei der *Datenerhebung* von einer Erfüllung der gestellten Anforderungen ausgegangen werden. So ist der Forderung nach *Vollständigkeit* mittels klar definierter kosten- und nicht-kostenbezogener Berechnungsparameter als existentielle Vorbedingung für das Durchführen von Flexibilitätsberechnungen entsprochen worden. Sie gelten als veränderliche Elemente, die für jedes Produktionssystem zutreffen und denen ausschließlich Daten mit entsprechender Flexibilitätsrelevanz zuzuweisen sind. Hingegen bleiben Daten mit unwesentlicher oder keiner Bedeutung unberücksichtigt (vgl. Kapitel 4.2.1.1). Die *Einfachheit* bei der Datenerfassung stellt das objektorientierte Referenzmodell sicher, das eine Weiterverwendung bereits vorhandener Daten bzw. Parameter infolge des Vererbungsprinzips, bei gleichzeitiger Wahrung ihres Informationsgehalts erlaubt. Als untermauerndes Beispiel einer anforderungsgerechten Datenerfassung sei auf nachstehende Tabelle 5-6 verwiesen. Sie zeigt die im Rahmen des Fallbeispiels vollständig erhobenen und den entsprechenden kosten- und nicht-kostenbezogenen Parametern zugeordneten, flexibilitätsrelevanten Datenwerte zur Linie *VT.L4*. Dem Abstraktionsgrad entsprechend, sind hierüber ebenfalls die Daten der drei linienzugehörigen Arbeitsplätze zusammengefasst. Um diese Arbeitsplätze als eigenständige Systemobjekte zu berücksichtigen, bietet sich das Vererbungsprinzip an, was eine nochmalige, redundante Datenerfassung vermeidet (entspricht **Anforderung A1.3**).

Nicht-kostenbezogene Parameter	
EP	keine
ZP	$VT\text{-}A3\_1;\ VT\text{-}B3\_1;\ VT\text{-}A3\_2;\ VT\text{-}B3\_2;\ VT\text{-}A3;\ VT\text{-}B3$
E	$E = \{VT\text{-}A3\_1;\ VT\text{-}B3\_1;\ VT\text{-}A3\_2;\ VT\text{-}B3\_2;\ VT\text{-}A3;\ VT\text{-}B3\}$
W	$W = \{VT.L4.AB\_1;\ VT.L4.AB\_2;\ VT.L4.AB\_3\}$
R	$R = \{r_1, r_2, r_3, r_4, r_5, r_6\}$, wobei $r_1 = \{VT.L4.AB\_1\ ;\ VT\text{-}A3\_1\}$, $r_2 = \{VT.L4.AB\_1\ ;\ VT\text{-}B3\_1\}$, $r_3 = \{VT.L4.AB\_2\ ;\ VT\text{-}A3\_2\}$, $r_4 = \{VT.L4.AB\_2\ ;\ VT\text{-}B3\_2\}$, $r_5 = \{VT.L4.AB\_3\ ;\ VT\text{-}A3\}$, $r_6 = \{VT.L4.AB\_3\ ;\ VT\text{-}B3\}$
AZM	$AZM = \{AZM_1, AZM_2, AZM_3, AZM_4, AZM_5, AZM_6\}$
$t_{max}(AZM)$	$AZM_1 = 144.000\,\mathrm{s}$; $AZM_2 = 180.000\,\mathrm{s}$; $AZM_3 = 208.800\,\mathrm{s}$; $AZM_4 = 288.000\,\mathrm{s}$; $AZM_5 = 345.600\,\mathrm{s}$; $AZM_6 = 403.200\,\mathrm{s}$
$t_{PZ}(r_k)$	$r_1 = 50\,\mathrm{s}$; $r_2 = 50\,\mathrm{s}$; $r_3 = 18\,\mathrm{s}$; $r_4 = 18\,\mathrm{s}$; $r_5 = 140\,\mathrm{s}$; $r_6 = 140\,\mathrm{s}$
$t_{zLi}(AP)$	$t_{zLi}(VT.L4.AB\_1) = 10\,\%\cdot t_{max}(AZM)$; $t_{zLi}(VT.L4.AB\_2) = 2\,\%\cdot t_{max}(AZM)$; $t_{zLi}(VT.L4.AB\_3) = 2\,\%\cdot t_{max}(AZM)$
$a(r_k)$	$r_1 = 3\,\%$; $r_2 = 3\,\%\,\mathrm{s}$; $r_3 = 1\,\%$; $r_4 = 1\,\%$; $r_5 = 1\,\%$; $r_6 = 1\,\%$
$e(EZG)$	keine Erlöse, da $VT\text{-}A3\_1;\ VT\text{-}B3\_1;\ VT\text{-}A3\_2;\ VT\text{-}B3\_2;\ VT\text{-}A3$ und $VT\text{-}B3$ ausschließlich nichtveräußerbare ZP sind
Kostenbezogene Parameter	
$K_{var}(r_k)$	$r_1 = 1{,}05\,€$; $r_2 = 1\,€$; $r_3 = 0{,}85\,\mathrm{s}$; $r_4 = 0{,}85\,€$; $r_5 = 1{,}90\,\mathrm{s}$; $r_6 = 140\,\mathrm{s}$
K_{Fix}	$K_{Fix}(VT.L4.AB\_1) = 644{,}9\,€$; $K_{Fix}(VT.L4.AB\_1) = 510{,}87\,€$; $K_{Fix}(VT.L4.AB\_1) = 538{,}92\,€$; $K_{Fix}(VT.L4.AB\_1) = 1.442{,}31\,€$

Tabelle 5-6: Kosten- und nicht-kostenbezogene Berechnungsparameter, der aus dem Fallbeispiel stammenden Linie VT.L4 des Segments „Verbauteile"

In Übereinstimmung mit allen ecoFLEX-Arbeitskreis-Teilnehmern wird einer angepassten *Strukturierung und Detaillierung* der für die Bewertungsmethodik notwendigen Daten entsprochen. Unter Zugrundelegung des Paradigmas der Objektorientierung kann der Gefahr einer Ergebnisverzerrung durch Mehrfachüberdeckung oder Vernachlässigung verschiedener Sachverhalte begegnet werden. Sämtliche kosten- und nicht-kostenbezogene Berechnungsparameter sind als sog. Attribute in der Hauptklasse „Produktionssystem" mit den ihnen zugewiesenen Datenwerten erfasst, die sich in Anlehnung an die definierten Betrachtungsebenen auf die vier Unterklassen „Fabrik", „Segment", „Linie" und „Arbeitsplatz" vererben. Somit lassen sich redundante und ggf. widersprüchliche

Wertzuweisungen vermeiden und gleichzeitig nur die Flexibilitätsinformationen einem Systemobjekt zuordnen, die auch für dieses eine Relevanz haben. Das bezieht sich ebenfalls auf die einzelnen Metriken zur Flexibilitätsberechnung als auch auf die daraus hervorgehenden Kennzahlen (vgl. Abbildung 4-13, S. 133). Darüber hinaus kommt der kostenrechnerische Bezugsrahmen, aufgrund der Brisanz einer einheitlichen und leicht nachvollziehbaren Kostenstrukturierung bei den Wertzuweisungen kostenbezogener Parameter, zur Anwendung. Er legt die Rahmenbedingungen zur vollständigen und einer dem Detaillierungsgrad (Betrachtungsebene) angepassten Kostenstrukturierung fest (entspricht **Anforderung A1.4**).

Ein weiterer Vorteil, der im Zusammenhang mit der objektorientierten Vorgehensweise steht, ist die Wiederverwendbarkeit und Abstraktionsmöglichkeit der verschiedenen Bewertungsobjekte in einem Produktionssystem. In der Folge können einmalig für ein Systemobjekt erfasste Flexibilitätsinformationen in andere Objekte eingebunden oder auch zu neuen, von der Betrachtungshierarchie abweichenden Objekten zusammengefasst werden. Als Beweis dafür wurde in der „ecoFLEX-Arbeitskreissitzung", unter Bezugnahme des Praxisbeispiels, die Erzeugung eines neuen Betrachtungsobjekts „Fertigungszelle" demonstriert, dem die Linien *VT.L1* und *VT.L2* mit ihren Arbeitsplätzen zuzuordnen waren. Der damit verbundene Implementierungsaufwand eines im Quellcode eingearbeiteten Programmierers, ohne Berücksichtigung des GUI, betrug lediglich 6 Minuten, um die neuen Berechnungsergebnisse zur Fabrik über die „Eclipse-Entwicklungsumgebung" anzuzeigen (vgl. Abbildung 5-11). GUI-Anpassungen hingegen bedürfen eines zusätzlichen Nachpflegeaufwandes, wie bspw. die Einbindung eines neuen Symbols für Fertigungszellen und zugehörige Wizard-Funktionalitäten, was ca. 3 Stunden beansprucht. Nach Ansicht der Experten wird auf Basis dieser Tatsache der Forderung einer *dynamischen, fallspezifischen Anpassbarkeit* der Bewertungsmethodik Rechnung getragen (entspricht **Anforderung A1.5**).

```
Node              Volume flex |  Break even  | Ratio capacity | Mix flexibility |Expansion flex
Fabrik:              68.41 %       28513          31596            43.1 %            0.0 %
Verbauteile (VT):    68.41 %       20134          22311            37.4 %            0.0 %
Fertigungszelle:     68.41 %       13092          14507            37.4 %            0.0 %
Line 1 (VT.L1):      79.30 %        8243          12800             0.0 %            0.0 %
VT.L1.AB_1:          94.87 %         984           6720             0.0 %            0.0 %
VT.L1.AB_2:          89.95 %         964           3085             0.0 %            0.0 %
VT.L1.AB_3:          87.47 %         935           2613             0.0 %            0.0 %
VT.L1.AB_4:          95.13 %         935           6720             0.0 %            0.0 %
VT.L1.AB_5:          79.3 %          917           1424             0.0 %            0.0 %
VT.L1.AB_6:          92.06 %         889           3919             0.0 %            0.0 %
VT.L1.AB_7:          98.01 %         889          14399             0.0 %            0.0 %
VT.L1.AB_8:          91.27 %         862           3458             0.0 %            0.0 %
VT.L1.AB_9:          90.41 %         862           2892             0.0 %            0.0 %
Line 2 (VT.L2):      68.41 %        4848           5372            54.2 %            0.0 %
VT.L2.A_1:           93.27 %         376           1960             0.0 %            0.0 %
VT.L2.B_2:           90.29 %         460           1660             0.0 %            0.0 %
VT.L2.AB_3:          83.18 %         837           1599            54.2 %            0.0 %
VT.L2.AB_4:          89.60 %         811           2733            54.2 %            0.0 %
VT.L2.AB_5:          91.09 %         787           2842            54.2 %            0.0 %
VT.L2.AB_6:          92.51 %         787           3380            54.2 %            0.0 %
VT.L2.A_7:           74.16 %         354            480             0.0 %            0.0 %
VT.L2.B_8:           68.41 %         433            480             0.0 %            0.0 %
```

Abbildung 5-11: Screenshot zu den in der Eclipse-Entwicklungsumgebung angezeigten Berechnungsergebnissen der ad hoc eingebundenen Fertigungszelle

Das letzte Anforderungskriterium über das in der Arbeitskreissitzung befunden wurde, betraf die Beurteilung der *Reproduzierbarkeit und Transparenz der Berechnungsergebnisse* zur Flexibilität. Unterschiedliche Auffassungen gab es hierbei wegen der Darstellungen der Flexibilitätskennzahlen in Prozent. Der Grundwert, zu dem die Zahlen ins Verhältnis gesetzt werden, ist hierbei nicht zwangsläufig erkennbar. Als Alternative stand dabei zur Diskussion, auf Prozentmultiplikation[19] gänzlich zu verzichten und stattdessen den errechneten Zahlenwert direkt anzugeben, was bspw. anstelle einer Flexibilitätskennzahl von 95% den Zahlenwert von 0,95 zur Konsequenz hat. Diese Lösung fand zwar eine gewisse Akzeptanz, da sie gleichermaßen die Auswertbarkeit der Flexibilität wahrte, jedoch sprach sich die Mehrheit für die Darstellung in Prozent aus, weil dadurch eine stärkere Assoziation zu den dieser Arbeit zugrunde gelegten Flexibilitätsauffassungen gegeben ist (vgl. Kapitel 2.2.3). So werden Mengenschwankungen in Abhängigkeit zu ihren wirtschaftlichen Bezugsgrenzen bewertet, Veränderungen des Produktmixes hinsichtlich ihrer durchschnittlichen Gewinneinbußen und Erweiterungsmaßnahmen auf Basis ihres spezifischen Kosten-Nutzen-Verhältnisses. Insgesamt waren die Experten vom quantifizierten, aus logisch aufeinander aufbauenden Einzelschritten bestehenden Bewertungsvorgehen überzeugt, was nicht zuletzt wegen der Vermeidung subjektiver Einflussfaktoren zu einem grundsätzlich positiven Feedback führte. Alle Flexibilitätskennzahlen lassen sich nach übereinstimmender Meinung nachvollziehen und auf ihre Folgerichtigkeit hin überprüfen. Einen „unfreiwilligen" Beweis dafür lieferte das Fallbeispiel, als die mit ecoFLEX errechneten maximalen Ausbringungsmengen des Arbeitsplatzes *EP.0.AB_3* (vgl. Kapitel 5.2.3) von den Werten in der Fabriksimulation des Anwenderunternehmens erheblich abwichen. Eine kurze Überprüfung der Zeitbedingungen (vgl. Formel 4-4, S. 79) schloss einen Berechnungsfehler seitens ecoFLEX sofort aus. Die daraufhin erfolgte Kontrolle am digitalen Fabrikplanungstool machte dagegen widersprüchliche Eingabewerte bezüglich der Bearbeitungszeiten deutlich. Als Fehler stellte sich eine nicht logische Verknüpfung zwischen den manuellen und den maschinellen Produktbearbeitungszeiten am besagten Arbeitsplatz heraus. Nach dessen Korrektur stimmten die maximalen Ausbringungsmengen zwischen ecoFLEX und dem digitalen Fabrikplanungstool überein (entspricht **Anforderung A1.6**).

---

[19] Die Multiplikation mit dem 100%-Wert würde demzufolge in der Formel 4-24 (S. 103), der Formel 4-30 (S. 111) und der Formel 4-33 (S. 117) vermieden werden.

6 Zusammenfassung und Ausblick

Die Anforderungen an Produktionssysteme ändern sich ständig als Folge wandelnder Wettbewerbsbedingungen und den damit verbundenen Leistungszielen von Zeit, Qualität, Kosten und Innovationsfähigkeit. Besonders die stetig steigenden Planungsunsicherheiten, hinsichtlich Art (Produkt-/Variantenmix) und Umfang (Menge) der zu fertigenden Produkte, stellt Produktionsunternehmen vor eine schwierige Aufgabe und führt zu einem wachsenden Flexibilitätsbedarf. In diesem Zusammenhang nehmen Methoden zur Bewertung der Flexibilität von Produktionssystemen einen hohen Stellenwert ein, um sinnvolle Rückschlüsse auf bestehende, technische und organisatorische Handlungsspielräume zu erlauben, in deren Folge ein möglichst optimales Maß an Flexibilität geschaffen werden kann. Obwohl sich produzierenden Unternehmen hieraus zahlreiche Chancen bieten und eine Vielzahl von Forschungsaktivitäten auf diesem Gebiet erfolgten und weiterhin noch stattfinden, ist jedoch keine Akzeptanz derartiger Bewertungsinstrumente im industriellen Umfeld erkennbar. Wesentliche Gründe dafür liegen in der Schwierigkeit, dem multidimensionalen Charakter der Flexibilität zu entsprechen und dabei gleichzeitig widerspruchsfreie, fokussierte Auswertungen für verschiedene Bereiche in einem Produktionssystem zuzulassen. Gerade aber das Fehlen etablierter Methoden zur Flexibilitätsbewertung in der unternehmerischen Praxis führt, obgleich digitale Fabrikplanungstools zum Einsatz kommen, immer wieder zum Aufbau suboptimaler Produktionsinfrastrukturen. Die Folge sind nicht selten erhebliche Flexibilitätsdefizite, die in Zeiten eines „turbulenten Handlungsumfeldes", verstärkt durch die aktuelle Finanzkrise, die wirtschaftliche Produkterstellung gefährden können.

6.1 Zusammenfassung

Mit der vorliegenden Dissertation wird ein maßgeblicher Beitrag zur Lösung des oben genannten Problems zur Flexibilitätsbewertung von Produktionssystemen geleistet. Die Kernelemente bilden dabei die drei Bewertungsmethoden zur Messung von Mengen-, Mix- und Erweiterungsflexibilität, das objektorientierte Produktionssystemmodell sowie der erweiterte Prototyp ecoFLEX zur softwareunterstützten Flexibilitätsanalyse von Produktionssystemen. Als Ausgangspunkt für deren Erarbeitung diente die in Kapitel 1.4 formulierte Forschungsfrage, die eine Eingrenzung des Betrachtungsfeldes bewirkte und den Erkenntnisprozess dieser Arbeit leitete. Nachstehend wurden die wesentlichen Ergebnisse dieses Prozesses zusammengefasst.

In der Literatur lassen sich verschiedene Bedeutungsinhalte, Einflussfaktoren und -objekte zu Produktionssystemen ausmachen. Eine fokussierte auf die Zielsetzung dieser Arbeit ausgerichtete *Analyse* der Betrachtungsweisen von Produktionssystemen brachte folgende Erkenntnisse zum Vorschein:

- Produktionssysteme sind zweckbezogene Zusammenfassungen der Ressourcen Betriebsmittel, Personal und Material, die sich durch organisatorische, technisch-technologische sowie wirtschaftlichkeitsorientierte Merkmale charakterisieren.

- Ihre Funktionen umfassen nicht allein den technischen Herstellungsprozess, sondern schließen auch die Planung, Steuerung und Aufrechterhaltung des Produktionsprozesses ein.

- Entsprechend des Erklärungsbedarfs zu Produktionssystemen kann deren Detaillierung in verschiedenen Betrachtungsebenen erfolgen, die jeweils für eine bestimmte Gruppe von Systemobjekten stehen, welche grundlegende, gemeinsame und ebenenspezifische Charakteristika aufweisen. Für eine zweckmäßige Unterscheidung dieser Ebenen bietet sich die hierarchische Unterteinteilung in Fabrik, Segment, Linie und Arbeitsplatz an.

- Zwischen den verschiedenen Systemobjekten in einem Produktionssystems herrschen zahlreiche Verknüpfungen, deren räumlich-zeitliche Allokation und hierarchische Einordnung die Systemstruktur beschreiben. Die Struktur beinhaltet bestimmte Freiheitsgrade, die in Abhängigkeit von externen als auch internen Änderungstreibern unterschiedlich stark für einzelne Systemobjekte ausgeprägt sind.

- Sämtliche in einem Produktionssystem ablaufenden Prozesse haben entweder einen direkten oder aber indirekten Bezug zu der eigentlichen Leistungserstellung, deren Ergebnis ein materielles Gut, das sog. Produkt ist.

Auf Grundlage dieser charakteristischen Eigenschaften von Produktionssystemen definiert sich der Begriff „Produktionssystem" folgendermaßen:

Ein Produktionssystem ist eine im Sinne einer physikalischen Wertschöpfung ausgerichtete Allokation der Ressourcen Betriebsmittel, Personal und Material, die auf verschiedenen Systemebenen zu spezifischen Objekten zusammengefasst werden. Diese sog. Systemobjekte verfügen über entsprechende Freiheitsgrade, aus denen eine spezifische Systemdynamik zur Reaktion auf externe und interne Änderungstreiber hervorgeht.

Die Analyse zur Erfassung der Bedeutung von Flexibilität in Produktionssystemen zeigte, dass innerhalb der Fachwelt vielfältige Meinungen infolge zahlreicher uneinheitlicher Terminologien existieren. Als Konsequenz daraus mangelt es an einem gemeinsamen Verständnis über Umfang und Abgrenzung von Flexibilität zu verwandten Begrifflichkeiten wie Wandlungsfähigkeit, Agilität und Adaptionsfähigkeit. Grundsätzlich lassen sich jedoch bestehende Handlungs- bzw. Entscheidungsspielräume in Produktionssystemen, die beim Eintritt von Veränderungen wirken, als Flexibilität bezeichnen. Charakteristisch für ihre Beschreibung sind dabei folgende drei Dimensionen:

- Varietätsdimension

- Kostendimension

- Zeitdimension

Das vom Autor im Verlauf seiner Recherchen entwickelte grundsätzliche Verständnis zur Flexibilität von Produktionssystemen lässt sich wie folgt in einer Definition zusammenfassen:

Die Flexibilität eines Produktionssystems beschreibt dessen technischen und organisatorischen Handlungsspielraum, um durch ökonomisch vertretbare Anpassungen oder Änderungen der Systemstruktur und -ressourcen auf Umfeldunsicherheiten so zu reagieren, dass die vorgesehenen Produktionsziele erreicht werden. Das konkrete Flexibilitätsmaß eines Systems lässt sich über die Dimensionen Varietät, Kosten und Zeit bestimmen.

Neben dieser allgemeinen Betrachtungsweise ist zusätzlich auch der Anwendungskontext, in dem die Produktionssysteme flexibel reagieren müssen, einzubeziehen. Die einschlägige Fachliteratur unterscheidet hierzu verschiedene Arten von Flexibilität, die jedoch als Folge vielfältiger Klassifizierungsmöglichkeiten wie auch voneinander abweichender Begriffstermini variieren. Unter Berücksichtigung der identifizierten, aktuellen Entwicklungen und Herausforderungen in der industriellen Praxis (vgl. Kapitel 1.2) beschränkt sich der Bereich der auszuwertenden Flexibilitätsarten für diese Arbeit auf die *Mengenflexibilität, Mixflexibilität* und *Erweiterungsflexibilität*. Ihre Bedeutungsinhalte und Begriffsdefinitionen wurden bereits im Kapitel 2.2.3 geklärt. Auf Grundlage der insgesamt gewonnenen Erkenntnisse zur Flexibilität von Produktionssystemen leiten sich nachstehend aufgeführte Kriterien für eine praxisbezogene Flexibilitätserfassung ab:

- Auswertbarkeit auf den Betrachtungsebenen Fabrik, Segment, Linie und Arbeitsplatz

- Berücksichtigung der Dimensionen Zeit, Kosten und Varietät

- branchenübergreifende Anwendbarkeit sowie vergleichbare und objektiv bestimmbare Bewertungsergebnisse

- Bewertung der Flexibilität hinsichtlich der Reaktionsfähigkeit auf Mengenschwankungen, auf Veränderungen des Produkt-/Variantenmixes und auf Kapazitätserweiterungen

Umfangreiche Literaturrecherchen zeigen, dass keine der bestehenden Flexibilitätsbewertungsverfahren diesen Ansprüchen in einem ausreichenden Maße gerecht werden kann. Hieraus ergibt sich ein entsprechender Forschungsbedarf. Dieser ist an bestimmte *Anforderungen* geknüpft (vgl. Kapitel 3), die für eine zielsetzungskonforme Entwicklung einer Bewertungsmethodik zur Flexibilitätsmessung an Produktionssystemen unerlässlich sind. Infolge ähnlicher Bedeutungsinhalte dieser Anforderungen, lassen sie sich in *grundsätzliche Verwendbarkeit, Flexibilitätsmetriken, Produktionssystemmodell* und *softwaretechnische Umsetzung* kategorisieren.

Mit der in dieser Arbeit vorgenommenen Anforderungsdefinition ist die prinzipielle Richtung zur *Entwicklung der Bewertungsmethodik* vorgegeben. Der Grundgedanke beruht auf quantifizierbaren Beschreibungsgrößen. Sie werden dazu benutzt, anhand spezieller Kennzahlen, die Mengen-, Mix- und Erweiterungsflexibilität von Produktionssystemen einschließlich ihrer Subsysteme messbar zu machen. Den einzelnen Flexibilitätsarten sind dabei folgende *quantifizierbare Beschreibungsgrößen* zugeordnet:

- Mengenflexibilität: Break-even-Punkt, wirtschaftliche Maximalkapazität

- Mixflexibilität: systemoptimaler Produktionsgewinn, produktspezif. Gewinnabweichung

- Erweiterungsflexibilität: alternativenspezifischer Break-even-Punkt, Zielkapazität

Alle in diesem Zusammenhang auszuführenden Berechnungen zur Bestimmung einer Flexibilitätskennzahl werden unter der Begrifflichkeit *Flexibilitätsbewertungsmethode* bzw. *Flexibilitätsmetrik* zusammengefasst. Da die verschiedenen zu quantifizierenden Beschreibungsgrößen oftmals variierende, zeitliche wie auch kosten- und produktbezogene Einschränkungen aufweisen, sind deren Grenzwerte (Minima oder Maxima) zu ermitteln, die auf restriktionskonforme, optimale Produktionspläne zurückgehen. Ein solcher Plan beschreibt die bestmögliche Verwendung der in einem Produktionssystem enthaltenen Ressourcen, hinsichtlich ihrer Art und ihres Umfangs für eine festgelegte Periode und weist eine bestimmte Anzahl produzierbarer Erzeugnisse aus. Das Berechnen dieser Produktionspläne führt zu sog. Optimierungsproblemen, die sich prinzipiell als linear annehmen lassen. Zu ihrer Lösung wird der *Simplex-Algorithmus* verwendet. Voraussetzung dafür bildet das Aufstellen eines mathematischen Modells, welches eine Unterscheidung von drei Berechnungsparameterarten vorsieht:

- nicht-kostenbezogene Berechnungsparameter (vgl. Tabelle 4-2, S. 73)

- kostenbezogene Berechnungsparameter (vgl. Tabelle 4-3, S. 74)

- benutzerabhängige Berechnungsparameter (vgl. Tabelle 4-4, S. 74)

Weil diese Parameter als veränderliche Elemente gelten, denen unterschiedliche Werte unter Rückgriff auf die operativen Systeme in der Produktion zuzuweisen sind, muss klar festgelegt sein, nach welchen Kriterien hierbei vorzugehen ist. Besonders betrifft das die kostenbezogenen Berechnungsparameter, deren Wertzuweisungen einen engen Bezug zur betrieblichen Kosten- und Leistungsrechnung haben und einen unmittelbaren Einfluss auf die Qualität der Flexibilitätsberechnungsergebnisse nehmen. Aus diesem Grund findet im Interesse einer einheitlichen, vollständigen und an die Betrachtungsebenen von Produktionssystemen angelehnte Kostenerfassung ein *kostenrechnerischer Bezugsrahmen* Anwendung, der sich am Teilkostenrechnungsverfahren mit differenzierter Fixkostenbehandlung orientiert (vgl. Tabelle 4-18, S. 125).

Damit sich die Flexibilitäten einerseits schnell für ausgewählte Objekte in einem Produktionssystem berechnen lassen, andererseits für den Benutzer leicht nachvollziehbar sind, werden sowohl die Berechnungsparameter als auch die Flexibilitätsbewertungsmethoden über ein sog. *Produktionssystemmodell* mit dem zu untersuchenden, realweltlichen Analyseobjekt/Produktionssystem verknüpft. Dieses Modell versteht sich als abstrahierte Darstellung bewertungsrelevanter Systemobjekte in einer neutralen Notation, so dass sich deren flexibilitätsbezogene Abhängigkeiten erkennen und Flexibilitätsdefizite leicht den verantwortlichen Stellen zuordnen lassen. Es folgt dem Paradigma der Objektorientierung und erlaubt damit unkomplizierte, dynamische Modellkonfigurationen an die Struktur eines zu bewertenden Produktionssystems.

Die Praxistauglichkeit der in der vorliegenden Arbeit entwickelten Bewertungsmethodik ließ sich über eine umfassende *Verifikation* nachweisen. Sie erfolgte anhand des Produktionssystems eines Serienproduzenten für Infotainmentsysteme, bei dem die gemachten Anwendungserfahrungen unter Einbeziehung von Expertenmeinungen mit den Anforderungen aus Kapitel 3 evaluiert wurden. Die Grundlage der Verifikation bildet ein eigens dafür entwickelter Softwareprototyp namens *ecoFLEX*, in dem die Mechanismen der Bewertungsmethodik implementiert sind. Darüber zeigt sich deren zielsetzungskonforme Verwendbarkeit, mit der sich die Flexibilität an Produktionssystemen quantifizieren und einzelnen Systemobjekten zuordnen lässt. Die im praktischen Einsatz darlegten Analysemöglichkeiten, wie das schnelle und unkomplizierte Identifizieren flexibilitätsbezogener Schwachstellen sowie die Vergleichbarkeit von Lösungsalternativen, heben die Nutzenvorteile einer ecoFLEX-unterstützten Flexibilitätsuntersuchung hervor und verdeutlichen die erfolgreiche Realisierung der Bewertungsmethodik.

6.2 Ausblick

Infolge der in der heutigen Zeit bestehenden Planungsunsicherheit hinsichtlich kapazitiver Nachfrageschwankungen, Veränderungen des Produkt-/Variantenmixes und kapazitiver Erweiterungserfordernisse sind häufige Anpassungen und Änderungen der Produktion an die jeweils aktuellen Bedürfnisse unvermeidbar. Aus diesem Grund sehen sich Unternehmen immer stärker mit dem Problem einer geeigneten Erfassung ökonomischer Freiheitsgrade ihrer Produktionssysteme konfrontiert. Die vor diesem Hintergrund gemachten Erfahrungen mit dem Software-Prototypen ecoFLEX im praktischen Anwendungsfeld sprechen klar für die Zweckmäßigkeit der entwickelten Bewertungsmethodik. Wie durch das Kapitel 5.2 belegt wird, lassen sich mit Hilfe von ecoFLEX Flexibilitätsdefizite durch die Quantifizierung von Flexibilitätsspielräumen leicht innerhalb von Produktionssystemen identifizieren und zielgerichtet beheben. In der Konsequenz verbessert sich die Planungssicherheit als auch die Reaktionszeit beim Erkennen und Umsetzen flexibilitätssteigernder Maßnahmen. Außerdem können auf Flexibilitätsschwachstellen zurückzuführende Mehrkosten vermieden werden. Insgesamt gesehen unterstützt die Methodik eine kurz-, mittel- und langfristige Absicherung der wirtschaftlichen Produktion. An diese, mit der Zielstellung konform gehenden Nutzenvorteile (vgl. Kapitel 1.3) knüpft sich allerdings auch eine entscheidende Vorbedingung. Sie bezieht sich auf eine durchgängige und konsistente Datenhaltung im betreffenden Anwenderunternehmen, da die Qualität der Bewertungsergebnisse und der damit verbundene Erfolg immer von der Qualität der Eingangsdaten abhängen.

Dessen ungeachtet lässt sich die Effizienz der vorgestellten Bewertungsmethodik weiterhin steigern. Ein Ansatz wäre deren Erweiterung um einen speziellen Algorithmus, der die Flexibilitätsdefizite im zu untersuchenden Produktionssystem erkennt und darauf basierend *automatisch generierte Lösungsalternativen* anbietet, welche eine möglichst optimale Konfiguration von Mengen-, Mix- und Erweiterungsflexibilität erlauben. Dies könnte ausschließlich auf Basis der bekannten Systemobjekte erfolgen, deren objektspezifische Parameterwerte Voraussetzung für die Alternativenbestimmung sind. Somit würde z.B. ein auf diese Weise vorgeschlagener zusätzlicher Arbeitsplatz eine exakte Kopie eines bereits bestehenden sein. Zusätzlich wäre auch die Einbindung einer Wissensdatenbank denkbar, in der Informationen über Produktionsausstattungen verschiedener Hersteller liegen, wodurch sich die Qualität der Lösungsvorschläge verbessern ließe. Zwar bedeutet die Anwendung des Algorithmus nicht gleichzeitig, dass dem Benutzer die Entscheidung über Handlungs-maßnahmen gänzlich abgenommen wird, jedoch vereinfacht sich dessen Arbeit bei der Suche und der Auswahl nach geeigneten Alternativen.

Über diesen Ansatz hinaus gilt es in der Zukunft auch die *Netzwerkebene* mit in die Flexibilitätsuntersuchen einzubeziehen. Grund dafür sind die häufig anzutreffenden produkt- und ressourcenbezogenen Verflechtungen produzierender Unternehmen in Form temporärer

Produktionsnetze. Ihr Ziel ist es, die wegen des turbulenten Handlungsumfeldes induzierte hohe Planungsunsicherheit auf zwischenbetrieblicher Ebene durch entsprechende Konfigurationen des Netzwerkes auszugleichen [Milb-02] [Petr-06] [KRS-06]. In diesem Zusammenhang nehmen verlässliche Aussagen über die Supply Chain zu Beschaffungsoptionen von Rohstoffen, Zukaufteilen, etc. eine entscheidende Rolle ein. Deshalb empfiehlt sich, neben der Aufnahme der Netzwerkebene in die Bewertungsmethodik, ebenfalls eine Ergänzung der bereits dort berücksichtigten Flexibilitätsarten um die *Beschaffungsflexibilität*. Durch sie bieten sich Möglichkeiten zur Bewertung verschiedener Beschaffungskonzepte und deren Erfolgskontrolle.

Im Interesse einer allgemeingültigen und in der Produktionswelt etablierten Flexibilitätsmessung von Produktionssystemen ist außerdem eine *Zertifizierung* dieser anzustreben. Hierdurch ließen sich, ähnlich wie bei der ISO 9000-Zertifizierung[20], Anforderungen zur Erfüllung eines bestimmten Flexibilitätsgrads festlegen, die informativ für die unternehmensinterne Umsetzung sind als auch zum Nachweis bestimmter Standards gegenüber Dritten dienen können. Beispielsweise hätten Produktionsplaner, die sich mit der Organisation komplexer Produktionsnetze befassen, eine verbesserte Entscheidungs-grundlage, um über das Einbinden neuer Produktionsunternehmen in ein bestehendes Netzwerk zu befinden. Umfeldseitige Turbulenzen können somit durch eine zielgerichtete Konfiguration des Produktionsnetzes optimal ausgeglichen werden. Voraussetzung bilden hierfür allerdings branchenübergreifend anwendbare Flexibilitätsbewertungsmethoden, die vergleichbare und reproduzierbare Flexibilitätskennwerte liefern, wie sie sich in der hier entwickelten Bewertungsmethodik darstellen.

Abschließend sei noch einmal darauf verwiesen, dass mit dem, in der vorliegenden Arbeit verfolgten Konzept eine neuartige, ganzheitliche Betrachtungs- und Bewertungsweise der Flexibilität von Produktionssystemen ermöglicht wird. Über den damit unmittelbar verbundenen, wissenschaftlichen Beitrag hinaus, ist durch Anwendung der hier vorgestellten Bewertungsmethodik eine Vergleichbarkeit von Produktionssystemen, sogar unterschiedlicher Branchen auf einer abstrakteren Ebene erreichbar. Für künftige Forschungsvorhaben bietet sich damit explizit die Möglichkeit, die Flexibilität als messbare Größe bei der anforderungsgerechten Auswahl und Gestaltung von Produktionssystemen mit einzubeziehen.

---

[20] Die ISO 9000 ff. Normenreihe beinhaltet Grundsätze für Maßnahmen zum Qualitätsmanagement. Die hierunter fallenden Normen bilden einen gemeinsamen und zusammenhängenden Satz von Normen für Qualitätsmanagementsysteme [Hans-06].

7   Literaturverzeichnis

[ABMC-05]   Alexopoulos, K.; Burkner, S.; Milionis, I.; Chryssolouris, G.: **DESYMA - An integrated method to aid the design and the evaluation of reconfigurable manufacturing systems.** Proceedings of the 1st International Conference on Changeable, Agile, Reconfigurable and Virtual Production (CARV 2005), Munich, Germany, 2005

[ABMW-89]   Adam, D.; Backhaus, K; Meffert, H.; Wagner, H.: **Integration und Flexibilität - Eine Herausforderung für die Allgemeine Betriebswirtschaftlichkeitslehre.** Gabler Verlag, Wiesbaden, 1989

[Adam-98]   Adam, D.: **Produktions-Management.** 9. Aufl., Gabler Verlag, Wiesbaden, 1998

[Aggt-87]   Aggteleky, B.: **Fabrikplanung – Werksentwicklung und Betriebsrationalisierung Band 1.** 2. Auflage, Carl Hanser Verlag, München, 1987

[Aggt-90]   Aggteleky, B.: **Fabrikplanung – Werksentwicklung und Betriebsrationalisierung.** Band 2, 2. Auflage, Carl Hanser Verlag, München, 1990

[AIKT-04]   Arnold, D.; Isermann, H.; Kuhn, A.; Tempelmeier, H.; Furmans, K. (Hrsg.): **Handbuch Logistik.** 3. Auflage, Springer Verlag, Berlin, Heidelberg u.a., 2004

[AKN-06]   Abele, E.; Kluge, J.; Näher, U.: **Handbuch globale Produktion.** Hanser Verlag, München, 2006

[AlSe-06]   Sk Ahad Ali; Hamid Seifoddini: **Simulation intelligence and modeling for manufacturing uncertainties.** Proceedings of the 2006 Winter Simulation Conference, 2006.

[AlSe-06]   Ali, S.A.; Seifoddini, H.: **Simulation intelligence and modeling for manufacturing uncertainties.** Proceedings of the 2006 Winter Simulation Conference, 2006.

[AISS-05]   Sk Ahad Ali; Hamid Seifoddini; Hong Sun: **Intelligent Modeling and simulation of flexible assembly systems.** Proceedings of the 2005 Winter Simulation Conference, 2005.

[AMMC-05]   Alexopoulos, K.; Mamassioulas, A.; Mourtzis, D.; Chryssolouris, G.: **Volume and Product Flexibility: a Case Study for a refrigerators Producing Facility.** Proceedings of the 10th IEEE International Conference on Emerging Technologies and Factory Automation (ETFA 2005), Catania/Italy, 2005

[AMPC-07]   Alexopoulos, K.; Mourtzis, D.; Papakostas, N.; Chryssolouris, G.: **DESYMA – Assessing flexibility for the lifecycle of manufacturing systems.** International Journal of Production Research, Volume 45, Issue 7, April 2007

[APMG-06]   Alexopoulos, K.; Papakostas N.; Mourtzis, D.; Gogos, P.; Chryssolouris, G.: **Quantifying the flexibility of a manufacturing system by applying the transfer function.** In: International Journal of Computer Integrated Manufacturing, 2006

[ARKO-07]   Abul Ola, H.; Rogalski, S.; Krahtov, K.; Ovtcharova, J.: **Change Management for the Production of the Future.** 2. International Conference on Changeable, Agile, Reconfigurable and Virtual Production (CARV 2007) Toronto/Canada, 2007

[Balz-00]   Balzert, H.: **Objektorientierung in 7 Tagen - Vom UML-Modell zur fertigen Web-Anwendung.** Spektrum Akademischer Verlag GmbH, Berlin, 2000

[Bart-05]   Barth, H.: **Produktionssysteme im Fokus.** In: wt Werkstattstechnik online, Jahrgang 95, Heft 4, Springer-VDI-Verlag, Düsseldorf, 2005

[BBBD-03]   Bloech, J.; Bogaschewsky, R.; Buscher, U; Daub, A; Götze, U.; Roland, F.: **Einführung in die Produktion.** 5., überarbeite Auflage, Physica Verlag, Heidelberg, 2003

[BCS-07]   Blank, A.; Christ, H.; Schneider, K.-H.: **Betriebswirtschaftslehre.** 3. Aufl., Fachhochschule für Wirtschaft, Bildungsverlag EINS, Troisdorf, 2007

[BeHö-05] Benz, J.; Höflinger, M.: **Logistikprozesse mit SAP R/3: eine anwendungsbezogene Einführung - mit durchgehendem Fallbeispiel.** Vieweg Verlag, Wiesbaden, 2005

[Behr-85] Behrbohm, P.: **Flexibilität in der industriellen Produktion: Grundüberlegungen zur Systematisierung und Gestaltung der produktionswirtschaftlichen Flexibilität.** Verlag Lang, Frankfurt a. M., 1985

[Bell-05] Bellmann, K.: **Flexibilisierung der Produktion durch Dienstleistungen.** In: Kaluza, B.; Blecker, T. (Hrsg.): Erfolgsfaktor Flexibilität. Erich Schmidt Verlag, Berlin, 2005

[BeLu-03] Becker, J.; Luczak, H.: **Workflowmanagement in der Produktionsplanung und –steuerung.** Springer Verlag, Berlin, 2003

[Benj-94] Benjaafar, S.: **Models for performance evaluation of flexibility in manufacturing systems.** In: International Journal of Production Research, Vol.32, No.6, 1994

[BeOl-02] Bengtsson, J.; Olhager, J.: **Valuation of product-mix flexibility using real options.** International Journal of Production Economics, Number 78, pp. 13–28, 2002

[BeWe-05] Best, E; Weth, M.: **Geschäftsprozesse optimieren: der Praxisleitfaden für erfolgreiche Reorganisation.** 2. überarb. Aufl., Gabler Verlag Wiesbaden, , 2005

[Beye-04] Beyer, H-T.: **Optimales Lieferantenmanagement.** Online Lehrbuch Marktprozesse, Universität Erlangen-Nürnberg, 2004, http://www.economics.phil.uni-erlangen.de/bwl/lehrbuch/kap2/liefmgt/ liefmgt.pdf, Stand: 16.08.2007

[BiSc-95] Bichler, K.; Schröter, N.: **Praxisorientierte Logistik.** Kohlhammer Verlag, Stuttgart, 1995.

[Blei-04] Bleicher, K.: **Das Konzept Integriertes Management. Visionen - Missionen – Programme.** 4. Aufl., Campus Verlag, Frankfurt/M., 2004

[BMF-01]   Bundesministerium der Finanzen: **Abschreibungstabellen.** Berlin, 2001

[BMJ-09]   Bundesministerium der Justiz: **§ 4 Straßenbahnen, Obusse, Kraftfahrzeuge.** http://bundesrecht.juris.de/pbefg/__4.html, Stand: 27.02.2009

[BrGr-04]   Braßler, A.; Grau, C.: **Modulare Organisationseinheiten.** Arbeits- und Diskussionspapiere der Wirtschaftswissenschaftlichen Fakultät der Universität Jena, 25/2004, Jena, 2004

[Brie-02]   von Briel, R.: **Ein skalierbares Modell zur Bewertung der Wirtschaftlichkeit von Anpassungsinvestitionen in ergebnisverantwortlichen Fertigungssystemen.** Dissertation, Universität Stuttgart, 2002

[Brum-94]   Brumberg, C.: **Zeitliche Flexibilisierung im Industriebetrieb: Analyse und Ansätze zum Abbau organisatorsicher und verhaltensbedingter Restriktionen.** Gabler Verlag, Wiesbaden, 1994

[Bühn-04]   Bühner, R.: **Personalmanagement.** 3. Auflage, Oldenbourg Verlag, München, 2004

[Bunz-85]   Bunz, A.: **Strategieunterstützungsmodelle für Montageplanungen.** In: SzU, Band 11, Verlag Lang, Frankfurt a. M., 1985

[Burd-02]   Burdelski, T.: Rechnungswesen I: Übungen, Lösungen zur Vorlesung Rechnungswesen. Skript zur Vorlesung, Universität Karlsruhe, 2002

[Chry-05]   Chryssolouris, G.: **Manufacturing Systems-Theory and Practice.** 2nd Edition, Springer-Verlag, Berlin, 2005

[Chry-96]   Chryssolouris, G.: **Flexibility and its Measurement.** In: Annals of the CIRP, Vol. Vol. 45, no. 2, 1996

[Coen-03]   Coenenberg, A.G.: Kostenrechnung und Kostenanalyse. 5. Auflage, Schäffer-Poeschel Verlag, Stuttgart, 2003

[Cors-99]   Corsten, H.: **Produktionswirtschaft.** 8. Auflage, Oldenbourg Wissenschaftsverlag, München u.a., 1999

[CQP-89]   Corlett, E. N.; Queinnec, Y.; Paoli, P.: **Die Gestaltung der Schichtarbeit.** In: Europäische Stiftung zur Verbesserung der Lebens- und Arbeitsbedingungen (Hrsg.): Informationsbroschürenserie Nr. 8, Amt für Amtliche Veröffentlichungen der Europäischen Gemeinschaften, Luxemburg, 1989

[CSS-99]   Calic, M.; Sieling, B.; Simon, P.: **Grundbegriffe der Objektorientierung.** In: Objektorientierung - State-of-the-Art. Hüthig Verlag, Heidelberg, S.7-22, 1999

[Dang-03]   Dangelmaier, W.: **Produktion und Information. System und Modell.** Springer Verlag, Berlin, Heidelberg, 2003

[Das-96]   Das, S. K.: **The Measurement of Flexibility in Manufacturing Systems.** The International Journal of Flexible Manufacturing Systems, 8, pp. 67-93, 1996

[DCR-07]   Dyckhoff, H.; Clermont, M.; Rassenhövel, S.: **Industrielle Dienstleistungsproduktion.** In: Corsten, H.; Missbauer, H. (Hrsg.): Produktions- und Logistikmanagement, Oldenbourg Wissenschaftsverlag, München, 2007

[DeTo-98]   De Toni, A.; Tonchia, S.: **Manufacturing Flexibility: a literature review.** In: International Journal of Production Research, 1998

[DHJM-06]   Denkena, B.; Harms, A.; Jacobsen, J.; Möhring, H.-C.; Jungk, A.; Noske, H.: **Lebenszyklus-orientierte Werkzeugmaschinenentwicklung.** In: wt Werkstattstechnik online, Jahrgang 96, Heft 7/8, S. 441-446, Springer-VDI-Verlag, Düsseldorf, 2006

[DIN 31051]   DIN 31051 (Deutsche Industrie Norm): **Grundlagen der Instandhaltung.** Ausgabe 2003-06, Beuth Verlag, 2003

[DIN 6789]   DIN 6789 (Deutsche Industrie Norm): **Dokumentationssystematik. Aufbau technischer Produktdokumentationen.** Beuth Verlag, Berlin 1993

[DoDr-07]   Domschke W.; Drexl, A.: **Einführung in Operations Research.** 7. Auflage, Springer Verlag, Berlin, 2007

[DoQu-04]   Dombrowski, U.; Quack, S.: **Die ungenutzten Potentiale in bestehenden Fabriken.** In: 5. Deutsche Fachkonferenz Fabrikplanung, Tagungsband, 31. März – 1. April 2004, Stuttgart, 2004

[Dorm-86]   Dormmayer, H.-J.: **Konjunkturelle Früherkennung und Flexibilität im Produktionsbereich.** In: Beiträge zur quantitativen Wirtschaftsforschung, Bd. 3, München, 1986

[Dumk-02]   Dumke, R.: **Software Engineering.** 2. Auflage, Vieweg Verlag, Braunschweig, Wiesbaden, 2000

[DuOe-93]   Dunckel, H.; Oesterreich, R.: **Mensch - Technik - Organisation 5a. Kontrastive Aufgabeanalyse im Büro.** Der KABA Leitfaden. Grundlagen und Manual, Verlag der Fachvereine, Zürich, 1993

[Dürr-00]   Dürrschmidt, S.: **Planung und Betrieb wandlungsfähiger Logistiksysteme in der variantenreichen Serienproduktion.** Dissertation TU München, 2000

[Eber-04]   Ebert, G.: **Kosten- und Leistungsrechnung.** 10. Auflage, Gabler Verlag, Wiesbaden, 2004

[EBGK-02]   Eversheim, W.; Bergholz, M.; Gather, M.; Kerner, S.; Lange-Stalinski, T.; Lanza, M.; Laufenberg, L.; Lay, K.; Reinfelder, A.; Schreiber, W.; Sulser, H.P.: **Die Fabrik von morgen: vernetzt und wandlungsfähig!.** In: AWK Aachener Perspektiven: Wettbewerbsfaktor Produktionstechnik, Shaker Verlag Aachen, S.73-96, 2002

[Ever-89]   Eversheim, W.: **Organisation in der Produktionstechnik.** Band 4: Fertigung und Montage, 2. Auflage, VDI Verlag, Düsseldorf, 1989

[Ever-92]   Eversheim, W.: **Flexible Produktionssysteme.** In: Handwörterbuch der Organisation, Frese, E. (Hrsg.); Poeschel-Verlag, Stuttgart, 1992

[EvSc-99]   Eversheim, W.; Schuh G.: **Betrieb von Produktionssystemen.** Produktion und Management 4, Springer Verlag, Berlin u.a., 1999

[Feke-89]   Fekecs, B.: **Ein Ansatz zur quantitativen Bewertung der Flexibilität von Fertigungssystemen.** In: wt Werkstattstechnik 79, S.601-604, 1989

[Feld-91]   Feldhahn, K.-A.: **Logistikmanagement in kleinen und mittleren Unternehmen.** Dissertation TU Braunschweig, 1991

[FHPP-99]   Fandel, G.; Heuft, B.; Paff, A.; Pitz, T.: **Kostenrechnung.** Springer Verlag, Berlin Heidelberg New York, 1999

[Frau-05]   Frauenfelder, P.: **Produktions-Management in der Unternehmensführung.** UF Wintersemester 2005/06 V-06(14), Universität Zürich (ETH), Zürich, 2005

[Geye-06]   Geyer, H.: **Praxiswissen BWL.** Haufe Verlag DE, Freiburg, 2006

[Götz-04]   Götze, U.: **Kostenrechnung Und Kostenmanagement.** Springer Verlag, Berlin, 2004

[GPMC-07]   Georgoulias, K.; Papakostas, N.; Makris, S.; Chryssolouris, G.: **A Toolbox Approach for Flexibility Measurements in Diverse Environments.** CIRP Annals-Manufacturing Technology, Volume 56, Issue 1, 2007

[GüHa-99]   Günthner, W. A.; Haller, M.: **Im Spannungsfeld zwischen Flexibilität und Automatisierung.** In: Hossner, R. (Hrsg.): Jahrbuch Logistik 1999, Verlagsgruppe Handelsblatt GmbH, Düsseldorf, 1999

[Günt-05]   Günthner, W.A.: **Anpassungssituationen im automobilen Netzwerk – Eine Wertung der Akteure.** In: Industrie Management 21 (2005) 5, GITO-Verlag, Berlin, 2005

[Gute-83]   Gutenberg, E.: **Grundlagen der Betriebswirtschaftslehre - Band 1: Die Produktion.** Springer-Verlag, Berlin, 1983

[Gute-83]   Gutenberg, E.: **Grundlagen der Betriebswirtschaftslehre - Band 1: Die Produktion.** Springer Verlag, Berlin, 1983

[Hall-99]   Haller,   M.:   **Bewertung   der   Flexibilität   automatisierter Materialflusssysteme   der   variantenreichen   Großserienproduktion.** Dissertation TU München, 1999

[Hans-06]   Hansmann, K.-W.: **Industrielles Management.** 8. überarbeitete Auflage, Oldenbourg Wissenschaftsverlag, München, 2006

[Hans-78]   Hanssmann, F.: **Einführung in die Systemtechnik.** Oldenbourg Verlag, München, 1978

[HaWh-88]   Hayes, R.H.; Wheelwright, S.C.; Clark, K.B.: **Dynamic Manufacturing - Creating the Learning.** Organization. New York-London, 1988

[Hell-08]   Hellert, U.: **Praxis der Nacht- und Schichtplangestaltung.** LIT Verlag, Berlin-Hamburg-Münster, 2008

[HiUl-79]   Hill, W., Ulrich, P.: **Wissenschaftliche Aspekte ausgewählter betriebswissenschaftlicher Konzeptionen.** In: Raffee, H.; Abel, B. (Hrsg.), Wissenschaftstheoretische Grundlagen der Wirtschaftswissenschaften, Vahlen Verlag, München 1979.

[Hofm-04]   Hofman, I.: **Kostenrechnung „light".** Wirtschaft, Recht, Mitbestimmung, Fernlehrgang des Österreichischen Gewerkschaftsbundes, Wien, 2004

[HoMa-86]   Horvárth, P.; Mayer, R.: **Produktionswirtschaftliche Flexibilität.** In: Wirtschaftswissenschaftliches Studium, Heft 2, S. 69-76, 1986

[Hop-04]   Hop, N.V.: **Approach to measure the mix response flexibility of manufacturing systems.** International Journal of Production Research, Vol. 42, Number 7, pp. 1407-1418, 2004

[Hopf-89]   Hopfmann, L.: **Flexibilität im Produktionsbereich – Ein dynamisches Modell zur Analyse und Bewertung von Flexibilitätspotentialen.** Verlag Peter Lang, Frankfurt a. M., 1989

[Hopf-89]   Hopfmann, L.: **Flexibilität im Produktionsbereich – Ein dynamisches Modell zur Analyse und Bewertung von Flexibilitätspotentialen.** Verlag Peter Lang, Frankfurt a. M., 1989

[Jaco-74]   Jacob, H.: **Unsicherheit und Flexibilität: Zur Theorie der Planung bei Unsicherheit.** In: Zeitschrift für Betriebswirtschaft, 44. Jg., S. 229-326, 403-448 und 505-526, 1974

[KaBl-05a]   Kaluza, B.; Blecker, T.: **Flexibilität - State of the Art und Entwicklungstrends.** In: Kaluza, B.; Blecker, T. (Hrsg.): Erfolgsfaktor Flexibilität. Erich Schmidt Verlag, Berlin, 2005

[KaBl-05b]   Kaluza, B.; Blecker, T.: **Erfolgsfaktor Flexibilität. Strategien und Konzepte für wandlungsfähige Unternehmen.** Erich Schmidt Verlag, Berlin, 2005

[Kale-04]   Kalenberg, F.: **Grundlagen der Kostenrechnung. Eine anwendungsorientierte Einführung.** Oldenbourg Verlag, München, 2004

[Kalu-93]   Kaluza, B.: **Flexibilität, betriebliche.** In: Grochla, E.; Wittmann. W. (Hrsg.): Handwörterbuch der Betriebswirtschaft. Schäffer- Poeschel Verlag, Stuttgart, 1993

[Kars-02]   Karsak, E. E.: **An Options Approach to valuing Expansion flexibility in flexible manufacturing system Investments.** In: The Engineering Economist, Vol. 47, No: 2, S. 169-189, 2002

[KBA-09]   Kraftfahr-Bundesamt: **Fahrzeugklassen und Aufbauarten.** http://www.kba.de/cln_005/nn_191224/DE/Statistik/Fahrzeuge/Besitzumsc hreibungen/FahrzeugklassenAufbauarten/2008__u__fzkl__eckdaten__abso lut.html, Stand: 27.02.2009

[KeBo-98]   Kemmetmüller, W.; Bogensberger, S.: **Handbuch der Kostenrechnung.** 5. aktualisierte und erweiterte Auflage, Service Fachverlag, Wien, 1998

[Kees-98]   Kees, A.: **Objektorientierte PPS-Systementwicklung.** In: Produktions- planung und -steuerung. Luczak, H.; Eversheim, W. (Hrsg.); Schotten, M.: Springer-Verlag, Berlin u.a., S.653-695, 1998

[KeKe-05]   Kersten, W.; Kern, E.-M.: **Flexibilität in der verteilten Produktentwicklung.** In: Kaluza, B.; Blecker, T. (Hrsg.): Erfolgsfaktor Flexibilität. Erich Schmidt Verlag, Berlin, 2005

[Kern-80]   Kern, W.: **Industrielle Produktionswirtschaft.** 3. überarbeitete Auflage, Poeschel Verlag, Stuttgart, 1980

[Kich-98]   Kicherer, H.: **Kosten- und Leistungsrechnung.** Verlag C. H. Beck, München, 1998

[Kno-91]   Knof. H.-L.: **CIM und organisatorische Flexibilität.** V. Florentz Verlag, München, 1991

[Knof-91]   Knof, H.-L.: **CIM und organisatorische Flexibilität.** Dissertation Universität Bochum, 1991

[Kobe-08]   Kober, M.: **Fertigungssegmentierung.** MKP Produktionsgestaltung http://www.mkpro.de/fertigung.html, Stand: 21.04.2008

[Kohl-07]   Kohler, U.: **Methodik zur kontinuierlichen und kostenorientierten Planung produktionstechnischer Systeme.** Herbert Utz Verlag, München, 2007

[KoKr-08]   Korves, B.; Krebs, P.: **Bewertung und Planung von Fabriken unter Flexibilitätsgesichtspunkten bei der Siemens AG.** In: Münchener Kolloquium-Innovationen für die Produktion, S.57-68, Herbert Utz Verlag, München, 2008

[KoMa-99]   Koste, L. J.; Malhorta, M. K.: **A Theoretical Framework for Analyzing the Dimensions of Manufacturing Flexibility.** Journal of Operation Management, Vol. 18, no. 1, 1999

[KoMa-99]   Koste L. J.; Malhorta M. K.: **A Theoretical Framework for Analysing the Dimensions of Manufacturing Flexibility.** Journal of Operation Management, 18, S. 75-93, 1999

[Krop-01]   Kropp, W.: **Systemische Personalwirtschaft.** 2. Auflage, Oldenbourg Verlag, München, 2001

[KRS-06]   Krappe, H..; Rogalski, S.; Sander, M.: **Challenges for Handling Flexibility in the Change Management Process of Manufacturing Systems.** IEEE Conference on Automation Science and Engineering (IEEE-CASE), Shanghai, 2006

[KSW-02]   Klauke, A.; Schreiber, W.; Weißner, R.: **Zukunftsorientierte Fabrikstrukturen in der Automobilindustrie.** In: wt Werkstattstechnik online, Jahrgang 92, Heft 4, Springer-VDI-Verlag, Düsseldorf, 2002

[Kühn-89]   Kühn, M.: **Flexibilität in logistischen Systemen.** Heidelberg: Physica, 1989

[Lenz-04]   Lenz, B.: **Verkettete Orte: Filieres in der Blumen- und Zierpflanzenproduktion.** 1. Auflage, Lit-Verlag, Münster u.a., 2004

[LES-06]   Lechner, K.; Egger, A.; Schauer, R.: **Einführung in die Allgemeine Betriebswirtschaftslehre.** 23. Auflage, Linde Verlag, Wien, 2006

[Lind-05]   Lindemann, U.: **Der Änderungsmanagement Report.** CiDaD Working Paper Series, Jahrgang 1, Nr. 1 ISSN 1861-079X, August 2005

[Lucz-93]   Luczak, H.: **Arbeitswissenschaft.** Springer Verlag, Berlin u. a., 1993

[Lutz-96]   Lutz, B. u.a. (Hrsg.): **Produzieren im 21. Jahrhundert: Herausforderungen für die deutsche Industrie. Ergebnisse des Expertenkreises Zukunftsstrategien.** Band 1, Frankfurt am Main, 1996

[LWW-00]   Lutz, S.; Windt, K.; Wiendahl, H.-P. (Hrsg.): **Produktionsmanagement in Unternehmensnetzwerken; Reihe:Wandelbare Produktionsnetze.** Band 2, Verlag Praxiswissen, Dortmund, 2000

[MeBo-05]   Mertens, P.; Bodendorf, F.: **Programmierte Einführung in die Betriebswirtschaftslehre : Institutionenlehre.** 12. überarb. Aufl., Gabler Verlag, Wiesbaden, 2005

[Meff-68]   Meffert, H.: **Die Flexibilität in betriebswirtschaftlichen Entscheidungen.** Unveröffentlichte Habilitationsschrift, München, 1968

[MEK-05]   Marr, R.; Elbe, M.; Kaduk, S.: **Arbeitszeitflexibilisierung -
              Grundlegendes Problem oder Erfolgsmodell moderner
              Arbeitsbeziehungen?** In: Kaluza, B.; Blecker, T. (Hrsg.): Erfolgsfaktor
              Flexibilität. Erich Schmidt Verlag, Berlin, 2005

[MHE-03]   Meffle, G.; Heyd, R.; Weber, P.: **Das Rechnungswesen der
              Unternehmung als Entscheidungsinstrument.** Band 1, 3. überarb.
              Auflage, Fortis Verlag, 2003

[Milb-02]   Milberg, J.: **Erfolg in Netzwerken.** In: Erfolg in Netzwerken. Milberg, J.;
              Schuh, G. (Hrsg.): Springer Verlag, Berlin u.a., S. 5-16, 2002

[Nebl-07]   Nebl, T.: **Produktionswirtschaft.** 6. überarb. und erw. Auflage,
              Oldenbourg Wissenschaftsverlag, München, Wien, 2007

[NeMo-04]   Neumann, K.; Morlock, M.: **Operations Research.** 2. Auflage. Hanser
              Verlag, München, 2004

[Neuh-01]   Neuhausen, J.: **Methodik zur Gestaltung modularer
              Produktionssysteme für Unternehmen der Serienproduktion.**
              Dissertation RWTH Aachen, 2001

[Neum-96]   Neumann, K.: **Produktions- und Operations-Management.** Springer
              Verlag, Berlin, 1996

[Niem-07]   Niemann, J.: **Eine Methodik zum dynamischen Life Cycle Controlling
              von Produktionssystemen.** Dissertation Universität Stuttgart, 2007

[NN-05]   N.N.: **Kostenrechnung.** Universität Klagenfurt, Sommersemester 2005,
              http://www.uni-klu.ac.at/csu/downloads/KORE_V_SS2005_Teil2.pdf,
              Stand: 19.12.2007

[Oest-06]   Oestereich, B.: **Analyse und Design mit UML 2.1 - Objektorientierte
              Softwareentwicklung.** 8. aktualisierte Auflage, Oldenbourg
              Wissenschaftsverlag, München, 2006

[Olfe-05]   Olfert, K.: **Kostenrechnung.** 14. Auflage, Kiehl Friedrich Verlag,
              Ludwigshafen/Rhein, 2005

[ORK-07]   Ovtcharova, J.; Rogalski, S.; Krahtov, K.: **eHomeostasis. Methodology in the Automotive Industry.** MCPC 2007, World Conference on Mass Customization & Personalization (MCP), MIT Cambridge/Boston, 2007

[Ost-95]   Ost, S.: **Wirtschaftliche Bewertung der Produktionsflexibilität.** In: Kostenrechnungspraxis - Zeitschrift für Controlling (3), S. 153-158, 1995

[PaWi-99]   Parker, R. and Wirth, A.: **Manufacturing flexibility: measures and relationships.** European Journal of Operational Research 118(3), pp. 429-449, 1999

[PBS-05]   Peters, S.; Brühl, R.; Stelling, J.N.: **Betriebswirtschaftslehre.** 11. Auflage, Oldenbourg Verlag, München, Wien, 2005

[Penr-95]   Penrose, E.: **The Theory of the Growth of the Firm.** Oxford University Press, 3. Auflage, New York, 1995

[PeRu-01]   Peláez-Ibarrondo, J.; Ruiz-Mercader, J.: **Measuring Operational Flexibility.** Manufacturing Information Systems Proceedings of The Fourth SMESME International Conference, Stimulating Manufacturing Excellence in Small & Medium Enterprises, Aalborg/Denmark, 2001

[Petr-06]   Petry, T.: **Netzwerkstrategie: Kern eines integrierten Managements von Unternehmungsnetzwerken.** Gabler Verlag, Wiesbaden, 2006

[Phil-02]   Philippson, C.: **Koordination einer standortbezogen verteilten Produktionsplanung und –steuerung auf der Basis von Standard-PPS-Systemen.** Dissertation RWTH Aachen, 2002

[Pibe-01]   Pibernik, R.: **Flexibilitätsplanung in Wertschöpfungsnetzwerken.** in: ZfB 71.Jg., Heft 8, 2001

[PlRe-06]   Plinke, W.; Rese, M.: **Industrielle Kostenrechnung.** 7. Auflage, Springer Verlag, Berlin/Heidelberg, 2006

[REFA-78]   REFA, Verband für Arbeitsstudien u. Betriebsorganisation: **Methodenlehre des Arbeitsstudiums. 2. Teil Datenermittlung.** 6. Aufl. Carl Hanser Verlag, München, 1978

[REFA-84]   REFA, Verband für Arbeitsstudien u. Betriebsorganisation: **Methodenlehre des Arbeitsstudiums. 1. Teil Grundlagen.** 7. Aufl., Carl Hanser Verlag, München, 1984

[REFA-90]   REFA - Verband für Arbeitsstudien und Betriebsorganisation (Hrsg.): **Planung und Betrieb komplexer Produktionssysteme.** Hanser Verlag, München, 1990

[Rein-02]   Reinhardt, G.: **Wandlungsfähige Fabrikgestaltung.** in: ZWF Zeitschrift für wissenschaftlichen Fabrikbetrieb, Band 97, Heft 1-2, 2002

[Rein-04]   Reinhart, G.: **Flexibilität und Wandlungsfähigkeit von Fabriken im globalen Wettbewerb.** In: 5. Deutsche Fachkonferenz Fabrikplanung, Tagungsband, 31. März – 1. April 2004, Stuttgart, 2004

[RHQJ-05]   Rupp, C.; Hahn, J.; Queins, S.; Jeckle, M.; Zengler, B.: **UML 2 glasklar: Praxiswissen für die UML-Modellierung und -Zertifizierung.** Hanser Verlag, München, Wien:, 2005

[Rieb-94]   Riebel, P.: **Einzelkosten- und Deckungsbeitragsrechnung. Grundfragen einer markt- und entscheidungsorientierten Unternehmensrechnung.** 7. Auflage, Gabler Verlag, Wiesbaden, 1994

[Röhr-03]   Röhrs, A.: **Produktionsmanagement in Produktionsnetzwerken.** Dissertation Universität Siegen; Europäischer Verlag der Wissenschaften, Frankfurt a. M., 2003

[RoKr-06a]   Rogalski, S.; Krahtov K.: **Änderungsmanagement für zukunftsorientierte Produktion (Teil 1).** eDM-Report Nr. 2, Dressler Verlag, 2006

[RoKr-06b]   Rogalski, S.; Krahtov K.: **Änderungsmanagement für zukunftsorientierte Produktion (Teil 2).** eDM-Report Nr. 3, Dressler Verlag, 2006

[Ropo-99]   Ropohl, G.: **Allgemeine Technologie- Eine Systemtheorie der Technik.** 2. Auflage, Carl Hanser Verlag, München, Wien, 1999

[RüSt-00]   Rüttgers, M.; Stich, V.: **Industrielle Logik.** Wissenschaftsverlag Mainz in Aachen, Achen, 2000

[ScBe-03]   Schuh, G.; Bergholz, M.: **Collaborative Production on the Basis of Object Oriented.** Software Engineering Principles, CIRP Annals, Band 52, Heft 1, 2003

[Schä-80]   Schäfer, F.-W.: **System zur Nutzung und Planung der Unternehmensflexibilität.** Dissertation RWTH Aachen, 1980

[Schä-80]   Schäfer, F.-W.: **System zur Nutzung und Planung der Unternehmensflexibilität.** Dissertation RWTII Aachen, 1980

[Schä-80]   Schäfer, F.-W.: **System zur Nutzung und Planung der Unternehmensflexibilität.** Dissertation RWTH Aachen, 1980

[Scha-93]   Scharf, D.: **Grundzüge des betrieblichen Rechnungswesens.** Gabler Verlag, Wiesbaden, 1993

[Schm-95]   Schmigalla, H.: **Fabrikplanung – Begriffe und Zusammenhänge.** REFA München, Hanser Verlag, München, 1995

[Schm-96]   Schiemenz, B.: **Komplexität von Produktionssystemen.** In: Kern, W.; Schröder, H.-H.; Weber, J. (Hrsg.): Handwörterbuch der Produktionswirtschaft, 2. Auflage, Stuttgart 1996

[Schn-01]   Schneeweiß, C.: **Einführung in die Produktionswirtschaft.** 8. Auflage; Springer Verlag, Berlin u. a., 2001

[Scho-88]   Schott, G.: **Kennzahlen: Instrument der Unternehmensführung.** 5. Auflage, Forkel-Verlag, Wiesbaden, 1988

[Schü-94]   Schüpbach, H.: **Prozessregulation in rechnerunterstützten Fertigungssystemen.** Vieweg Verlag, Wiesbaden, 1994

[Seic-01]   Seicht, G.: **Moderne Kosten- und Leistungsrechnung.** 11. Auflage, Linde Verlag, Wien, 2001

[Seic-01]   Seicht, G.: **Investition und Finanzierung.** 10. Auflage, Linde Verlag, Wien, 2001

[SeSe-90]   Sethi, A.K.; Sethi, S.P.: **Flexibility in Manufacturing: A Survey.** In: The International Journal of Flexible Manufacturing Systems, 2, 1990

[Sest-03]   Sesterhenn, M.: **Bewertungssystematik zur Gestaltung struktur- und betriebsvariabler Produktionssysteme.** Dissertation RWTH Aachen, 2003

[Seyb-81]   Seybert, A.F.: **Estimation of Damping from Response Spectra.** Journal of Sound and Vibration, Vol. 75, no. 2, 1981

[SGWK-04]   Schuh, G.; Gulden, A.; Wemhöner, N.; Kampker, A.: **Bewertung der Flexibilität von Produktionssystemen.** In: wt Werkstattstechnik online, Jahrgang 94, Heft 6, Springer-VDI-Verlag, Düsseldorf, 2004

[ShMo-98]   Shewchuk, J.P.; Moodie, C.L.: **Definition and Classification of Manufacturing Flexibility Types and Measures.** In: The International Journal of Flexible Manufacturing Systems, No. 10, 1998

[ShMo-98]   Shewchuk J. P.; Moodie. C. L.: **Definition and Classification of Manufacturing Flexibility Types and Measures.** In: International Journal of Flexible Manufacturing Systems, Volume 10, Number 4, October 1998 , pp. 325-349(25), 1998

[SoPa-87]   Son, Y.K.; Park, C.S.: **Economics Measure of productivity, quality and flexibility in advanced manufacturing systems.** Journal of Manufacturing Systems, Vol. 6, No. 3, pp. 194 ff., 1987

[Spur-97]   Spur, G.: **Optionen zukünftiger industrieller Produktionssysteme.** Interdisziplinäre Arbeitsgruppen – Forschungsberichte, Band 4, Akademischer Verlag, Berlin, 1997

[Stau-05]   Staud, J. L.: **Datenmodellierung und Datenbankentwurf- Ein Vergleich aktueller Methoden.** Springer Verlag, Berlin, 2005

[Stau-85]   Staudt, E.: **Kennzahlen und Kennzahlensysteme - Grundlagen zur Entwicklung und Anwendung.** Schmidt Verlag, Berlin, 1985

[SWF-05]   Schuh, G.; Wernhörner, N.; Friedrich, C.: **Lifecycle oriented evaluation of automotive body shop flexibility.** In: Zäh, M.F. u.a. (Hrsg.): CARV 2005, München 2005, S. 433-439

[Temp-93]   Tempelmeier, H.: **Flexible Fertigungssysteme: Entscheidungsunterstützung für Konfiguration und Betrieb.** Springer Verlag, Berlin, Heidelberg u. a., 1993

[Teuf-03]   Teufel, T.: **SAP Business ONE prozessorientiert anwenden.** Addison-Wesley Verlag, München, 2003

[Teum-04]   Teumer, H.: **Wirtschaftliche Produktion am Standort Deutschland durch wandlungsfähige Organisationsformen.** In: 5. Deutsche Fachkonferenz Fabrikplanung, Tagungsband, 31. März – 1. April 2004, Stuttgart, 2004

[Trös-05]   Tröster, F.: **Steuerungs- und Regelungstechnik für Ingenieure.** 2. Auflage, Oldenbourg Wissenschaftsverlag, München, Wien, 2005

[UlHi-76]   Ulrich, P.; Hill, W: **Wissenschaftstheoretische Grundlagen der Betriebswirtschaftlehre.** Teil 1/2, WiSt Wirtschaftswissenschaftliches Studium, Heft 7/8, Juli/August 1976

[Ulri-81]   Ulrich, H.: **Die Betriebswirtschaftslehre als anwendungsorientierte Sozialwissenschaft.** In: Geist, N.; Köhler, R. (Hrsg.): Die Führung des Betriebes.; Pöschel Verlag, Stuttgart, 1981

[Upto-95]   Upton, D. M.: **Flexibility as process mobility: The management of plant capabilities for quick response manufacturing.** Journal of Operations Management, Vol. 12, pp. 205-24, 1995

[Upto-97]   Upton, D. M.: **Process Range in Manufacturing. An Empirical Study of Flexibility.** Management Science 43, 8, S. 1079-1092, 1997

[VaSi-04]   Vahrenkamp, R.; Siepermann, C.: **Produktionsmanagement.** 5. Auflage, Oldenbourg Wissenschaftsverlag, München, 2004

[VDI-95]   VDI: **Wertanalyse. Idee, Methode, System.** 5. Auflage, VDI-Zentrum Wertanalyse, VDI Verlag, Düsseldorf, 1995

[Volb-81]   Volberg, K.: **Zur Problematik der Flexibilität manueller Arbeit.** Dissertation Universität Düsseldorf, 1981

[Warn-93]   Warnecke, H. J.: **Die Fraktale Fabrik – Revolution in der Unternehmenskultur.** 2. Auflage. Berlin: Springer-Verlag 1993

[WaSt-04]   Waldmann, K. H.; Stocker, U.M.: **Stochastische Modelle.** Springer Verlag, Berlin, 2004

[Webe-95]   Weber, J.: **Logistik-Controlling.** Schäffer-Poeschel Verlag, Stuttgart, 1995

[Wegn-97]   Wegner, U.: **Organisation der Logistik.** Erich Schmidt Verlag, Berlin, 1997

[West-04]   Westkämper, E.: **Hochlauf von Fabriken und Produktionssystemen. Wirtschaftliche Produktion am Standort Deutschland durch wandlungsfähige Organisationsformen.** In: 5. Deutsche Fachkonferenz Fabrikplanung, Tagungsband, 31. März – 1. April 2004, Stuttgart, 2004

[West-06]   Westkämper, E.: **Einführung in die Organisation der Produktion. Strategien der Produktion.** Springer Verlag, Berlin; Heidelberg, 2006

[WHG-02]   Wiendahl, H.-P.; Hernández, R.; Grienitz, V.: **Planung wandlungsfähiger Fabriken.** ZWF 97 (2002) Heft 1-2

[WHK-06]   Wurst, K.-H.; Heisel, U.; Kircher, C.: **(Re)konfigurierbare Werkzeugmaschinen – notwendige Grundlage für eine flexible Produktion.** In: wt Werkstatttechnik, Jahrgang 96, Heft 5, Springer-VDI-Verlag, Düsseldorf, 2006

[Wien-02]   Wiendahl, H.-P.: **Die Zukunft prognostizieren mit Szenarien.** In: New Management, Band 71, Heft. 5, 2002

[Wild-05]   Horst Wildemann, H.: **Betreibermodelle: Ein Beitrag zur Steigerung der Flexibilität von Unternehmen?** In: Kaluza, B.; Blecker, T. (Hrsg.): Erfolgsfaktor Flexibilität. Erich Schmidt Verlag, Berlin, 2005

[Wild-87]   Wildemann, H.: **Investitionsplanung und Wirtschaftlichkeitsrechnung für flexible Fertigungssysteme (FFS).** Schäffer Verlag, Stuttgart, 1987

[Wild-98]   Wildemann, H.: Das agile Unternehmen. **Kostenführerschaft und Service.** Tagungsband Münchner Management Kolloquium. München: TCW, 1998

[Wild-98]   Wildemann, H., **Die modulare Fabrik: Kundennahe Produktion durch Fertigungssegmentierung.** 5. überarb. und erg. Auflage, TCW-Transfer-Centrum, München 1998

[WJR-92]   Womack, J. P.; Jones, D. T.; Roos, D.: **Die zweite Revolution in der Autoindustrie: Konsequenzen aus der weltweiten Studie aus dem Massachusetts Institute of Technology.** 6. Auflage, 1992, Frankfurt am Main

[WNKB-05]   Wiendahl, H.P.; Nofen, D.; Klußmann, J.H.; Breitenbach, F.: **Planung modularer Fabriken – Vorgehen und Beispiele aus der Praxis.** Hanser Verlag, Wien, München, 2005

[Wolf-90]   Wolf, J.: **Investitionsplanung zur Flexibilisierung der Produktion.** Dissertation Technische Hochschule Darmstadt, 1990

[WWL-05]   Wahab, M.I.M.; Wu, D.; Lee, C.-G.: **A generic approach to measuring the machine flexibility of a manufacturing system.** Department of Mechanical and Industrial Engineering, University of Toronto, 2005.

[ZaDi-94]   Zahn, E.; Dillerup, R.: **Fabrikstrategien und –strukturen im Wandel.** In: Zülch, G. (Hrsg.): Arbeitspapier in Vereinfachen und Verkleinern - Die neuen Strategien in der Produktion, Stuttgart, 1994

[Zahn-94]   Zahn, E., **Produktion als Wettbewerbsfaktor.** In: H. Corsten (Hrsg.), Handbuch Produktionsmanagement: Strategie - Führung - Technologie - Schnittstellen, Gabler Verlag, Wiesbaden, 1994

[ZäMü-07]   Zäh, M. F.; Müller, N.: **On Planning and Evaluating Capacity Flexibilities in Uncertain Markets.** 2. International Conference on Changeable, Agile, Reconfigurable and Virtual Production (CARV 2007) Toronto/Canada, 2007

[Zäpf-07]   Zäpfel, G.: **Taktisches Produktionsmanagement.** 2. Auflage, Oldenbourg Wissenschaftsverlagsverlag, München, 2007

[ZBM-06]   Zäh, M. F.; von Bredow, M.; Möller, N.: **Methoden zur Bewertung von Flexibilität in der Produktion.** In: Industrie Management 22 (2006) 4, GITO-Verlag, Berlin, 2006

[ZWL-99]   Zölch, M.; Weber, W.; Leder, E.: **Praxis und Gestaltung kooperativer Arbeit.** vdf Hochschulverlag AG, Zürich, 1999

Anhang A   Verständniswissen

Als sog. „Backup" für benötigtes Hintergrundwissen des Lesers dient dieses Kapitel dazu, wichtige Grundlagen zur betriebswirtschaftlichen Kostenrechnung, zum Wesen des Simplex-Algorithmus sowie zum Paradigma der Objektorientierung zu klären. Sie bilden eine notwendige Voraussetzung um das Vorgehen bei der Entwicklung der Bewertungsmethodik in Kapitel 4 richtig erfassen zu können.

A.1   Verfahren der Kostenrechnung

Die Kostenrechnung, auf die innerhalb der Definition des kostenrechnerischen Bezugsrahmens in Kapitel 4.3 zurückgegriffen wird, ermöglicht als Teil des internen Rechnungswesens die Erfassung und Zurechnung der innerhalb des betrieblichen Wertschöpfungsprozesses entstandenen Kosten und Erlöse [Eber-04] [Götz-04]. Ihre wesentlichen Charakteristika und Unterscheidungsstufen sollen nachstehend näher beleuchtet werden.

A.1.1   Gliederungskriterien von Kostenrechnungssystemen

Grundsätzlich lassen sich Kostenrechnungssysteme nach zwei Kriterien einteilen, zum einen nach dem Zeitbezug und zum anderen nach dem Umfang der eingerechneten Kosten (vgl. Tabelle A 1) [Eber-04] [Götz-04].

Gemäß dem Zeitbezug erfolgt eine Unterscheidung in *Ist-, Normal- und Plankostenrechnung*. Erstere erfasst den betriebsbedingten Werteverzehr einer Abrechnungsperiode auf Basis der tatsächlich angefallenen Kosten, den sog. Istkosten. Da dies nachträglich geschieht, also nach der Leistungserstellung ist diese Rechnung vergangenheitsorientiert. Auch die Normalkostenrechnung gilt als ein solches Verfahren, jedoch erfolgt hierbei die Berechnung mittels durchschnittlicher Istkosten mehrerer zurückliegender Perioden, was gegenüber der Istkostenrechnung den Vorteil hat, dass Zufallsschwankungen der Werte weniger stark ins Gewicht fallen. Die Plankostenrechnung zeichnet sich gegenüber den anderen beiden Rechnungsverfahren durch ihre Zukunftsorientiertheit aus, wodurch sie sich für Planungs- und Kontrollaufgaben (Plan/Ist- Vergleiche) eignet. Ihr Vorteil besteht in der Einbeziehung der Kostenrechnung in den betrieblichen Planungsprozess und die damit gegebene Kontrolle der Wirtschaftlichkeit. Die zu kalkulierenden Kosten haben einen Norm- und

Vorgabecharakter. Daher wird auch von Standard-, Budget-, Richt- oder Vorgabekosten gesprochen [Eber-04] [Götz-04] [Olfe-05].

Das zweite Gliederungskriterium unterscheidet nach dem Zurechnungsumfang der Kostenrechnungssysteme, in Teil- und Vollkostenrechnung. Bei letzterer werden sämtliche Kosten so genau wie möglich (verursachungsgemäß) auf die entsprechenden Bezugobjekte, die sog. Kostenträger verteilt. Dagegen erfolgt beim Teilkostenrechnungsverfahren die Zurechnung zu den Kostenträgern nur für bestimmte Teile der Gesamtkosten. Berücksichtigung finden hierbei lediglich die leistungsabhängigen variablen und die relevanten, fixen Kosten, während andere irrelevante, fixe Kosten unberücksichtigt bleiben [Burd-02] [Götz-04]. Tabelle A 1 fasst noch einmal die Einteilungskriterien von Kostenrechnungssystemen zusammen.

<table>
<tr><td rowspan="2"></td><td rowspan="2"></td><td colspan="3" align="center">Zeitbezug</td></tr>
<tr><td align="center">Istkostenrechnung</td><td align="center">Normalkostenrechnung</td><td align="center">Plankostenrechnung</td></tr>
<tr><td rowspan="2">Zurechnungs-
umfang</td><td>Vollkostenrechnung</td><td align="center">Istkostenrechnung auf
Vollkostenbasis</td><td align="center">Normalkostenrechnung
auf Vollkostenbasis</td><td align="center">Plankostenrechnung auf
Vollkostenbasis</td></tr>
<tr><td>Teilkostenrechnung</td><td align="center">Istkostenrechnung auf
Teilkostenbasis</td><td align="center">Normalkostenrechnung
auf Teilkostenbasis</td><td align="center">Plankostenrechnung auf
Teilkostenbasis</td></tr>
</table>

Tabelle A 1: Einteilung der Kostenrechnungssysteme nach [Burd-02]

Im Nachfolgenden soll ein kurzer Überblick über relevante Aspekte zur Vollkosten- und Teilkostenrechnung gegeben werden.

A.1.2 Vollkostenrechnung

Der Grundgedanke der Vollkostenrechnung beruht auf einer differenzierten Betrachtung der Kosten in *Einzel- und Gemeinkosten*. Hierbei ist jede Kostenart dahingehend zu überprüfen, inwieweit sie einem Kostenträger direkt zuzurechnen ist (Einzelkosten) oder sich auf verschiedene Kostenträger verteilt (Gemeinkosten). Ersteres trifft zu, wenn zwischen Leistungserstellung und Werteverzehr ein unmittelbares Verursachungsverhältnis besteht, wie es etwa bei Fertigungsmaterialien, speziellen Verpackungs- und Werkzeugkosten oder Akkordlöhnen auftritt. Gemeinkosten fallen dagegen gleichzeitig für mehrere Leistungen in einem Unternehmen an und lassen sich demzufolge nicht direkt einer Leistung zuordnen. Beispiele hierfür wären Kosten für Gebäude, Hilfs- und Betriebsstoffe oder Gehälter für das Produktionsmanagement [Eber-04] [Götz-04] [Olfe-05].

Die Vollkostenrechnung unterscheidet zwischen der *Kostenartenrechnung*, der *Kostenstellenrechnung* und der *Kostenträgerrechnung*, deren Zusammenhang bzw. Kostendurchlauf Abbildung A 1 verdeutlicht. Auf diese drei Rechnungsstufen soll im Folgenden etwas näher eingegangen werden.

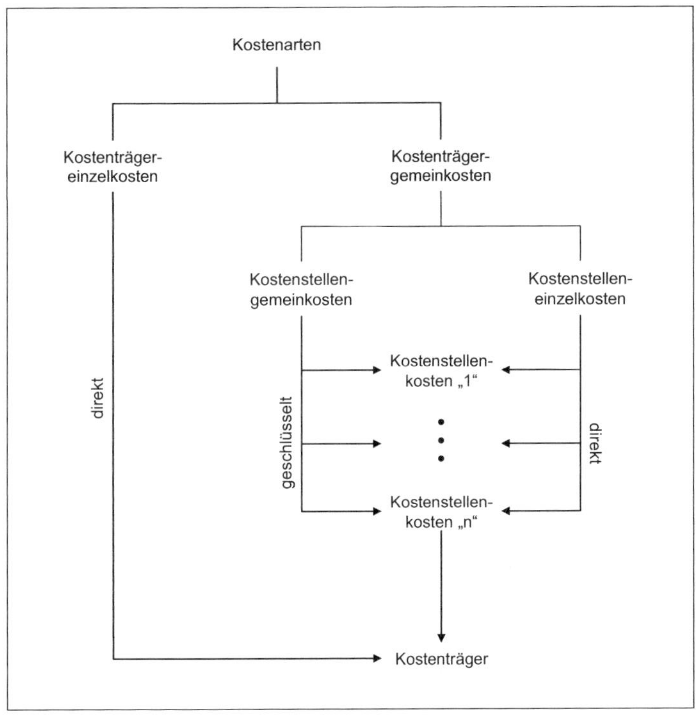

Abbildung A 1: Kostenfluss in der Vollkostenrechnung nach BURDELSKI [Burd-02]

Stufe 1: Kostenartenrechnung

Mit der Kostenartenrechnung wird die Grundlage für die gesamte Kostenrechnung geschaffen, da sie Auskunft über die Kostenstruktur und das Kostenniveau eines Unternehmens gibt [Eber-04]. Hierbei erfolgt die systematische Erfassung und Bewertung des gesamten Werteverzehrs einer Periode, der durch die betriebliche Leistungserstellung verursacht wurde. Oftmals lässt sich eine Einteilung in Personal-, Material-, Energie- und Instandhaltungskosten sowie in Steuern, Beiträgen und Versicherungen, sonstige und kalkulatorische Kosten vornehmen [Seic-01]. Die mit der Kostenartenrechnung erreichte zweckentsprechende Aufbereitung der Kosten ermöglicht die optimale Abwicklung der Kostenstellen- und Kostenträgerrechnung [Eber-04].

Stufe 2: Kostenstellenrechnung

Kostenstellen sind Orte der Kostenentstehung oder -anrechnung und gelten als betriebliche Teilbereiche, deren monetäre Abrechnung selbständig vorzunehmen ist. Sie gliedern sich nach bestimmten Kriterien, z.B. nach Tätigkeiten, Verursachungskomponenten, rechentechnischen Gesichtspunkten oder Funktionsbereichen. Diese zweite Rechnungsstufe erfolgt im Anschluss an die Kostenartenrechnung und ordnet die angefallenen Kosten den jeweiligen Verursachungsstellen zu. Sie hat zum Ziel, die aufwandsbezogenen Gemeinkosten auf die verschiedenen Kostenstellen zu verteilen, die Wirtschaftlichkeit der Leistungserstellung zu kontrollieren und die Gemeinkosten für jede Kostenstelle zu planen [Burd-02] [Götz-04] [PlRe-06]. Eine besondere Bedeutung kommt der Kostenstellenrechnung bei der Aufteilung der Gemeinkosten in Mehrproduktbetrieben zu. Dort sind die Kostenstellen nach den betrieblichen Gegebenheiten festzulegen, die sich speziell nach dem Produktionsprogramm sowie nach der Aufbau- und der Ablauforganisation zu richten haben [Coen-03].

Stufe 3: Kostenträgerrechnung

In der dritten Stufe der Kostenrechnung werden die direkt übertragbaren Einzelkosten und die indirekt durch Kostenstellenrechnung ermittelten Gemeinkosten auf die einzelnen Kostenträger verteilt. Somit lässt sich für einzelne Erzeugnisgruppen oder ein gesamtes Unternehmen eine kurzfristige Erfolgsrechnung für eine Abrechnungsperiode durchführen. Unter Kostenträger sind die in einer Abrechnungsperiode erstellten betrieblichen Leistungen, die einen Werteverzehr verursachen zu verstehen. Sie „tragen" daher die Kosten. Beispiele dafür sind Absatzleistungen (z.B. Produkte, Aufträge), Lagerleistungen (z.B. Mehrbestand an Produkten und Zwischenprodukten) oder innerbetriebliche Leistungen (z.B. selber hergestellte Anlagen). Die Kostenträgerrechnung unterscheidet zwei Bereiche, die Kostenträgerstück- und die Kostenträgerzeitrechnung. Erstere berechnet die Kosten einzelner Leistungseinheiten, wie stück-, los- oder auftragsbezogene Herstellungskosten. Demgegenüber ermittelt die Kostenträgerzeitrechnung die Kosten zur Bestimmung des Betriebsergebnisses für einen in der Regel relativ kurzen Abrechnungszeitraum [Burd-02] [Götz-04].

A.1.3   Teilkostenrechnung

Im Unterschied zur Vollkostenrechnung verzichtet die Teilkostenrechnung darauf, die fixen Kosten so genau wie möglich den einzelnen Leistungen zuzurechnen. Dies vermeidet Ungenauigkeiten und Fehlerquellen, die in der Kostenaufschlüsslung und -zurechnung liegen. Stattdessen orientiert sich dieses Rechnungsverfahren am Verursachungsprinzip. Folglich sind die direkt einem Bezugsobjekt zurechenbaren Kosten (Einzelkosten) zu erfassen, während die fixen Kosten als Block stehen bleiben [VDI-95] [Burd-02] [Götz-04].

Grundsätzlich gliedert sich die Teilkostenrechnung in zwei Grundformen, in Systeme auf Einzelkostenbasis und Systeme auf Basis variabler Kosten. Letztere unterteilen sich weiter, wobei sie entweder von einer globalen oder einer differenzierten Fixkostenbehandlung ausgehen. Die Gemeinsamkeit, die jedes dieser drei Systeme dabei aufweist, ist die Berechnung sogenannter Deckungsbeiträge[21] [Kich-98] [Burd-02] [Kale-04]. Abbildung A 2 zeigt die hierarchische Einteilung der Teilkostenrechnungssysteme, die im Weiteren kurz vorgestellt werden sollen.

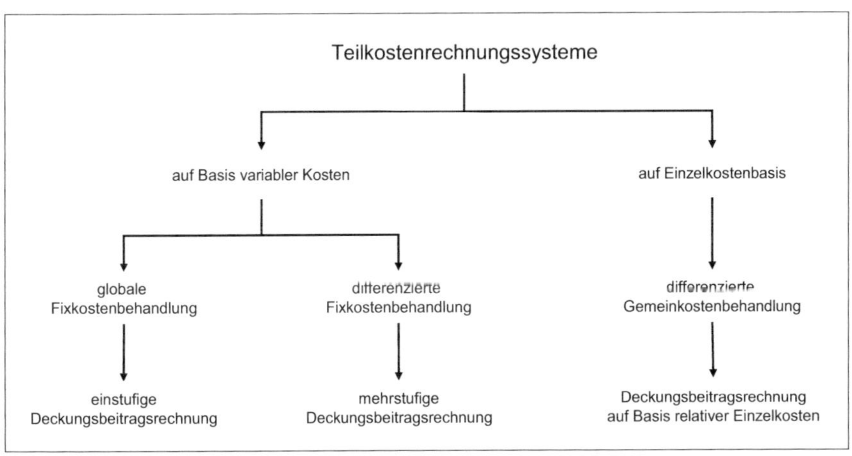

Abbildung A 2: Gliederung der Teilkostenrechnungssysteme

---

[21] Als Deckungsbeitrag ist der Teil der Verkaufserlöse anzusehen, der nach Abzug der variablen Kosten zur Erstellung eines Produktes verbleibt und somit zur Deckung der Fixkosten verwendet werden kann. Der Deckungsbeitrag gibt demzufolge Aufschluss darüber, welchen Beitrag bspw. ein Produkt zur Deckung der Fixkosten bzw. zum Gesamtergebnis eines Unternehmens leistet [Kale-04] [KeBo-98].

A.1.3.1 Teilkostenrechnungssystem auf Basis variabler Kosten mit globaler Fixkostenbehandlung

Diese Art der Kostenrechnung, auch *Direkt Costing* genannt, ist ein einstufiges Deckungsbeitragsrechnungsverfahren, bei dem sich die Gesamtkosten in einen fixen und einen variablen Kostenteil aufschlüsseln. Hierbei sind in der Regel die Einzelkosten der jeweiligen Kostenträger und deren direkt zurechenbare Gemeinkosten als variabel anzusehen, wohingegen die Fixkosten den restlichen Gemeinkostenteil ausmachen. Bei der Berechnung des Betriebsergebnisses eines Unternehmens erfolgt zuerst die Zuordnung der variablen Kosten zu den Kostenträgern. Durch Subtraktion der variablen Kosten vom produktspezifischen Umsatz ergibt sich der Deckungsbeitrag (DB). Danach werden die verbleibenden, fixen Kosten als Block dem gesamten Unternehmen zugerechnet (vgl. Tabelle A 2) [Burd-02] [Kale-04] [Götz-04].

	Produkt A	Produkt B	Produkt C
Umsatz	900	600	1500
variable Kosten	-500	-300	-800
= Deckungsbeitrag	**400**	**300**	**700**
Summe Deckungsbeitrag	1400		
Fixkostenblock	-1000		
= Betriebsergebnis	**400**		

Tabelle A 2: Rechenbeispiel zur Teilkostenrechnung mit globaler Fixkostenbehandlung

Eine wichtige Aufgabe hat diese Art der Teilkostenrechnung im Rahmen der betrieblichen Entscheidungsfindung bei der Sortiments- und Produktplanung im Mehrproduktbetrieb. Dabei erfolgt die Wahl für die Aufnahme einer Produktgruppe in ein Fertigungsspektrum nicht auf Basis eines positiven Betriebsergebnisses, sondern in Abhängigkeit vom Deckungsbeitrag. Nur ein positiver Deckungsbeitrag kann zur Reduzierung des Fixkostenteils beitragen, selbst wenn das Betriebsergebnis negativ ist. Die Nichtberücksichtigung eines solchen Produktes hätte zur Folge, dass die bestehenden Fixkosten nicht gemindert werden und das Betriebsergebnis geringer als nötig ausfallen würde [Scha-93] [Burd-02].

A.1.3.2 Teilkostenrechnungssystem auf Basis variabler Kosten mit differenzierter Fixkostenbehandlung

Dieses Teilrechnungssystem geht, wie auch das der globalen Fixkostenbehandlung, von einer grundsätzlichen Trennung in variable und fixe Kosten aus. Allerdings sind die Fixkosten hierbei nach einer Mittel-Zweck-Beziehung auf verschiedene Bezugsobjekte stufenweise zu verteilen, die sich prinzipiell in Erzeugnisarten, Erzeugnisgruppen, Kostenstellen, Bereiche und Unternehmen unterscheiden lassen. Von jedem dieser Bezugsobjekte werden die entstandenen Fixkosten abgezogen und dadurch mehrere Stufen von Deckungsbeiträgen ermittelt. Die dadurch entstehende Hierarchie der Zurechnung wird dabei nach der fixkostenintensivsten Anlage ausgerichtet, so dass immer nur ein kleiner Fixkostenteil auf der nächst höheren Stufe zu verrechnen ist [FHPP-99] [Seic-01] [Burd-02]. Tabelle A 3 stellt eine Beispielrechnung zur Ermittlung des Betriebsergebnisses auf Basis der differenzierten Fixkostenbehandlung dar.

	Produkt 1	Produkt 2	Produkt 3	Produkt 4	Produkt 5	Produkt 6
Umsatz	900	600	1500	1000	2200	3600
variable Kosten	-500	-300	-800	-800	-1400	-2300
= DB 1	400	300	700	200	800	1300
Produktartenfixkosten	-50	-100	200	-50	-150	
= DB 2	350	200	500	150	650	1300
Produktgruppenfixkosten		-150	-100		-100	-300
= DB 3		400	400		700	1000
Kostenstellenfixkosten			-350		-250	-150
= DB 4			450		350	850
Bereichsfixkosten				-300		-350
= DB 5				500		500
Unternehmensfixkosten				-600		
= Betriebsergebnis				**400**		

Tabelle A 3: Rechenbeispiel zur Teilkostenrechnung mit differenzierter Fixkostenbehandlung

Das System dieser stufenweisen Fixkostendeckungsrechnung ist eine Vollkostenrechnung ohne künstliche Fixkostenproportionalisierung[22]. Ihr Vorteil liegt darin, dass sich die Fixkosten auf jeder Hierarchieebene ohne Schlüsselung zurechnen lassen. Darüber hinaus können neben den ermittelten Deckungsbeiträgen zusätzlich wichtige Informationen über das

---

[22] Fixkostenproportionalisierung bezeichnet die Aufteilung der Fixkosten auf die Produktionsmenge, um hierdurch die gesamten Stückkosten pro Produkteinheit zu ermitteln [MHE-03].

tatsächliche Periodenergebnis der einzelnen Bezugsobjekte enthalten sein [FHPP-99] [Seic-01] [Burd-02].

A.1.3.3 Teilkostenrechnungssystem auf Basis relativer Einzelkosten

Das von RIEBEL entwickelte Verfahren der Relativen Einzelkostenrechnung ist eine kombinierte Kostenarten-, Kostenstellen- und Kostenträgerrechnung und nimmt sich der problematischen Aufschlüsselung der Gemeinkosten von Kostenträgern und Kostenstellen an. Es berücksichtigt alle in einer Periode angefallenen Kostenarten und ähnelt in diesem Sinne einer Vollkostenrechnung, wobei es mit dieser nicht gleichgesetzt werden darf, da RIEBEL die Begriffe „Einzel- und Gemeinkosten" nicht auf die Kostenträger bezieht, sondern Zurechnungs-/Bezugsobjekte unterscheidet. Ähnlich wie bei der Teilkostenrechnung auf Basis variabler Kosten mit differenzierter Fixkostenbehandlung, nimmt er eine sukzessive Zuordnung der entstandenen Kosten auf einzelnen Stufen vor, was zu unterschiedlichen Deckungsbeiträgen führt. Jedoch sind die Inhalte der verschiedenen Abzugsposten in diesem Verfahren nicht mit denen der differenzierten Fixkostenbehandlung zu vergleichen. So wird bspw. als Erstes der durch die veräußerten Produkte erzielte Umsatzerlös um die absatzbedingten Leistungen gekürzt, woraus sich die so genannten reduzierten Nettoerlöse ergeben. Von diesen sind in der nächsten Stufe die erzeugungsabhängigen Leistungskosten herauszurechnen, um die einzelnen Produktdeckungsbeiträge zu erhalten. Identisch zur Teilkostenrechnung mit differenzierter Fixkostenbehandlung werden diese Deckungsbeiträge in einem nächsten Schritt zu Produktgruppen zusammengefasst, um die der erzeugnisgruppenabhängigen Leistungskosten abzuziehen. Somit lassen sich die jeweiligen Produktgruppendeckungsbeiträge ausweisen, deren Summe das Bruttobetriebsergebnis repräsentiert. Im Weiteren sind von diesem die Periodeneinzelkosten der Fertigungsbereiche und Fertigungshilfsstellen zu subtrahieren. Die Differenz spiegelt den Deckungsbeitrag sämtlicher Erzeugnisse über die Periodeneinzelkosten der Produktion wider, der reduziert um die Periodeneinzelkosten aus Verwaltung und Betrieb den liquiditätswirksamen Periodenbeitrag ergibt. Das Herausrechnen ausgabenferner und nicht ausgabenwirksamer Kosten führt letztendlich zum Nettobetriebsergebnis [Rieb-94].

Tabelle A 4 soll den beschriebenen Aufbau dieser Erfolgsrechnung zur Relativen Einzel-kostenrechnung in Form eines Beispiels veranschaulichen.

	Produktgruppe 1		Produktgruppe 2		Summe
	Produkt 1	Produkt 2	Produkt 3	Produkt 4	
Umsatzerlöse	100.000	80.000	60.000	50.000	290.000
absatzabhängige Leistungskosten	-3.000	-2.400	-1.800	-1.500	-8.700
reduzierter Nettoerlös	97.000	77.600	58.200	48.500	281.300
erzeugnisbedingte Leistungskosten	-28.500	-15.900	-4.600	-3.900	-52.900
Produktdeckungsbeitrag	68.500	61.700	53.600	44.600	228.400
erzeugnisgruppenabhängige Leistungskosten	-22.500		-9.300		-31.800
Produktgruppendeckungsbeitrag	107.700		88.900		196.600
Bruttobetriebsergebnis	196.600				196.600
Periodeneinzelkosten des Fertigungsbereichs	-28.200				-28.200
Periodeneinzelkosten der Fertigungshilfsstellen	-6.200				-6.200
Deckungsbeitrag sämtlicher Erzeugnisse über die Periodeneinzelkosten der Produktion	162.200				162.200
Periodeneinzelkosten von Verwaltung und Betrieb	-19.600				-19.600
liquiditätswirksamer Periodenbeitrag	142.600				142.600
ausgabenferne und nicht ausgabenwirksame Kosten	-45.000				-45.000
Nettobetriebsergebnis	**97.600**				97.600

Tabelle A 4: Aufbau der Erfolgsrechnung bei der Relativen Einzelkostenrechnung nach RIEBEL [Rieb-94]

A.2   Der Simplex-Algorithmus

Wie aus dem Kapitel 4.2 hervorgeht, stützen sich die Kennzahlenberechnungen von Mengen-, Mix- und Erweiterungsflexibilität im Wesentlichen auf das Ermitteln restriktionskonformer, optimaler Produktionsprogramme. Zu ihrer Bestimmung wird die Formulierung entsprechender, als linear anzunehmender Optimierungsprobleme vorausgesetzt, deren Lösung mit Hilfe des Simplex-Algorithmus erfolgt. Die Beschreibung des Simplex-Verfahrens ist Inhalt nachstehender Ausführungen.

Mit dem Simplex-Algorithmus lässt sich für das Standardproblem L der linearen Optimierung eine endliche Folge von Ecken des zulässigen Bereichs M von L ermitteln. Diese Ecken sind sog. zulässige Basislösungen von L, wobei sich der Wert der Zielfunktion beim Übergang von einer Ecke zu einer anderen stets verkleinert. Sofern L eine Lösung besitzt, gilt die letzte Ecke in dieser Folge als optimal (vgl. Abbildung A 4, S. 214). Um das Simplex-Verfahren anwenden zu können, muss zuerst das Standardproblem L der linearen Optimierung in eine berechenbare Form gebracht werden [NeMo-04] [WaSt-04] [DoDr-07]. Hierbei lässt sich das daraus resultierende Optimierungsproblem gemäß Abbildung A 3 beschreiben.

Zielfunktion	$Z \to \min$ $c \cdot x + \delta = Z \to \min$
Nebenbedingungen	▪ $A \cdot x - b = -u$ ▪ $x \geq 0,\; u \geq 0$

Abbildung A 3: Aufbau des Optimierungsproblems

Aus dem gegebenen Standardproblem der Optimierung ist es danach möglich das Simplex-Tableau aufzustellen (vgl. Tabelle A 5). Oberhalb von diesem Tableau stehen die Nicht-Basisvariablen, die im Basispunkt den Wert 0 haben. Dagegen stellen die mit einem Minuszeichen/negativ eingetragenen Variablen die Basisvariablen dar.

NBV	x_1	x_2	$\cdots$	x_n	BV	
	a_{11}	a_{12}	$\cdots$	a_{1n}	$-b_1$	$-u_1$
	a_{21}	a_{22}	$\cdots$	a_{2n}	$-b_2$	$-u_2$
	$\vdots$	$\vdots$	$\cdots$	$\vdots$	$\vdots$	$\vdots$
	a_{m1}	a_{m2}	$\cdots$	a_{mn}	$-b_m$	$-u_m$
	c_1	c_2	$\cdots$	c_n	δ	Z

Tabelle A 5: Abstrahiertes Simplex-Tableau

Nach erfolgreichem Aufstellen des Simplex-Tableaus lässt sich der Simplex-Algorithmus schrittweise auf das Optimierungsproblem wie folgt anwenden [NeMo-04] [WaSt-04] [DoDr-07]:

1. Minimierung der Zielfunktion; sofern ein Maximierungsproblem besteht, ist die ganze Gleichung mit -1 zu multiplizieren.

2. Eintragen der Werte in das Simplex-Tableau

3. Finden der Pivot-Spalte; die Spalte mit der kleinsten negativen Zahl c_n bzw. bei mehreren gleichen Zahlen, die mit dem kleinsten Index n

4. Finden der Pivot-Zeile; die Teile mit dem kleinsten Quotienten

$$\frac{b_p}{a_{pk_0}} = \min\left\{\frac{b_p}{a_{pk_0}} \; ; j \in G \text{ und } a_{jk_0} > 0\right\}$$

5. Durchführen der Austauschschritte; sie werden solange wiederholt bis alle $c_n \geq 0$ sind:

(i)   Pivot-Element: $a \to \dfrac{1}{a}$

(ii) Pivot-Zeile (ohne Pivot-Element): $b \to \dfrac{b}{a}$

(iii) Pivot-Spalte (ohne Pivot-Element): $c \to -\dfrac{c}{a}$

(iv) übrige Elemente: $d \to d - \dfrac{b \cdot c}{a}$

(v)   wenn alle $c_n \geq 0$, ist die optimale Lösung gefunden, wenn nicht, gehe zu Schritt 3 zurück

wobei:

$b \Leftrightarrow$ Zeilenelement der Pivot-Zeile mit gleichem Spaltenindex wie d

$c \Leftrightarrow$ Spaltenelement der Pivot-Spalte mit gleichem Zeilenindex wie d

Nachstehende Abbildung A 4 soll das sukzessive Vorgehen des Simplex-Algorithmus noch einmal grafisch veranschaulichen.

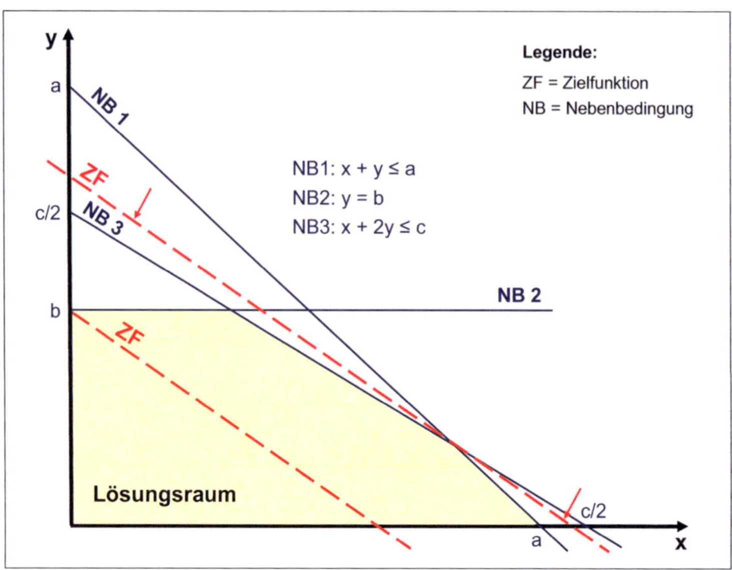

Abbildung A 4: Grafische Darstellung eines Beispielproblems mit drei Nebenbedingungen

A.3   Objektorientierung

Im Rahmen der Konzeption des Produktionssystemmodells, als notwendiger Bestandteil der entwickelten Bewertungsmethodik (vgl. Kapitel 4.4), kommt dem Prinzip der Objektorientierung eine entscheidende Bedeutung zu. Durch sie wird eine modell- und datentechnische Verbindung zwischen dem betrieblichen Analyseobjekt und den Flexibilitätsbewertungsmethoden realisiert, was den Vorteil einer relativ großen, branchenunabhängigen Freizügigkeit beim Aufbau und Parametrisieren des Produktionssystemmodells mit sich bringt. Folglich reduziert sich der Aufwand bei Anpassungen innerhalb der Methodik, unabhängig davon ob diese direkt die Flexibilitätsmetriken betreffen oder das Produktionssystemmodell selbst. Auf das Paradigma der Objektorientierung wird im weiteren Verlauf etwas näher eingegangen.

A.3.1   Der objektorientierte Ansatz

Als Objektorientierung ist ein Modellierungsansatz zu verstehen, mit dem sich in der Informatik realweltliche Phänomene beschreiben lassen. Der besondere Vorteil hierin liegt in der Trennung zwischen statischen und dynamischen Aspekten eines zu erschließenden Anwendungsbereichs. Jedem Objekt in diesem Bereich werden bestimmte Eigenschaften zugeordnet, wobei ein Objekt als ein abstraktes Modell eines Akteurs zu betrachten ist, das Aufträge erledigen, seinen Zustand berichten, ändern und mit den anderen Objekten kommunizieren kann [Stau-05]. Entsprechend ihrer grundlegenden Eigenschaften sind Objekte verschiedenen Klassen zuzuordnen, wie nachstehendes Verständnisbeispiel deutlich macht:

Verständnisbeispiel:

Unter dem Begriff „Automobil" lassen sich unterschiedliche Arten von mehrspurigen Kraftfahrzeugen zusammenfassen, für die eine Klassifizierung in *Personenkraftwagen* (PKW), *Kraftomnibusse* (KOM), *Lastkraftwagen* (LKW) und *Zugmaschinen* besteht (vgl. dazu auch [KBA-09]). Sie vereinen in sich gemeinsame Eigenschaften, wie der motorisierte Antrieb, eine mindestens zweispurige Fortbewegung und die Beförderung von Personen und Frachtgütern. Allerdings unterscheiden sich PKW von KOM in ihrer Bauart und Ausstattung, die bspw. nach der deutschen gesetzlichen Definition in § 4 Abs. 4 PBefG-Kraftfahrzeuge, „[...] zur Beförderung von nicht mehr als neun Personen (inkl. Fahrzeugführer) geeignet und bestimmt sind." [BMJ-09]. Dagegen sieht ein KOM die Personenbeförderung von mehr als 9 Personen vor. Ein LKW ist indessen seinen Bauart- und Ausstattungseigenschaften nach zur Beförderung von Gütern bestimmt, während Zugmaschinen sich durch die Besonderheit auszeichnen, andere antriebslose Fahrzeuge (Anhänger, Wagen), die dem Transport von Gütern oder Personen dienen, wofür sie selbst nicht ausgelegt sind zu ziehen [KBA-09] [BMJ-09].

Neben dieser Einteilung des „Automobils" in vier grundlegende Klassen bestehen weitere Gliederungsmöglichkeiten in verschiedene Unterklassen. So wäre für die Klasse LKW eine Gruppierung in Kleinlaster bis 3,5 Tonnen (t), leichte Lkw bis 7,5 t, mittelschwere Lkw bis 12 t und schwere Lkw über 12 t möglich. Beispiele für leichte LKWs könnten der „Mercedes-Benz 818L Atego", der „MAN TGL 8.210" oder der „Renault Midlum 180 DCi" sein. Durch eine Abstraktion sind jedoch alle diese LKW als „Automobil" zu bezeichnen (vgl. Abbildung A 5), deren gemeinsame, allgemeine Beschreibung in der Objektorientierung „Klasse" genannt wird.

Ähnlich dem vorangestellten Verständnisbeispiel können Phänomene aus der Natur oder durch den Menschen erschaffene Gebilde in vielschichtige, hierarchische Klassenbäume eingeordnet werden, um komplizierte Sachverhalte übersichtlich und einfach erfassbar darzustellen. Nachstehende Abbildung A 5 gibt hierzu einen Überblick.

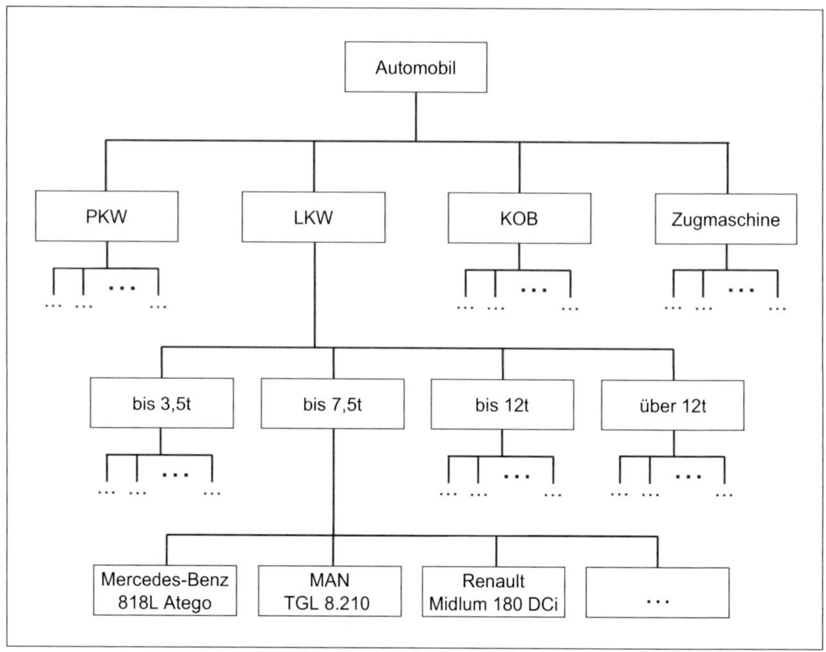

Abbildung A 5: Objektorientierung am Beispiel „Automobil"

Die Objektorientierung wurde maßgeblich in der Softwareentwicklung geprägt und resultiert aus der in den früheren Jahren der Computerentwicklung eingetretenen, rasanten Weiterentwicklung der Produktionstechniken im Hardwaresektor. Aufgrund der damit verbundenen Notwendigkeit einer schnelleren Softwareentwicklung und -anpassung an die Hardware, ergab sich die Forderung nach einer industriellen Software-(massen)produktion, aus der die Methodik zur objektorientierten Softwareentwicklung hervorging [Kees-98]. Infolge der objektbezogenen Kapselung wurde es möglich, einzelne Bausteine eines Programms (oder einer Methodik) separat und unabhängig von der Gesamtstruktur zu warten. Die erstmalige Umsetzung der Objektorientierung erfolgte mit der Programmiersprache „Simula", Mitte der 60er Jahre. Als ein in der heutigen Zeit etablierter Standard der objektorientierten Programmierung gilt die Modellierungssprache *Unified Modeling Language*, kurz UML genannt [CSS-99].

A.3.2   Relevante Prinzipien und Darstellungsweisen in der Objektorientierung

Den vorangegangenen Ausführungen gemäß, besitzt in der objektorientierten Entwicklung ein Objekt einen bestimmten Zustand und reagiert mit einem vorgegebenen Verhalten auf Nachrichten aus seiner Umgebung. Es lässt sich somit als eine abgeschlossene Einheit betrachten, die spezifische Eigenschaften kapselt und über eine definierte Schnittstelle kommuniziert [Kees-98].

Jedes Objekt gehört einer ihm übergeordneten Klasse an, die dessen Bauplan bzw. Datenstruktur beschreibt. Dies erfolgt mittels *Attribute*, als spezifische Eigenschaften einer Klasse, die bestimmte Beziehungen untereinander aufweisen können. Ferner verfügt eine Klasse über *Methoden* (Funktionen), auf die das Verhalten eines Objektes zurückgeht. Über sie können klassentypische Aufgaben beschrieben werden, die dem Objekt permanent zur Verfügung stehen und bei Bedarf aufrufbar sind [CSS-99] [Balz-00]. Die Darstellungsweise von Klassen und Objekten geschieht in der Regel als Rechteck, das sich in drei Felder aufteilt, wie aus Abbildung A 6 hervorgeht [Balz-00].

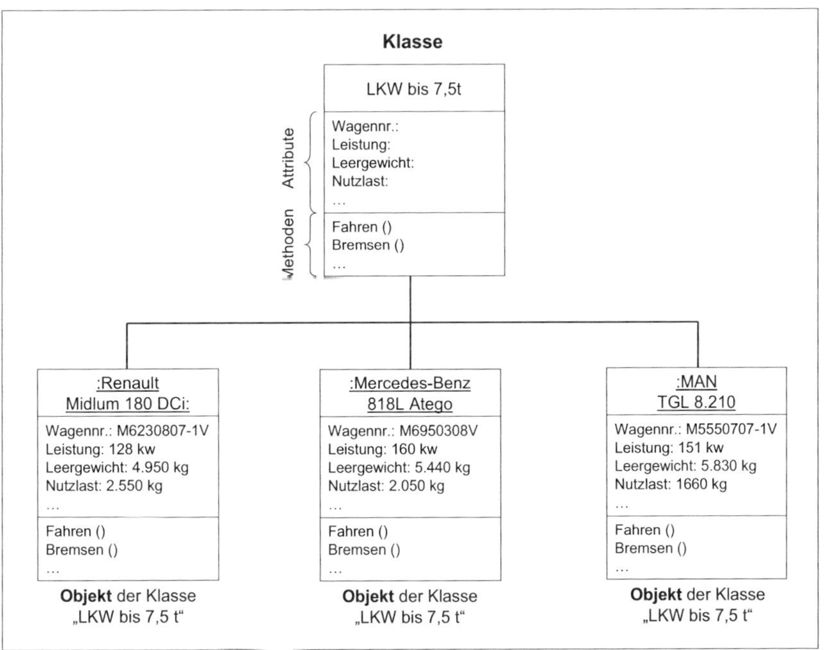

Abbildung A 6: Zusammenhang zwischen Klasse und Objekt am Beispiel „LKW bis 7,5t"

Analog zur Abbildung A 6 ist eine Klasse als eine Zusammenfassung von Objekten definiert. Das Erzeugen neuer Klassen muss allerdings nicht auf ein von Grund auf neues Festschreiben von Attributen und Methoden erfolgen, sondern ist auch mittels *Vererbung* auf Basis vorhandener Klassen möglich. Hierbei übernimmt die neue Klasse (Unterklasse) die Eigenschaften der vererbenden Klasse (Oberklasse) und erweitert diese, indem sie neben den bestehenden Attributen und Methoden der Oberklasse zusätzliche festlegt. Ein Beispiel dafür könnte ausgehend von Abbildung A 5 (S. 216) die Erweiterung der Basisklasse „Automobil", um das Attribut „Kipp-/Hublast" und die Methode „Kippen" sein, die in der Unterklasse „LKW" Berücksichtigung finden.

Sofern sich Vererbungen über mehrere Stufen einer Klassenhierarchie vollziehen, wird von einer sog. *mehrstufigen Vererbung* bzw. *Vererbungshierarchie* (vgl. Abbildung A 5, S. 216) gesprochen. Sie ist nicht mit der *Mehrfachvererbung* zu verwechseln, die es einer Klasse erlaubt, Merkmale von mehr als einer Oberklasse zu übernehmen. So wäre es für eine Klasse „Wohnmobil" denkbar, dass sie Eigenschaften des Wohnens und der Mobilität von den beiden Oberklassen „Haus" und „Automobil" übernimmt [CSS-99] [Dumk-00].

Abbildung A 7 stellt diese beiden Vererbungsprinzipien grafisch in der UML-Notation dar.

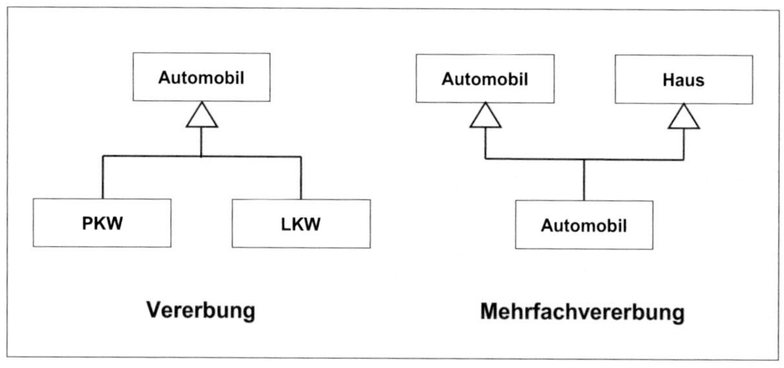

Abbildung A 7: Vererbungsprinzipien in UML

Sofern Klassen miteinander kommunizieren bzw. auf eine andere Art in Beziehung treten, wird dies durch eine *Assoziation* ausgedrückt. Die Darstellung eines solchen Sachverhalts geschieht über eine Assoziationslinie, die zunächst lediglich aussagt, dass sich Objekte der beteiligten Klassen kennen. Ihre Benennung beschreibt im Allgemeinen die Richtung dieser Verbindung, wobei eine genauere Spezifizierung über Kardinalitäts- und Rollenangaben möglich ist. Diese geben an, wie viele andere Objekte ein bestimmtes Objekt kennt und welche Bedeutung ihm zukommt (vgl. Abbildung A 8) [Oest-06] [Balz-00].

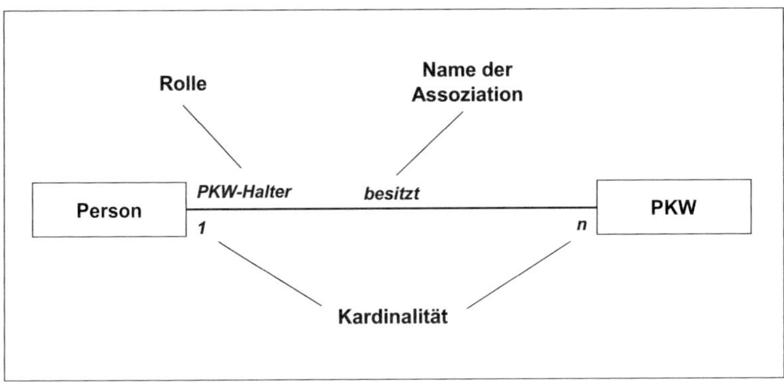

Abbildung A 8: Assoziation in UML

Als eine spezielle Form der Assoziation gilt die *Aggregation*, die eine gerichtete Assoziation zwischen zwei Klassen darstellt, deren Kennzeichnung durch eine Raute am Aggregatsende erfolgt. Sie beinhaltet eine „besteht-aus"-Semantik und gibt Auskunft darüber, wie sich etwas Ganzes aus einzelnen Teilen zusammensetzt [Oest-06]. Beispielsweise besteht ein Automobil grob betrachtet aus einem Fahrgestell, aus Rädern, einem Motor und der Karosserie. Um allerdings diese Bindung für ein Automobil zu verstärken und die Notwendigkeit der Existenz dieser Teil-Objekte hervorzuheben, wird das Aggregatsende mit einer farblich ausgefüllten Raute versehen (vgl. Abbildung A 9). Dies nennt sich dann *Komposition* [Oest-06].

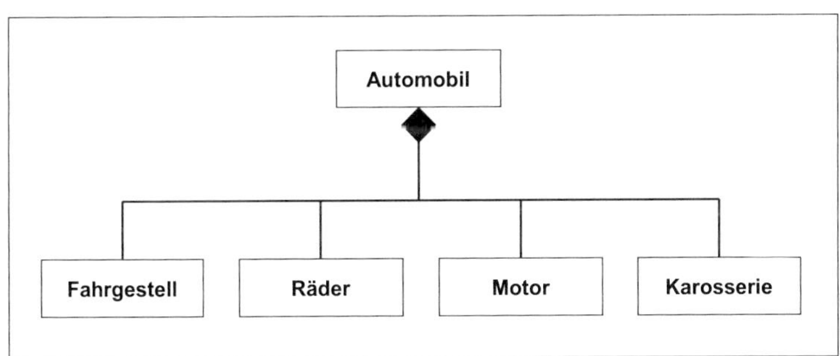

Abbildung A 9: Komposition in UML

Für eine tiefer gehende Beschreibung der hier aufgeführten, objektorientierten Techniken und UML-bezogenen Darstellungsweisen sei auf die weiterführende Literatur verwiesen, z.B. auf das Buch „Analyse und Design mit UML 2.1 - Objektorientierte Softwareentwicklung." [Oest-06] von OESTEREICH oder „UML 2 glasklar: Praxiswissen für die UML-Modellierung und -Zertifizierung" [RuEt-05] von den Autoren RUPP, HAHN, QUEINS, JECKLE und ZENGLER.

Anhang B   Ergänzung weiterer Flexibilitätsberechnungsverfahren

Im Kapitel 2.3 wurden als besonders geeignet erachtete Ansätze zur Messung der Flexibilität von Produktionssystemen nach ausgewählten Kriterien analysiert, um anhand möglicher Lösungsbeiträge Denkanstöße über eine zielsetzungskonforme Entwicklung der Bewertungsmethodik zu erhalten. An dieser Stelle erfolgt eine ergänzende Übersicht zu Bewertungsmöglichkeiten von Mengen-, Mix- und Erweiterungsflexibilität. Auf ein explizites Herausstellen ihrer Schwächen und Stärken wird allerdings verzichtet, da sie keinen zusätzlichen Beitrag zu den Erkenntnissen der bereits vorgestellten Bewertungsverfahren liefern. Sie werden lediglich kurz umrissen, wobei sie nachstehend chronologisch nach dem Erscheinungsjahr geordnet sind.

HOP schlägt eine Methode zur Messung der Fähigkeit eines Produktionssystems vor, die Fertigung von einer Produktvariante auf eine andere schnell und kostengünstig umzustellen. Hierbei bezieht er sich ausschließlich auf Maschinen, die er hinsichtlich ihrer Anzahl an Bearbeitungsaufgaben, ihrer Effizienz, ihres Leistungsvermögens und ihrer Umrüstzeit bewertet. Unter Zuhilfenahme der Wahrscheinlichkeitstheorie berechnet er letztendlich eine Kennzahl zur maschinenbezogenen Mixflexibilität [Hop-04].

BRIEL bewertet in seinem skalierbaren Modell die Wirtschaftlichkeit von Anpassungen in Produktionssystemen. Dabei beurteilt er die Vorteilhaftigkeit von Anpassungsmaßnahmen auf Basis einer Einschätzung von Aufwendungen, Erträgen und der Kapitalbindung notwendiger Investitionen. Obwohl es sich hier um ein rein monetäres Bewertungsvorgehen handelt, lassen sich Aussagen über die Erweiterungsflexibilität von Systemen treffen, die allerdings stabile Strukturannahmen im Betrachtungszeitraum voraussetzen [Brie-02].

Ein Verfahren zur Erfassung der Erweiterungsflexibilität an Produktionssystemen entwarf KARSAK, indem er die traditionelle Kapitalwertmethode so modifizierte, dass spezifische Fähigkeiten bzw. Funktionen der Erweiterungsfähigkeit eines Systems mit in die Investitionsbewertung eingehen. Ausgehend von einer in Erwägung zu ziehenden Erweiterungsinvestition beurteilt KARSAK mit seinem Vorgehen die Auswirkungen zu erwartender Investitionen, als Folge der Nichtinanspruchnahme der Erstinvestition [Kars-02].

BENGTSSON und OLHAGER bestimmen die Mixflexibilität in Produktionssystemen, indem sie die dort vorhandenen, sinnvoll nutzbaren Fertigungsoptionen bewerten, unter Berücksichtigung der Kapazität, Rüstvorgänge, dem Grad der Automatisierung und der Mehrfachverwendbarkeit von Produktionsressourcen. In diesem Zusammenhang berücksichtigen sie sowohl theoretische als auch praktische Aspekte der Flexibilität in einem System [BeOl-02].

PARKER und WIRTH entwickelten ein Framework, das dabei hilft, Einschätzungen zur Mengen- und Erweiterungsflexibilität an Produktionssystemen vorzunehmen. Basis für die Bewertung der Mengenflexibilität bildet hier ein im Vorfeld anzugebender Bereich an Ausbringungsmengen, in dem das betrachtete System wirtschaftlich produzieren kann. Zum Bestimmen der Erweiterungsflexibilität werden dagegen die Kosten einer großen Systemerweiterung mit den Kosten mehrerer kleinerer Erweiterungen verglichen, die beim Ausbleiben der großen Erweiterung zu erwarten sind [PaWi-99].

DAS erlaubt mit seinem Verfahren die Messung von Maschinen-, Arbeitsplan-, Produkt- und Mengenflexibilität. Hierfür verwendet er eine spezielle Bewertungsskala, die sich in die Kriterien Bedarf, Leistungsfähigkeit, Effektivität, Inflexibilität und Optimalität von Systemen einteilt. Davon ausgehend identifiziert DAS spezielle Merkmale an Produktionssystemen, die innerhalb der Skala entsprechend eingeordnet und im Anschluss daran hinsichtlich der vier zu bestimmenden Flexibilitätsarten ausgewertet werden [Das-96].

Das von UPTON vorgeschlagene Verfahren gibt Auskunft über die Fähigkeit eines Produktionssystems, die Fertigung von einer Produktvariante auf eine andere umzustellen. Diese als „mobility" bezeichnete Form der Variantenflexibilität lässt sich sowohl für Maschinen als auch für Linien ermitteln, wobei die Reaktionszeiten bei der Umrüstung zu beachten sind. Je weniger Zeit für das Rüsten benötigt wird, desto höher ist die daraus hervorgehende Kennzahl [UPTO-95].

Eingestuft nach ihrer zeitlichen Wirkungsweise in kurz- und langfristige Flexibilität ermittelt OST über spezifische Bewertungskriterien fünf Flexibilitätsarten: Einsatz-, Störungs-, Integrations-, Umbau- und Mengenflexibilität. Unter Verwendung der Fuzzy Logic berechnet er hierfür eindeutige Maßzahlen zu jeder einzelnen Flexibilitätsart, indem er unscharfe Interpretationen und Randbedingungen in einen quantitativen Zusammenhang bringt. Zusätzlich erlaubt OST das Einbringen spezifischer Nutzenaspekte der Flexibilität in Form von Kosteneinsparungen bzw. Opportunitätskosten über statistische und dynamische Investitionskostenverfahren [Ost-95].

FEKECS lässt mit seinem quantitativen Bewertungsvorgehen Aussagen über die Mixflexibilität auf der Arbeitsplatzebene von Produktionssystemen zu. Dafür legt er drei entscheidende Bewertungsfaktoren zugrunde. Sie betreffen die potentielle Einsatzvielfalt zum Ausführen verschiedener Bearbeitungsaufgaben an einer Maschine, deren Geschwindigkeit Rüstvorgänge auszuüben (unter Einbeziehung einer Umstellzeitmatrix) sowie die mit den Rüsttätigkeiten korrespondierenden Kosten [Feke-89].

ADAM, BACKHAUS, MEFFERT und WAGNER messen die Mengenflexibilität eines Produktionssystems unter bestimmten Zuständen/Szenarien. Dabei bestimmen sie in Assoziation zum betrachteten System einen bestmöglichen Ertrag an Ausbringungsmengen, der nur durch eine volle Systemflexibilität zu erreichen ist. Zusätzlich ermitteln sie nicht optimale Ergebnisse für Bezugsszenarien, die aus unveränderlichen Ausbringungsmengen resultieren und mit dem optimalen Ertrag in Relation gesetzt werden [ABMW-89].

Das Verfahren von SON und PARK ermöglicht ein Auswerten der vier verschiedenen Flexibilitätsarten Produkt-, Prozess-, Erweiterungs- und Mengenflexibilität, für die sie, auf Grundlage kostenbezogener Kriterien, Kennzahlen bestimmen. Durch die reziproke Summenbildung der reziproken Einzelkennzahlen können SON und PARK ferner eine Einheitskennzahl für die Gesamtflexibilität eines Systems angeben, die sich sowohl auf Arbeitsplätze als auch auf Linien beziehen kann [SoPa-87].

SCHÄFER nutzt bei seinem Bewertungsvorgehen das Verhältnis von maximal erreichbarer und je nach Auslegungsfall zugrunde gelegter Kapazität. Das hierdurch bestimmte Flexibilitätsmaß gibt Auskunft über die Mengenflexibilität eines Produktionssystems. Dadurch bietet er die Möglichkeit zu beurteilen, inwieweit sich die Kapazität einer Produktion im Verhältnis zur Normalauslegung erhöht bzw. vermindert. Die für die Bewertung notwendige, maximal verfügbare Kapazität berechnet SCHÄFER aus dem minimalen Kapazitätsquerschnitt, der im Betrachtungsbereich vorhandenen Ressourcen [Schä-80].

Unter Annahme genauer Kenntnisse über zukünftige Entwicklungsbedarfe bestimmt HANSSMANN die Flexibilität eines Produktionssystems, indem er das System ins Verhältnis zum Fall idealer Anpassung setzt. Unter Einbeziehung der Gesamtkosten zur Realisierung des sich hieraus ergebenden Anpassungsbedarfs im betrachteten System, ermittelt er für dieses eine Messgröße F_j, die Rückschlüsse auf die systemspezifische *Erweiterungsflexibilität* erlaubt [Hans-78].

Anhang C   Darstellung weiterführender Aspekte und Berechnungen innerhalb der Bewertungsmethodik

Aufgrund der Komplexität, der in Kapitel 4.3 erfolgten Definition des kostenrechnerischen Bezugsrahmens und des damit einhergehenden Informationsbedarfs, sollen im Folgenden tiefer gehendes Wissen über die dort berücksichtigten Kostenarten und die damit in Verbindung stehenden Rechnungszusammenhänge vermittelt werden. Darüber hinaus erfolgt zusätzlich eine Betrachtung zur Erfassung arbeitsplatzbezogener Energiekosten sowie eine Unterscheidung zwischen Prozess- und Durchlaufzeit.

C.1   Detaillierte Beschreibung der im kostenrechnerischen Bezugsrahmen definierten Kostenarten

Gemäß der in Kapitel 4.3.3 für relevant erachteten Kostenarten, die innerhalb des kostenrechnerischen Bezugsrahmens Berücksichtigung finden, wird nachstehend eine nähere Beschreibung ihrer Bedeutungsinhalte gegeben:

C.1.1   Arbeitsplatzebene

1)   Erzeugnisbezogene Materialkosten der Arbeitsplatzebene

Einen wesentlichen Aspekt bei der Herstellung eines Produktes/Erzeugnisses bilden dessen Materialkosten. Dem Begriffsverständnis für Material entsprechend, werden hierunter Rohstoffe, Werkstoffe, Hilfsstoffe, Betriebsstoffe und Bauteile/Baugruppen zusammengefasst (vgl. Kapitel 2.1.2.3). Aus diesem Grund beinhalten die auf ein Erzeugnis bezogenen Materialkosten die Einzelkosten der hierfür benötigten Materialtypen. Einer gesonderten Betrachtung unterliegen jedoch die Betriebsstoffe, da sie im Gegensatz zu den anderen Materialtypen nicht als Bestandteil in ein Erzeugnis eingehen und sich, mit Ausnahme der leistungsbezogenen Energiekosten (Energieträger, wie Kraftstoffe oder elektrischer Strom), nur schwer diesen zurechnen lassen. Deshalb werden sie bis auf die direkt zurechenbaren Energiekosten[23] gesondert behandelt und an anderer Stelle verbucht.

Da die Herstellung eines Erzeugnisses oftmals auch an verschiedenen Arbeitsplätzen möglich ist, können aufgrund fertigungsspezifischer Gegebenheiten unterschiedlich hohe

---

[23] Das Vorgehen zur Berechnung der erzeugnisbezogenen Energiekosten ist im Anhang C.2 näher beschrieben.

Materialkosten für ein und dasselbe Erzeugnis anfallen. Deshalb muss eine gesonderte Kostenerfassung in Abhängigkeit vom Erzeugnis und dem jeweiligen Arbeitsplatz sichergestellt sein. Formel C 1 zeigt die Berechnung der Materialkosten für eine sog. Erzeugnis-Arbeitsplatz-Kombination.

$$K_{Mat}(EZG, AP) = K_{Rohst} + K_{Werkst} + K_{Halbz} + K_{Hilfsst} + K_{Bauteil} + K_{Energie} \, ,$$

wobei:

$K_{Mat}(EZG, AP)$: erzeugnisbezogene Materialkosten je Arbeitsplatz;

K_{Rohst} : Rohstoffkosten je Erzeugnis und Arbeitsplatz;

K_{Werkst} : Werkstoffkosten je Erzeugnis und Arbeitsplatz;

K_{Halbz} : Halbzeugkosten je Erzeugnis und Arbeitsplatz;

$K_{Hilfsst}$: Hilfsstoffkosten je Erzeugnis und Arbeitsplatz;

$K_{Bauteil}$: Bauteil-/Baugruppenkosten je Erzeugnis und Arbeitsplatz;

$K_{Energie}$: direkt zurechenbare Energiekosten je Erzeugnis und Arbeitsplatz

Formel C 1:Berechnung der erzeugnisbezogenen Materialkosten je Arbeitsplatz

2) Erzeugnisbezogene Personalkosten der Arbeitsplatzebene

Auf diese Kostenart beziehen sich die Arbeitsentgelte der Mitarbeiter, die über ihre Arbeitsplätze direkt in die physikalische Produkterstellung eingebunden sind, wie z.B. Bedien- und Rüstpersonal. In der Regel erfolgt die Vergütung dieser Personen in Form von Löhnen anstelle von Gehältern (vgl. Kapitel 2.1.2.2). Somit können die erzeugnisbezogenen Personalkosten je nach Tageszeit und Arbeitsdauer variieren. Um diese Kosten arbeitsplatzspezifisch zu erfassen, ist gemäß der Formel C 2 zu verfahren. Demnach sind für einen Mitarbeiter einer betrachteten Erzeugnis-Arbeitsplatz-Kombination, dessen Lohnkosten je Zeiteinheit mit der erzeugnisbezogenen Durchlaufzeit (vgl. Anhang C.3) am Arbeitsplatz zu multiplizieren. Außerdem wird zusätzlich ein Arbeitszeitzuschlagsfaktor (vgl. Formel C 3) zur Berücksichtigung arbeitszeitbedingter Lohnabweichungen, z.B. infolge von Schichtarbeit sowie ein zeitbezogener Beschäftigungsfaktor eingerechnet.

$$K_{Personal}(EZG, AP) = \sum_{MA}\left(k_{Lohn/t}(MA, AP) \times t_{DLZ}(EZG, AP) \times AZZ \times B \right)$$

<u>wobei:</u>

$K_{Personal}(EZG, AP)$: erzeugnisbezogene Personalkosten je Arbeitsplatz;

$k_{Lohn/t}(MA, AP)$: Lohnkosten je Zeiteinheit des Mitarbeiters am Arbeitplatz;

t_{DLZ}: Durchlaufzeit des Erzeugnisses am betreffenden Arbeitsplatz;

AZZ: Arbeitszeitzuschlagsfaktor je Mitarbeiter und Arbeitsplatz;

B: zeitbezogener Beschäftigungsfaktor des Mitarbeiters am Arbeitsplatz in Abhängigkeit vom Erzeugnis

Formel C 2: Berechnung der erzeugnisbezogenen Personalkosten

Der zeitbezogene Beschäftigungsfaktor gründet sich darauf, dass speziell automatisierte Arbeitsplätze während ihrer Betriebszeit nicht zwangsläufig die gleiche Personalintensität aufweisen müssen. Wäre z.B. ein Mitarbeiter nur zu 50 Prozent an der Erzeugniserstellung an einem bestimmten Arbeitsplatz beteiligt, so ist ihm hierfür ein Beschäftigungsfaktor von 50 Prozent zuzuordnen. Um letztendlich die Gesamtpersonalkosten für eine Erzeugnis-Arbeitsplatz-Kombination zu erhalten, sind die Personalkosten aller hieran beteiligter Mitarbeiter aufzusummieren (vgl. Formel C 2).

$$AZZ = \frac{t_N \times K_{N\_Lohn}(MA, AP) + t_Z \times K_{Z\_Lohn}(MA, AP)}{(t_N + t_Z) \times K_{N\_Lohn}(MA, AP)},$$

<u>wobei:</u>

$AZZ_{MA,AP}$: Arbeitszeitzuschlagsfaktor;

t_N: zuschlagsfreie Arbeitszeit;

t_Z: zuschlagspflichtige Arbeitszeit;

$K_{N\_Lohn,MA,AP}$: Lohnkosten des Mitarbeiters am Arbeitsplatz ohne Schichtzulage;

$K_{Z\_Lohn,MA,AP}$: Lohnkosten des Mitarbeiters am Arbeitsplatz mit Schichtzulage

Formel C 3: Berechnung des Arbeitszeitzuschlagsfaktors

3) *Erzeugnisunabhängige Materialkosten der Arbeitsplatzebene*

Hierunter werden die Kosten der Materialien an einem Arbeitsplatz zusammengefasst, deren Höhe sich zwar in Abhängigkeit vom Produktionsumfang ändert, ihre genaue Aufschlüsselung nach Erzeugnisart sich jedoch äußerst kompliziert gestaltet. Das betrifft vor allem Betriebsstoffe wie Kühlmittel, Schmiermittel, Putzmittel, etc. (vgl. Kapitel 2.1.2.3). Eingeschlossen sind ebenfalls Kosten für arbeitsplatzbezogene Büromaterialien wie Papier, Stifte oder Hefte, aber auch Energiekosten für die keine explizite Erzeugnis-Arbeitsplatz-Kombination besteht.

4) *Betriebsmittelkosten der Arbeitsplatzebene*

In Abhängigkeit von der Art und Verwendung eines Arbeitsplatzes ist dieser entweder als ein eigenständiges Betriebsmittel anzusehen oder er vereint mehrere Betriebsmittel in sich. Seine kostenseitige Erfassung innerhalb des Bezugsrahmens erfolgt in Form von Abschreibungen. Wie in Kapitel 2.1.2.1 bereits erörtert, lassen sich Betriebsmittel entsprechend ihrer Beteiligung an der eigentlichen Leistungserbringung in zwei grundlegende Gruppen einteilen, in Betriebsmittel für direkte und in Betriebsmittel für indirekte Produktionsbeteiligung. Beide können auf der Ebene des Arbeitsplatzes Berücksichtigung finden und fallen, unabhängig von der durch sie produzierten Erzeugnisart und –menge, gleich hoch aus.

a) Betriebsmittelkosten für direkte Produktionsbeteiligung *der Arbeitsplatzebene*

Hieraus hervorgehende Kosten beziehen sich auf die arbeitplatzspezifischen Produktionsmittel wie Maschinen, Geräte und Werkzeuge, die einen direkten Beitrag zur Produkterstellung in Form physikalischer Wertschöpfung leisten.

b) Betriebsmittelkosten für indirekte Produktionsbeteiligung *der Arbeitsplatzebene*

Diese Kosten resultieren aus Gegenständen, die im Gegensatz zu den Produktionsmitteln keine physikalischen Bearbeitungsoperationen an den Erzeugnissen vornehmen, sondern der produktionsbedingten Ausgestaltung eines Arbeitsplatzes dienen und ausschließlich diesem zugeordnet werden können. Beispiele hierfür sind Betriebsausstattungen wie Werkzeugschränke, Rollcontainer, Stühle und sonstige Betriebsmittel, zu denen auch Reinigungsgeräte gehören.

5) *Instandhaltungskosten der Betriebsmittel auf Arbeitsplatzebene*

Damit der funktionsfähige Zustand der Arbeitsplätze erhalten bleibt oder bei Ausfall wieder hergestellt werden kann, sind sog. Instandhaltungstätigkeiten erforderlich. Sie umfassen nicht nur die periodische Wartung und Inspektion, sondern auch die

Instandsetzung im Falle von Störungen bzw. Schäden. Letzteres muss sich dabei nicht allein auf die Behebung von technischen Defekten beziehen, sondern kann ebenfalls deren Aufbereitung beinhalten, u.a. das Nachschleifen von Wendeschneidplatten im Rahmen der Werkzeugaufarbeitung. Die dadurch verursachten Instandhaltungskosten eines Arbeitsplatzes sind als erzeugnisunabhängig zu betrachten und können, nicht zuletzt wegen variierender Einsatzzeiten, in den einzelnen Abrechnungsperioden unterschiedlich hoch ausfallen.

6) *Erweiterungskosten auf Arbeitsplatzebene*

Um im Hinblick auf die Berechnung der Erweiterungsflexibilität, eine möglichst genaue Erfassung kostenwirksamer Erweiterungsmaßnahmen an einzelnen Arbeitsplätzen gewährleisten zu können, bedarf es einer gesonderten Kostenart innerhalb des kostenrechnerischen Bezugsrahmens. Kostenelemente, die hierunter zu verbuchen sind, müssen in einem direkten Zusammenhang mit technischen oder aber organisatorischen Modifikationen an einem Arbeitsplatz stehen, die seine Ausbringungsmenge nachhaltig steigern. Sie fallen in der Regel im Rahmen speziell zu diesem Zweck initiierter Projekte an, in denen Maßnahmen erarbeitet und umgesetzt werden, die eine gezielte Leistungsverbesserung herbeiführen. Davon ausgeschlossen sind Kosten, die aufgrund ihres Charakters anderen Kostenarten angehören. Das betrifft z.B. die Anschaffungskosten eines zusätzlichen Maschinenmoduls zur Erhöhung der Erzeugnisvielfalt. Sie gelten als „Betriebsmittelkosten für direkte Produktionsbeteiligung", da sie einer speziellen steuerrechtlichen Abschreibung unterliegen.

Erweiterungskosten beziehen sich vielmehr auf zusätzliche Aufwendungen, die auf die Planung und Durchführung einer entsprechenden Erweiterung zurückgehen. Dazu gehören unter anderem Kosten für das Engineering (Eigen- und/oder Fremdleistungen), der Koordination und Organisation der Erweiterungsmaßnahme(n), aber auch Anlaufkosten[24]. Im Fall von organisatorischen Erweiterungen eines Arbeitsplatzes wie die Erhöhung des Personaleinsatzes sind bspw. Zusatzkosten für die Einarbeitung, Schulungen oder auch Einmalkosten für die Personalakquisition und -organisation betroffen. Weil derartige Kosten einen planerischen Hintergrund haben, die einem langfristigen Nutzen gegenüberstehen, sind sie ähnlich zu den Abschreibungen von Betriebsmitteln (vgl. Kapitel 2.1.2.1), gleichmäßig über die Dauer der vorgesehenen Wirkungszeit einer Erweiterungsmaßnahme (vgl. Abbildung 2-7, S. 2) zu verrechnen.

---

[24] Die Anlaufkosten ergeben sich aus den Mehrkosten für die Produktfertigung während der Anlaufphase bzw. Inbetriebnahme neuer oder veränderter Produktionsmittel, im Vergleich zur Produktfertigung bei „eingespielter" Produktion. Sie ergeben sich aus dem höheren Ausschuss und einer längeren Fertigungsdauer je Mengeneinheit [Adam-98].

C.1.2 Linienebene

1)   Erzeugnisunabhängige Materialkosten der Linienebene

Sämtliche der Linienebene zuzuordnende Materialen sind erzeugnisunabhängige Materialkosten. Sie werden als Kosten zur Aufrechterhaltung der linienspezifischen Einsatzbereitschaft und ihrer Funktionsausführung angesehen. Daher ist eine erzeugnis-arbeitsplatzbezogene Aufschlüsselung nicht praktikabel, auch wenn sie sich je nach produzierter Erzeugnisart und Produktionsumfang ändern. Hierzu zählen Kosten von Betriebsstoffen, bspw. für den Betrieb linienspezifischer Transportsysteme/-mittel oder zur Heizung/Kühlung und Beleuchtung der Produktionsumgebung bzw. Räumlichkeiten. Inbegriffen sind auch Büromaterialien wie Papier, Stifte, Hefte und sonstige Materialien, die in irgendeiner Form die Einsatzbereitschaft/Funktionsausführung der Linie gewährleisten.

2)   Erzeugnisunabhängige Personalkosten der Linienebene

Neben dem innerhalb einer Linie beschäftigten Arbeitsplatzpersonal ist im Allgemeinen noch weiteres Personal erforderlich, das sich mit der Planung, Organisation und Steuerung der Linie sowie der Führung der Arbeitsplatzmitarbeiter befasst. Im Gegensatz zur arbeitsplatzbezogenen Belegschaft werden die hierdurch verursachten Kosten nicht als variable, sondern als Fixkosten zusammengefasst und sind den erzeugnisunabhängigen Personalkosten der Linie zuzuschreiben. Das begründet sich mit der bedingt durchführbaren Kostenverteilung auf einzelne Erzeugnisse, wobei die Kostenhöhe jedoch in Abhängigkeit vom verwendeten Arbeitszeitmodell (vgl. Kapitel 2.1.2.2) variieren kann. Beispielsweise korrespondiert die Entlohnung eines Linienmeisters mit den Stunden- und Tageszeiten.

3)   Betriebsmittelkosten der Linienebene

Auf gleiche Weise wie bei einem Arbeitsplatz wird auf Basis von Abschreibungen die kostenseitige Erfassung der Betriebsmittel auf Linienebene durchgeführt, die somit unabhängig von der Produktionsart und -menge sind. Allerdings ist zu berücksichtigen, dass die Betriebsmittel der Linienebene ausschließlich einen mittelbaren Bezug zur physikalischen Wertschöpfung haben und in dieser Kostenart lediglich Betriebsmittel-kosten für indirekte Produktionsbeteiligung erfasst werden. Zu diesen zählen zum einen die Abschreibungskosten von Transportsystemen und -mitteln zur kontinuierlichen als auch diskontinuierlichen Arbeitsplatzverkettung der Linie. Beispiele sind Rollen- und Kettenförderer, Bandförderanlagen oder Fahrzeugsysteme, aber auch Gitterboxen und Paletten. Zum anderen gehören ebenfalls Abschreibungen von Betriebsausstattungen und sonstigen Betriebsmitteln dazu, wie sie ggf. auf der Arbeitsplatzebene anfallen können.

4)   Instandhaltungskosten der Betriebsmittel auf Linienebene

Analog zu den Arbeitsplätzen sind auch auf Linienebene Instandhaltungsmaßnahmen erforderlich, die sich vorrangig auf die dort geführten Transportsysteme und -mittel beziehen, um deren Einsatzfähigkeit zu erhalten bzw. bei Funktionsausfall diese wiederherzustellen. Sie können mitunter in Abhängigkeit von ihrer Nutzungsintensität unterschiedlich hoch ausfallen.

5)   Erweiterungskosten auf Linienebene

Gezielte technische und organisatorische Modifikationen, die eine Steigerung der Ausbringungsmenge herbeiführen sollen, müssen nicht allein auf die Arbeitsplatzebene beschränkt sein. Sie können ebenso auf eine Linie zurückgehen, etwa durch Errichtung neuer Arbeitsplätze, die eine bestehende Linienverkettung erweitern. Wie auf der Arbeitsplatzebene, erfordert dies eine entsprechende Planung und Organisation zur Durchführung derartiger Erweiterungsmaßnahmen. Die hierdurch entstandenen finanziellen Belastungen mit Ausnahme derer, die anderen Kostenarten zuzuschreiben sind, werden gleichmäßig über die Dauer der Wirkungszeit der Erweiterungsmaßnahme verrechnet.

C.1.3   Segmentebene

1)   Erzeugnisunabhängige Materialkosten der Segmentebene

Materialkosten die der Segmentebene zuzuordnen sind, zeichnen sich durch ihre grundsätzliche Notwendigkeit zur Erhaltung der Einsatzbereitschaft sowie für die Funktionsausführung eines Segments aus. Daher werden sie nur diesem zugeschrieben, was eine Erfassung bereits auf anderen Ebenen verbuchter Materialkosten ausschließt. Hierzu zählen Betriebsstoffkosten (z.B. für segmentspezifische Transportsysteme/-mittel oder die Beleuchtung des Produktions- und Verwaltungsbereichs), Büro- und sonstige Materialkosten, die aus gleichen Gründen wie bei der Linienebene als erzeugnisunabhängig gelten.

2)   Erzeugnisunabhängige Personalkosten der Segmentebene

Die Kosten für Personalaufwendungen auf der Segmentebene stehen grundsätzlich mit den segmentbezogenen, produktionsnahen, indirekten Funktionen in Beziehung. Dabei sind prinzipiell identische Kostenelemente wie auf der Linienebene zu verbuchen, wobei auch zusätzliche Kostenaspekte Berücksichtigung finden, z.B. die Verwaltungskosten eines segmentinternen Lagers. Überdies ist davon auszugehen, dass sich die auf Segmentebene erfassbaren Personalkosten eher aus Gehältern als aus (leistungsorientierten) Löhnen (vgl. Kapitel 2.1.2.2) zusammensetzen. Der Grund dafür liegt darin, dass zwischen der zeitlichen Bearbeitung von segmentbezogenen Aufgaben und dem Zeitpunkt der tatsächlichen Produkterstellung kein unmittelbarer Zusammenhang bestehen muss. So kann das Gehalt eines Segmentleiters oder dessen Assistenzpersonal, im Unterschied zum Lohn des Schichtleiters einer Linie, unabhängig von der Arbeitszeit und dem Arbeitszeitpunkt sein. Dementsprechend gestaltet sich für diese Kostenart eine detaillierte Kostenaufschlüsslung nach Erzeugnisarten äußerst schwierig, wodurch die segmentbezogenen Personalkosten als erzeugnisunabhängig betrachtet werden. Dessen ungeachtet kann ihre Höhe je nach verwendetem Arbeitszeitmodell schwanken.

3)   Betriebsmittelkosten der Segmentebene

Da segmentseitig eingesetzte Betriebsmittel nicht direkt an der tatsächlichen Leistungserstellung teilhaben, sind sie als Betriebsmittelkosten für indirekte Produktionsbeteiligung anzusehen. Ihre Kostenberechnung erfolgt auf gleiche Weise wie bei den Linien, mittels Abschreibungen unabhängig von der Art und dem Umfang der produzierten Erzeugnisse. Beispiele dafür wären Transportsysteme/-mittel, die ausschließlich für die segmentspezifische Verkettung des Produktionsflusses genutzt und daher nicht einer einzigen Linie angelastet werden können.

4)   Instandhaltungskosten der Betriebsmittel auf Segmentebene

Auch für Betriebsmittel der Segmentebene können Instandhaltungsmaßnahmen anfallen. Die Berücksichtigung der daraus resultierenden Kosten erfolgt ähnlich zu denen der Arbeitsplatz- oder Linienebene. Sie gelten als erzeugnisunabhängig, weil nicht auszuschließen ist, dass sie hinsichtlich ihrer Eintrittshäufigkeit und Kostenhöhe schwanken.

5)   Erweiterungskosten auf Segmentebene

Dieser Kostenart sind solche Engineering-, Organisations-, Anlauf- und sonstige Kosten zuzuordnen, die direkt mit einer segmentbezogenen Erweiterungsmaßnahme in Verbindung stehen. Ein Beispiel dafür könnte der Aufbau einer zusätzlichen Produktionslinie sein, um die Ausbringungsmenge eines oder mehrerer Produkte zu erhöhen. Wie bei Erweiterungen auf anderen Ebenen werden die damit verbundenen Kosten, wegen ihres planerischen Charakters, gleichmäßig über die Dauer der erweiterungsabhängigen Wirkungszeit verteilt.

C.1.4 Fabrikebene

1) Erzeugnisunabhängige Materialkosten der Fabrikebene

Neben den Materialkosten, die bereits auf den unteren Produktionshierarchien zu verbuchen sind, findet auch auf der Ebene der Fabrik ein Materialverbrauch statt, der gesondert zu erfassen ist. Er resultiert jedoch weniger aus den produktionsnahen Aufgaben oder Funktionen innerhalb eines Produktionssystems, sondern vielmehr aus den zentralen Aufgaben der Fabrikorganisation wie Buchhaltung, Personalwirtschaft, Fabriklogistik, Zentrallager, etc. (vgl. Kapitel 2.1.3.4). Dabei bedarf es Büro- und sonstiger Materialien in einer nicht unerheblichen Menge, genauso wie Betriebsstoffkosten, die bspw. bei der Beleuchtung des Fabrikgeländes und der dortigen Gebäude sowie bei deren Beheizung, Kühlung und/oder Lüftung anfallen. Sämtliche fabrikbezogenen Materialkosten werden aufgrund ihrer bedingt realisierbaren Aufschlüsselung als erzeugnisunabhängig betrachtet, können aber in Abhängigkeit vom Produktionsumfang variieren.

2) Erzeugnisunabhängige Personalkosten der Fabrikebene

Prinzipiell sind hierunter die Personalkosten zusammenzufassen, die durch das im Produktionssystem beschäftigte Personal auflaufen und keiner der vorhergehenden Produktionsebenen angehören. Sie gelten als erzeugnisunabhängig und stehen in einem spezifischen Zusammenhang mit den auf Ebene der Fabrik zu tätigenden Aufgaben. Obwohl sich derartige Personalkosten, im Gegensatz zu denen von Linien und Segmenten, vorwiegend aus Gehältern zusammensetzen, lassen sich direkt dieser Ebene anzulastende, arbeitzeitbezogene Lohnzahlungen nicht ausschließen. So ist es nicht unwahrscheinlich, dass auch ein Teil des Personals vom Zentrallager Löhne bezieht, die je nach verwendetem Arbeitszeitmodell unterschiedlich hoch ausfallen.

3) Betriebsmittelkosten der Fabrikebene

Angesichts der Tatsache, dass Betriebsmittel gegebenenfalls für die Aufgabenerfüllung auf Fabrikebene zur Verfügung stehen müssen, sind die durch sie hervorgerufenen Kosten in einer separaten Kostenart zu erfassen. Für sie ist allerdings, genauso wie für Linien und Segmente, lediglich eine indirekte Produktionsbeteiligung anzunehmen, weil die physikalische Wertschöpfung auf der Arbeitsplatzebene stattfindet. Der Gesamtbetrag der sich hieraus ergebenden Kosten ermittelt sich, wie schon bei den anderen Produktionsebenen erläutert, über die betriebsmittelbezogenen Abschreibungen, die aus bekannten Gründen als erzeugnisunabhängig gelten.

4)   Instandhaltungskosten der Betriebsmittel auf Fabrikebene

Vorzunehmende Instandhaltungsmaßnahmen auf Fabrikebene haben einen direkten Bezug zu den hier erfassten Betriebsmitteln. Dazu gehören Wartungs- und Servicearbeiten an fabrikbezogenen Transportsystemen und -mitteln oder an Gebäude- und Grundstückseinrichtungen. Ähnlich zu den vorangegangenen Produktionsebenen unterliegen die durch sie verursachten Kosten möglichen Schwankungen bezüglich der Höhe und sind erzeugnisunabhängig.

5)   Erweiterungskosten auf Fabrikebene

Kosten für Erweiterungsmaßnahmen, die sich nicht konkret auf einen Arbeitsplatz, eine Linie oder ein Segment beziehen, sondern das Produktionssystem als Ganzes betreffen und sich ihrem Charakter nach auch keinen anderen Kostenarten zuordnen lassen, werden in dieser Kostenart zusammengefasst. Sie schließt Engineering-, Organisations- und Anlaufkosten, die sich aus der produktionstechnischen und -organisatorischen Umgestaltung eines Produktionssystems ergeben ein, wie die Errichtung eines neuen Fertigungssegments. Da derartige Kosten einer längerfristigen Wirkungszeit zugrunde liegen, verteilen sie sich gleichmäßig über die vorgesehene Verwendungsdauer.

6)   Umweltkosten des Produktionssystems

Die Umweltkosten stehen in einem engen Bezug zum Systemumfeld der Produktion. Sie gehen nicht allein auf den Gesetzgeber zurück, sondern haben, angesichts des in den vergangenen Jahren stark veränderten Umweltbewusstseins, einen wichtigen marktwirtschaftlichen Hintergrund. Somit kommt den Umweltkosten eines Produktionssystems eine nicht zu unterschätzende Bedeutung zu, die in einer gesonderten Kostenart erfasst werden. Hierunter fallen Kosten für Umweltabgaben und -lizenzen, Überwachung und Behandlung von Emissionen, produktionsbedingte Entsorgungen und andere Umweltschutzmaßnahmen. Sie betreffen letztendlich das Produktionssystem als Ganzes und lassen sich nicht zwangsläufig auf einzelne Arbeitsplätze, Linien und Segmente verteilen. Deshalb erfolgt die Verbuchung sämtlicher systembezogener Umweltkosten erst auf der Fabrikebene. Dabei sind sie als erzeugnisunabhängig anzunehmen, weil sie ähnlich wie die Instandhaltungskosten, infolge variierender Einsatzzeiten in den verschiedenen Abrechnungsperioden unterschiedlich hoch ausfallen können.

C.2   Berechnung der Energiekosten für Arbeitsplätze

Das Wissen um die erzeugnisbezogenen Energiekosten an einem Arbeitsplatz kann bei energieintensiven Bearbeitungsoperationen ein kostenrelevantes Fertigungskriterium sein, z.B. beim Laserschweißen. Da sich die Energiekosten im Gegensatz zu den anderen Materialkosten einer Erzeugnis-Arbeitsplatz-Kombination (vgl. Formel C 1) jedoch etwas komplizierter ermitteln lassen, wird an dieser Stelle auf deren Berechnung eingegangen. Dabei ist es unerheblich, ob zur Durchführung der Fertigungsvorgänge an einem Arbeitsplatz elektrische Energie (Strom), chemische Energie (Brennstoffe) oder eine Kombination aus beidem zum Einsatz kommt.

Um die erzeugnisbezogenen Energiekosten für einen Arbeitsplatz möglichst genau zu bestimmen, wird die Prozesszeit $t_{PZ}(EZG, AP)$ entsprechend der Operationsausführung am Arbeitsplatz in Bearbeitungszeit[25] (energieintensiv) und in Rüst- und ablaufbedingte Liegezeiten[26] (weniger energieintensiv) unterteilt. Zu diesem Zweck werden die infolge der Operationsausführung verursachten Energiekosten je Zeiteinheit mit der Operationsdauer multipliziert und im Nachhinein addiert, wie Formel C 4 zeigt. Der hieraus hervorgehende Wert multipliziert sich danach mit dem Energiequotienten $q_{Energie}$, der tageszeitabhängige Kostenunterschiede berücksichtigt, wie sie beim Verbrauch an Elektroenergie auftreten können. Die Berechnung des Energiequotienten erfolgt hierbei unter Anwendung der Formel C 5.

---

[25] vgl. Anhang C.3
[26] vgl. Anhang C.3

$$K_{Energie}(EZG, AP) = \left(t_{BZ} \times k_{E-BZ} + t_{RLZ} \times k_{E-RLZ} \right) \times q_{Energie} \, ,$$

<u>wobei:</u>

$K_{Energie}(EZG, AP)$: Energiekosten einer Erzeugnis-Arbeitsplatz-Kombination;

t_{BZ} : Bearbeitungszeit einer Erzeugnis-Arbeitsplatz-Kombination;

t_{RLZ} : Rüst- und Liegezeit einer Erzeugnis-Arbeitsplatz-Kombination;

k_{E-BZ} : Energiekosten je Zeiteinheit für die Bearbeitungsoperationen einer Erzeugnis-Arbeitsplatz-Kombination;

k_{E-RLZ} : Energiekosten je Zeiteinheit für das Rüsten und ablaufbedingte Liegen einer Erzeugnis-Arbeitsplatz-Kombination;

$q_{Energie}$: Energiequotient zur Berücksichtigung tageszeitabhängiger Energietarife einer Erzeugnis-Arbeitsplatz-Kombination

Formel C 4: Berechnung der Energiekosten für eine Erzeugnis-Arbeitsplatz-Kombination

$$q_{Energie}(EZG, AP) = \frac{K_{NT} \times T_{NT} + K_{ST} \times T_{ST}}{\left(T_{NT} + T_{ST} \right) \times K_{NT}} \, ,$$

<u>wobei:</u>

$q_{Energie}(EZG, AP)$: Energiequotient einer Erzeugnis-Arbeitsplatz-Kombination;

K_{NT} : Energiekosten je Zeiteinheit bei Normaltarif; K_{ST} : Energiekosten je Zeiteinheit bei Spartarif;

T_{NT} : Betriebszeit eines Arbeitsplatzes AP zur Fertigung eines Erzeugnisses EZG innerhalb der Normaltarifzeit;

T_{ST} : Betriebszeit eines Arbeitsplatzes AP zur Fertigung eines Erzeugnisses EZG innerhalb der Spartarifzeit

Formel C 5: Berechnung des Energiequotienten

C.3   *Die Prozesszeit als Bestandteil der Durchlaufzeit*

Unter der *Durchlaufzeit* eines Erzeugnisses ist die Zeitspanne zu verstehen, die von Beginn der Bearbeitung bis zur Fertigstellung benötigt wird. Sie besteht aus der Rüst-, Bearbeitungs- und Liegezeit [REFA-78]. Im Einzelnen ist hierunter Folgendes zu verstehen:

- Als *Bearbeitungszeit* gilt innerhalb der Durchlaufzeit der Zeitabschnitt, in dem die Fertigung eines Erzeugnisses tatsächlich erfolgt und hierdurch seiner Verkaufsreife näher kommt [BeWe-05].

- Die *Rüstzeit* kennzeichnet hingegen den Zeitbedarf für sämtliche Tätigkeiten, die das Einrichten eines Betriebsmittels für einen bestimmten Arbeitsvorgang umfassen, z.B. das Bestücken einer Maschine mit den erforderlichen Bearbeitungswerkzeugen. Das betrifft auch jene Aktivitäten, die für das Zurückversetzen der Betriebmittel in ihren ursprünglichen Rüstzustand notwendig sind. Der produktive Einsatz eines Betriebsmittels ist während des Rüstens nicht gegeben, da kein Erzeugnis entsteht [REFA-78] [REFA-84].

- Zur *Liegezeit* zählen prinzipiell alle die Zeiten, innerhalb derer ein Erzeugnis ablauf- oder aber störungsbedingt nicht bearbeitet, geprüft, transportiert oder gelagert werden kann. Dabei wird in ablaufbedingtes und in zusätzliches Liegen unterschieden. *Ablaufbedingte Liegezeiten* resultieren aus den spezifischen Produktionsbedingungen, die sich als unvermeidbar darstellen. Beispiele sind die Fertigung in Puffern bei losbezogener Verarbeitung, ein erholungsbedingtes Unterbrechen (z.B. Abkühlung, Trocknung) oder aber auch Warte- und Transportzeiten. *Zusätzliches Liegen* bezieht sich dagegen auf Liegezeiten, die auf Störungen zurückgehen. Hierunter fallen ungeplante Ausfälle von Betriebsmitteln, manuelles Unterbrechen der Produktion, Energieausfall usw. [REFA-78] [Nebl-07].

Im Zusammenhang mit der Entwicklung der Flexibilitätsbewertungsmethodik wurde nur implizit auf die Durchlaufzeit zurückgegriffen, weil die zusätzlichen Liegezeiten dort einer separaten Betrachtung unterliegen (vgl. Formel 4-5, S. 80). Unter diesem Gesichtspunkt wurde als neue Begrifflichkeit *Prozesszeit* eingeführt. Sie berücksichtigt im Unterschied zur Durchlaufzeit keine zusätzlichen Liegezeiten, was Formel C 6 verdeutlicht.

$$t_{PZ}(EZG, AP) = t_{Be} + t_{R\ddot{u}} + t_{aLi},$$

<u>wobei:</u>

$t_{PZ}(EZG, AP)$: Prozesszeit für eine Erzeugnis-Arbeitsplatz-Kombination;

t_{Be}: Bearbeitungszeit einer Erzeugnis-Arbeitsplatz-Kombination;

$t_{R\ddot{u}}$: Rüstzeit für eine Erzeugnis-Arbeitsplatz-Kombination;

t_{aLi}: ablaufbedingte Liegezeit für eine Erzeugnis-Arbeitsplatz-Kombination

Formel C 6: Berechnung der Prozesszeit

Anhang D   Beispielproduktionssystem (zur Veranschaulichung der Flexibilitätsberechnungen)

Eine entscheidende Ausgangsbasis für die Konzeption der in der vorliegenden Dissertation entwickelten Bewertungsmethodik bildeten, neben einer ausführlichen Analyse des Betrachtungsfeldes zur Anforderungsdefinition, umfangreiche Gespräche mit Experten aus dem Produktionsumfeld. Daraus ergaben sich verschiedenartige Sonderfälle an Produktionssystemen, die es im Interesse einer erfolgreichen Konzeptrealisierung zu berücksichtigen galt. Hierzu wurde ein fiktives, sich an diese Spezialfälle orientierendes Beispielproduktionssystem entworfen. Es war Gegenstand zahlreicher Tests während der Konzeptionsphase und diente innerhalb des Kapitels 4.2 als Verständnisbeispiel. Nachfolgend soll dieses System, inklusive exemplarisch aufgeführter Erweiterungsmaßnahmen, anhand der zur Flexibilitätsberechnung wesentlichen Eigenschaften näher beschrieben werden.

D.1   Grafischer Aufbau und Bezeichnungen

Das Beispielproduktionssystem soll aus den beiden Segmenten *S1* und *S2* bestehen, wobei Segment *S1* eine Linie *L1.1* einschließt, welche wiederum zwei Arbeitsplätze *AP1.1.1* und *AP1.1.2* zusammenfasst. Neben diesen beiden Arbeitsplätzen gibt es innerhalb von *S1* noch einen weiteren Arbeitsplatz *AP1.0.1*, der jedoch keiner Linie angehört, sondern deren direkt übergeordnetes Subsystem das betreffende Segment ist. Demgegenüber enthält das Segment *S2* eine Linie *L2.1*, der drei Arbeitsplätze *AP2.2.1*, *AP2.2.2* und *AP2.2.2* zugeordnet sind. Die Zuordnungsbeziehungen der benannten Subsysteme zeigt Abbildung D 1, die die beschriebenen Zusammenhänge anhand einer Baumstruktur verdeutlicht. Die Wurzel des Baumes wird hier durch das Systemobjekt „Fabrik" repräsentiert, von der aus sich die einzelnen Subsysteme gemäß der in Kapitel 2.1.3 vorgestellten Betrachtungshierarchie verteilen.

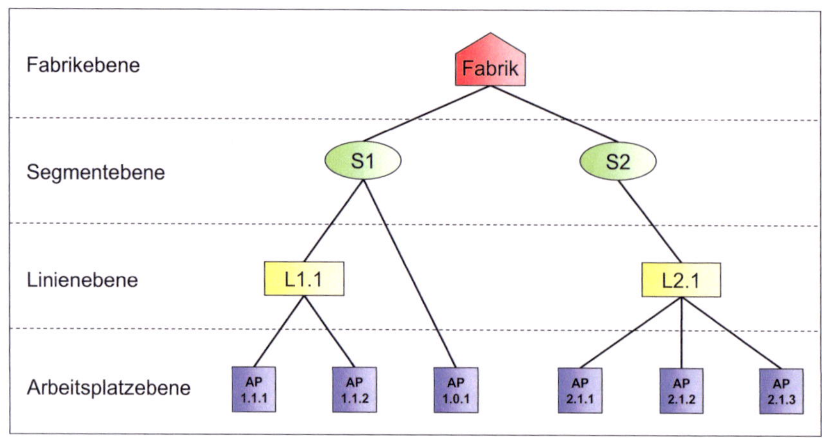

Abbildung D 1: Abbildung des Beispielproduktionssystems in Form einer Baumstruktur

Die Nummerierung der Subsysteme erfolgt nach dem in Abbildung D 1 verwendeten Schema, indem Segmente die Bezeichnung *S[x]* bekommen, wobei *[x]* die laufende Nummer des Segments ist. Linien werden mit *L[x].[y]* bezeichnet und Arbeitsplätze mit *A[x].[y].[z]*. Hier steht *[y]* für die Nummer der Linie in dem Segment *S[x]* und *[z]* für die Nummer des Arbeitsplatzes. Die Benennungen der Subsysteme erfolgt auf Basis einer fortlaufenden Nummerierung, beginnend mit 1. So bekommt die erste Linie des Segments *S2* die Bezeichnung *L2.1*, was somit beim ersten Arbeitsplatz in dieser Linie zur Benennung *AP1.1.1* führt. Der Arbeitsplatz *AP1.0.1* nimmt dagegen den *[y]-Wert* von 0 an, da er keiner Linie angehört.

D.2   Berechnungsparameter des Systems

Innerhalb des Beispielproduktionssystems werden sechs unterschiedliche Arten von Erzeugnissen $\left(E = \{ EZG_1, ..., EZG_6 \} \right)$ gefertigt. Davon zählen vier zur Menge der Endprodukte $\left(EP = \{ EZG_2, EZG_3, EZG_4, EZG_6 \} \right)$. Hierbei ist zu berücksichtigen, dass zwei dieser Erzeugnisarten $\left(EZG_2, EZG_4 \right)$ als veräußerbare Zwischenprodukte gelten, da sie sowohl Bestandteil eines anderen Erzeugnisses bilden als auch am Markt Erlöse erzielen. Nachfolgende Tabelle D 1 gibt für jede der sechs Erzeugnisarten den zugehörigen Verkaufswert je Mengeneinheit an. Außerdem enthält sie für jedes Erzeugnis eine Auflistung anderer Erzeugnisse, die für dessen Herstellung notwendig sind. Eine zusätzliche Erfassung eingekaufter Materialien erfolgt allerdings nicht, da sie bereits über die variablen Erzeugniskosten Beachtung finden.

Erzeugnis	EZG_1	EZG_2	EZG_3	EZG_4	EZG_5	EZG_6
e_{EZG_i} in GE/ME	-	4,00	11,00	3,00	-	10,00
Bestandteile	-	$1\text{x } EZG_1$	$1\text{x } EZG_1$ $2\text{x } EZG_2$	-	$2\text{x } EZG_4$	$3\text{x } EZG_5$

Tabelle D 1: Verkaufspreis und Bestandteilbedingungen im Beispielproduktionssystem

Die Herstellung der Produkte vollzieht sich an einem oder mehreren der in Abbildung D 1 aufgeführten Arbeitsplätze. Hieraus ergeben sich die möglichen Erzeugnis-Arbeitsplatz-Kombinationen (r_k), für die, wie aus Tabelle D 2 hervorgeht, spezifische Parameter der Produkterstellung gelten. Sie beziehen sich auf ein gewähltes Arbeitszeitmodell AZM, was in dem hier vorliegenden Beispiel ein Normalschichtbetrieb mit 5 Arbeitstagen zu je 8 Stunden ist.

Systemobjekt	AP1.1.1		AP1.1.2		AP1.0.1	AP2.1.1	AP2.1.2	AP2.1.3
E_{AP}	EZG_1	EZG_2	EZG_2	EZG_3	EZG_4	EZG_4	EZG_5	EZG_6
$K_{var}(EZG, AP)$ in GE/ME	0,50	0,80	1,00	1,50	2,00	1,30	0,90	1,70
$a(EZG, AP)$	1 %	2 %	1 %	5 %	1 %	3 %	2 %	2 %
$t_{PZ}(EZG, AP)$	1s	2s	4s	5s	3s	2s	4s	12s
$t_{zLi}(AP)$	4.500 s		3.000 s		8.000 s	4.000 s	4.500 s	4.000 s
t_{max}	144.000s							

Tabelle D 2: Kosten- und nicht-kostenbezogene Berechnungsparameter für jede Erzeugnis-Arbeitsplatz-Kombination im Beispielproduktionssystem

Neben den in Tabelle D 2 verzeichneten Berechnungsparametern zum Beispielproduktionssystem, bedarf es noch der Erfassung systemobjektbezogener Fixkosten $K_{Fix}(S)$ als Ergänzung der nicht-kostenbezogenen Parameter. Sie sind in Tabelle D 3 für jedes der Subsysteme angegeben und gemäß Formel 4-36 (S. 130) auf eine spezielle Auswertungsperiode normiert. Die verschiedenen Fixkosten haben ausschließlich für das betrachtete Arbeitszeitmodell, den Normalschichtbetrieb, Gültigkeit.

Systemobjekt	AP1.1.1	AP1.1.2	AP1.0.1	AP2.1.1	AP2.1.2	AP2.1.3	Summe
$K_{Fix}(AP)$ in GE	250	310	380	450	200	460	**2.050**
Systemobjekt	*L1.1*		-		*L2.1*		
$K_{Fix}(Linie)$ in GE	1.500				2.200		**3.700**
Systemobjekt	*S1*				*S2*		
$K_{Fix}(Segment)$ in GE	6.900				5.800		**12.700**
Systemobjekt	*Fabrik*						
$K_{Fix}(Fabrik)$ in GE	28.050						**28.050**

Tabelle D 3: Systemobjektbezogene Fixkosten (kostenbezogene Berechnungsparameter) für das Beispielproduktionssystem

Das für die Endprodukte im Beispielproduktionssystem anzunehmende Veräußerungsverhältnis sei:

$$EZG_2 : EZG_3 : EZG_4 : EZG_6 = 1 : 2 : 1,5 : 2$$

Der sich daraus ableitende Produktmixvektor v ist somit:

$$v = \left(0 \times EZG_1, 1 \times EZG_2, 2 \times EZG_3, 1,5 \times EZG_4, 0 \times EZG_5, 2 \times EZG_6\right)^T = \left(0;1;2;1,5;0;2\right)^T$$

D.3   Erweiterungsalternativen für das Segment S2

Für die in Kapitel 4.2.4 verwendeten Verständnisbeispiele zum Vorgehen bei der Berechnung der Erweiterungsflexibilität wurde auf die drei nachfolgend aufgeführten Alternativen zur Kapazitätserweiterung des Beispielproduktionssystem Bezug genommen. Sie betreffen lediglich das Segments *S2*.

D.3.1   Alternative 1: Aufbau einer redundanten Fertigungslinie

In dieser Alternative wird eine neue Linie *L2.2* im Segments *S2* aufgebaut, die redundant zur Linie *L2.1* ist und sich in Anlehnung an Abbildung D 1 wie folgt darstellt:

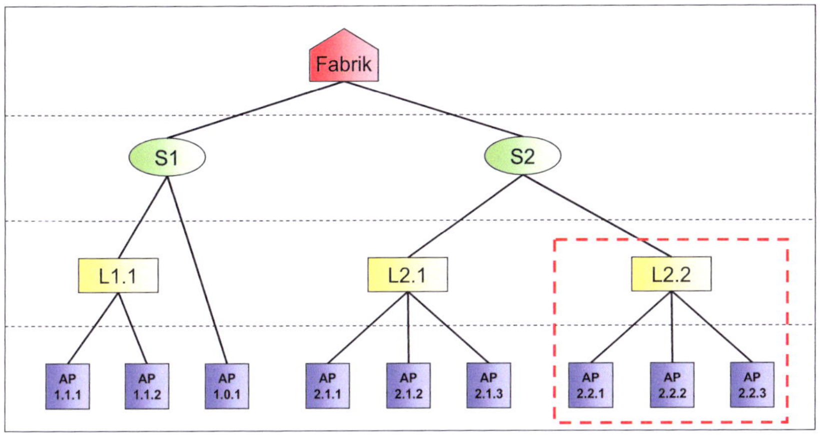

Abbildung D 2: Erweiterung des Beispielproduktionssystems um die Linie L2.2

Die in Abbildung D 2 dargestellte Linie *L2.2* soll aus Einfachheitsgründen die gleichen kosten- und nicht-kostenbezogenen Berechnungsparameter aufweisen wie Linie *L2.1* (vgl. Tabelle D 2, S. 241 und Tabelle D 3, S. 242). Allerdings sind in diesem Fall für das Segment *S2* ergänzend Erweiterungskosten je Periode in Höhe von $K_{Erw,P}(S_2) = 150\,\text{GE}$ einzurechnen.

D.3.2   Alternative 2: Aufbau eines zusätzlichen Arbeitsplatzes

In diesem Szenario wird das Segment *S2* um einen zusätzlichen Arbeitsplatz *AP2.0.1* erweitert, der sowohl EZG_5 als auch EZG_6 produzieren kann. Die Fertigung von EZG_4 wird dabei nicht zwangsläufig notwendig, da dessen zusätzliche Produktion durch die vorhandenen Fertigungsmöglichkeiten im Segment *S1* in einem bestimmten Umfang möglich ist. Die entsprechende Modifikation im Beispielproduktionssystem zeigt Abbildung D 3.

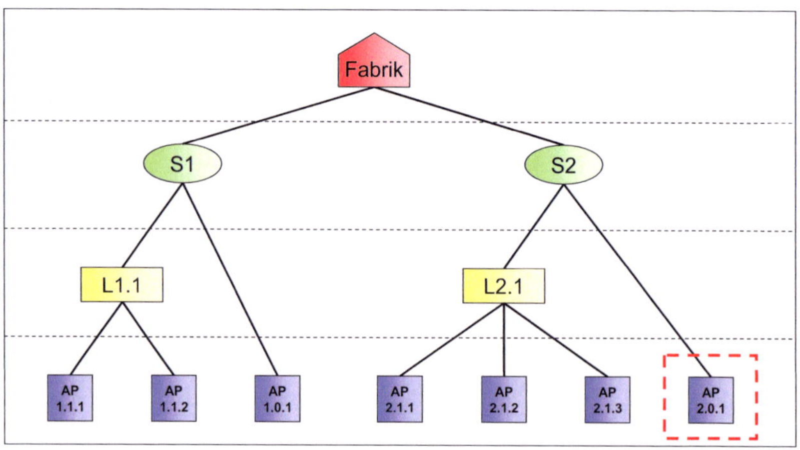

Abbildung D 3: Erweiterung des Beispielproduktionssystems um den Arbeitsplatz AP2.0.1

Für den neuen Arbeitsplatz *AP2.0.1* seien, bei sonst gleichen Randbedingungen, die in Tabelle D 4 aufgeführten kosten- und nicht-kostenbezogenen Berechnungsparameter gegeben.

Systemobjekt	AP2.0.1	
E_{AP}	EZG_5	EZG_6
$K_{var}(EZG, AP)$ in GE/ME	0,90	1,70
$a(EZG, AP)$	3 %	3 %
$t_{PZ}(EZG, AP)$	6s	15s
$t_{zLi}(AP)$	4.000s	
$K_{Fix,P}(AP)$ in GE	600	

Tabelle D 4: Berechnungsparameter des Arbeitsplatzes AP2.0.1 im Beispielproduktionssystem

Mit dem Aufbau des neuen Arbeitsplatzes *AP2.0.1* fallen zudem für das Segment *S2* Erweiterungskosten je Periode von $K_{Erw,P}(S_2) = 100\,\text{GE}$ an.

D.3.3 Alternative 3: Modifizierung von Arbeitsplätzen

Bei dieser dritten Erweiterungsalternative sollen die Arbeitsplätze *AP2.1.2* und *AP2.1.3* durch das Hinzufügen von zusätzlichen Bearbeitungsmodulen modifiziert werden. Der strukturelle Aufbau des Beispielproduktionssystems bleibt in Bezug auf Abbildung D 1 unverändert. Allerdings kommt es in der Folge dieser Modifikationen zu einer Verbesserung der Prozesszeit, der variablen Kosten, den zusätzlichen Liegezeiten und der Ausschussrate für beide Arbeitsplätze. Die hierfür geltenden veränderten Berechnungsparameter sind der Tabelle D 5 zu entnehmen.

Systemobjekt	AP2.1.2	AP2.1.3
E_{AP}	EZG_5	EZG_6
$K_{var}(EZG, AP)$ in GE/ME	0,85	1,65
$a(EZG, AP)$	1,5 %	1,5 %
$t_{PZ}(EZG, AP)$	3,5s	10,5s
$t_{zLi}(AP)$	4.000 s	3.500 s
$K_{Fix}(AP)$ in GE	230	490
t_{max}	144.000s	

Tabelle D 5: Veränderte kosten- und nicht-kostenbezogene Berechnungsparameter für die Arbeitsplätze AP2.1.2 und AP2.1.3 im Beispielproduktionssystem

Aufgrund der Erweiterungsmaßnahmen an den beiden Arbeitsplätzen ergeben sich für das Segment *S2* Erweiterungskosten von $K_{Erw,P}(S_2) = 50\,\text{GE}$ je Periode. Ferner erhöhen sich durch die Anschaffung von zusätzlichen Bearbeitungsmodulen die Betriebsmittelkosten beider Arbeitsplätze. Somit verteuert sich deren Fixkostenanteil um 30 GE je Periode.

Anhang E   Berechnungsparameter der Erweiterungsmaßnahmen aus dem Fallbeispiel

Die nachstehenden, in tabellarischer Form aufgeführten kosten- und nicht-kostenbezogenen Berechnungsparameter beziehen sich auf verschiedene Systemobjekte, der in Kapitel 5.2.3.2 vorgestellten Erweiterungsmaßnahmen zur Behebung der im Produktionssystem des Fallbeispiels identifizierten Flexibilitätsdefizite.

Systemobjekt	*VT.L2.A_7 (neu)*	*VT.L2.B_8 (neu)*	*VT.L2.A_7 (neu50%)*	*VT.L2.AB_9 (neu)*		*EP.0.AB_3 (neu)*	
E_{AP}	*VT-A1*	*VT-B1*	*VT-A1*	*VT-A1*	*VT-B1*	*A_3*	*B_3*
$a(EZG, AP)$	3 %	3 %	3 %	3 %	3 %	1 %	1 %
$t_{PZ}(EZG, AP)$	294 s	294 s	588 s	330 s	330 s	180 s	150 s
$K_{var}(EZG, AP)$	1,26 €	1,20 €	1,26 €	1,40 €	1,35 €	42,00 €	38,63 €
$K_{Fix}(AP)$ je Arbeitswoche	438,92 €	438,92 €	325,00 €	404,70 €		518,17 €	
$t_{max}(AZM)$	$AZM_1 = 144.000$ s ; $AZM_2 = 180.000$ s ; $AZM_3 = 208.800$ s ; $AZM_4 = 288.000$ s ; $AZM_5 = 345.600$ s ; $AZM_6 = 403.200$ s						
$t_{zLi}(AP)$	$2\% \cdot t_{max}(AZM)$						

Tabelle E 1: Berechnungsparameter der Arbeitsplätze zur Behebung der Flexibilitätsengpässe des Fallbeispiels

Erweiterungsmaßnahme	Erweiterungskosten der Linie „VT.L2" je Periode
Alternative 1 Aufbau der redundanten Arbeitsplätze *VT.L2.A_7(neu)* und *VT.L2.B_8(neu)*	1.675 €
Alternative 2 Aufbau des redundanten Arbeitsplatzes *VT.L2.B_8(neu)* und des redundanten Arbeitsplatzes *VT.L2.A_7(neu50%)*, mit50% Leistungsfähigkeit	1.122 €
Alternative 3 Aufbau eines Mehrzweckarbeitsplatzes *VT.L2.AB_9(neu)*	848 €

Tabelle E 2: Alternativenabhängige Erweiterungskosten der Linie „VT.L2"
(auf eine Betrachtungsperiode normiert)

Erweiterungsmaßnahme	Erweiterungskosten des Segments „Verbauteile"
VT.L2.A_7(neu) + *VT.L2.B_8(neu)*	750 €

Tabelle E 3: Erweiterungskosten des Segments „Verbauteile"
(auf eine Betrachtungsperiode normiert)